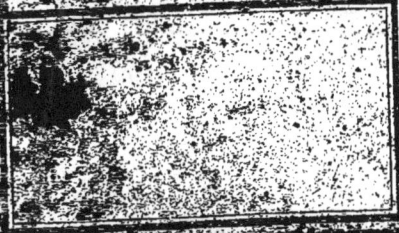

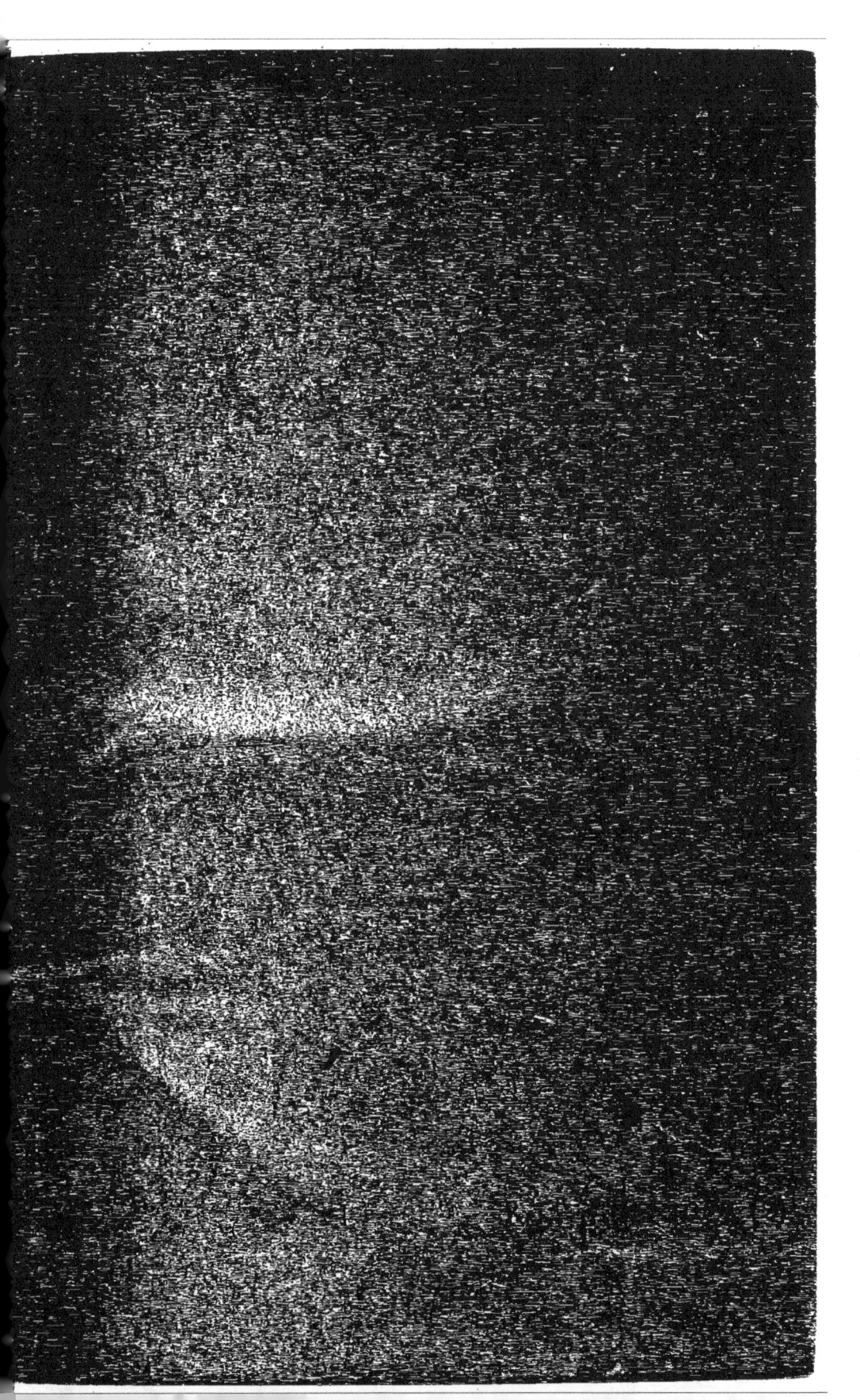

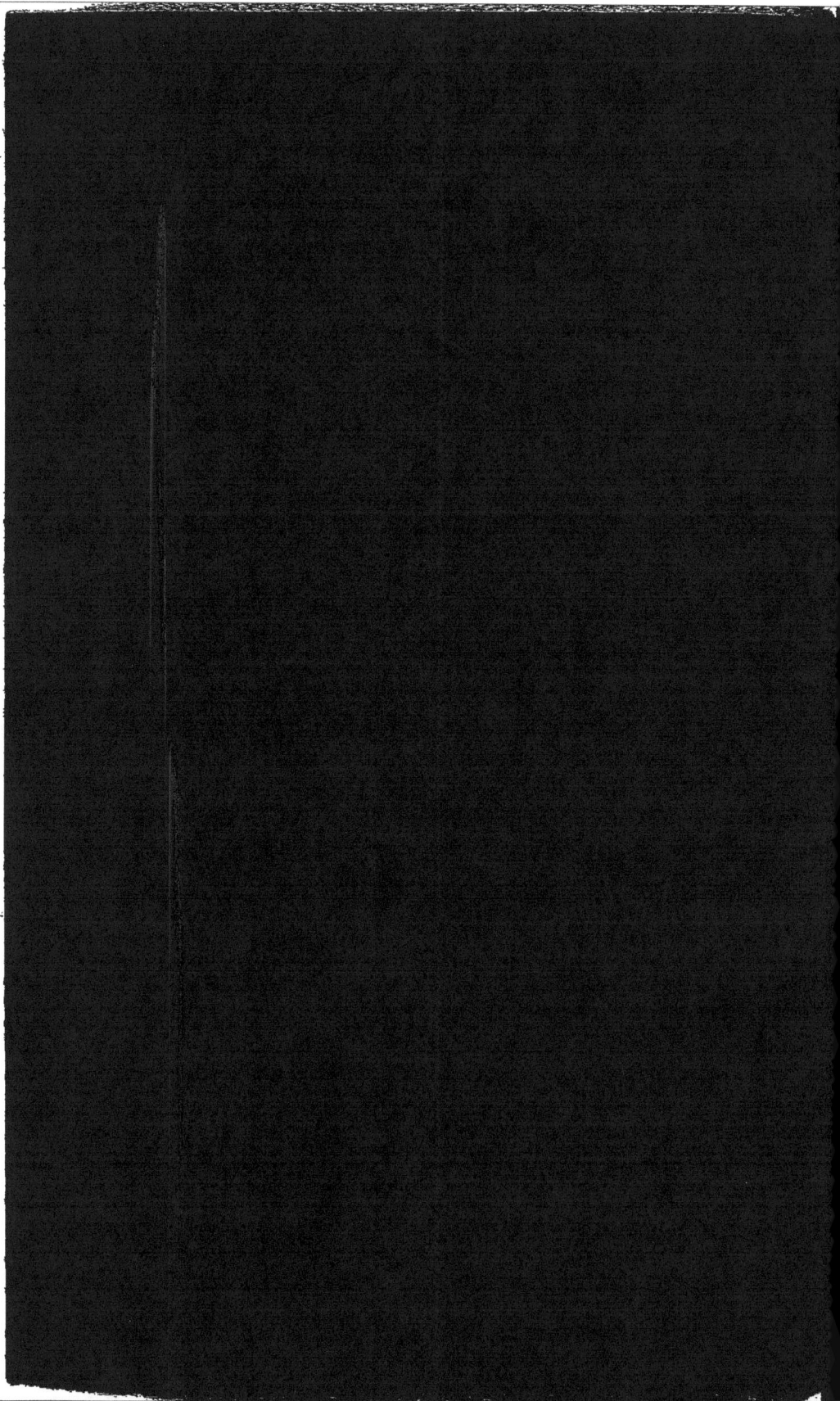

ÉLÉMENS

DE

CHIMIE,

PAR M. J. A. CHAPTAL, *Chevalier de*
l'Ordre du Roi , Professeur de Chimie
à Montpellier , Inspecteur Honoraire
des Mines du Royaume et Membre de
plusieurs Académies de Sciences , de
Médecine , d'Agriculture , d'Inscrip-
tions et Belles-Lettres.

TOME II.

A MONTPELLIER,

DE l'Imprimerie de JEAN-FRANÇOIS PICOT, seul
Imprimeur du ROI et de la Ville , Place de
l'Intendance.

1790.

SECONDE PARTIE.

DE LA LITHOLOGIE, OU DES SUBSTANCES PIERREUSES.

INTRODUCTION.

LA lithologie a pour objet l'étude des pierres et des terres.

On est convenu d'appeler *terre* ou *pierre* une substance sèche, fragile, inodore, insipide, peu ou point soluble dans l'eau, et dont la pesanteur spécifique nexcède pas 4, 5.

Personne n'a pu s'occuper sérieusement de l'étude de la lithologie, sans se pénétrer, à la fois, de la nécessité d'établir des divisions pour faciliter la connoissance des pierres, et des difficultés sans nombre qu'il faut surmonter pour y parvenir.

Il y a cette différence entre les êtres vivans et ceux du règne minéral, c'est que ceux-ci sont continuellement modifiés par des causes externes, telles que l'air, l'eau, le feu, etc. tandis que les premiers animés et régis par une force intérieure ont des caractères mieux prononcés et plus constans; les formes y dépendent de

A

l'organisation elle-même ; et, en général, la marche de la nature y paroît plus constante et plus assurée.

L'élément terreux paroît passif par lui-même ; il n'obéit qu'aux loix des corps morts, et nous pouvons rapporter à la seule loi des affinités tous les phénomènes de formation ou de décomposition dont une pierre est susceptible ; c'est ce qui fait, sans doute, cette variété de formes et ces mélanges de principes qui ne permettent guères au naturaliste d'établir des bases fixes, et de fonder sa méthode sur des caractères constans et invariables.

Si nous jettons un coup-d'œil sur la marche de tous les naturalistes qui nous ont précédé, nous pourrons aisément les réduire à trois classes.

1°. Les uns se sont portés, par la seule imagination, jusqu'à cette époque où le globe sortit des mains du créateur : ils ont suivi l'action des divers agens destructeurs qui en altèrent et bouleversent la surface, nous ont fait connoître les diverses roches qui ont été apposées successivement sur ce globe primitif ; et, en parcourant les grands phénomènes qui sont survenus à notre planète, ils se sont faits des idées plus ou moins exactes sur les grands ouvrages de la décomposition et de la formation.

2°. D'autres se sont occupés à rechercher, par l'analyse, quelles sont les terres ou les ma-

tières premières avec lesquelles ont été composées toutes les pierres qui nous sont connues ;
ceux-ci nous ont fourni des connoissances précieuses sur la nature, les usages et les décompositions de ces mêmes substances. Mais les
résultats de l'analyse, quoique nécessaires pour
avoir des idées exactes sur chaque pierre, ne
peuvent pas servir pour former eux seuls la base
d'une méthode, parce que ces caractères sont
trop difficiles à acquérir ; et on peut, tout au
plus, s'en servir, comme complément, pour
appuyer telle autre méthode qu'on aura employée.

3° Presque toutes les méthodes qui ont été
adoptées jusqu'ici, sont fondées sur les caractères extérieurs des matières terreuses.

Quelques naturalistes ont cherché, dans la
variété des formes que nous présentent les
productions du règne minéral, des principes de
division qui leur ont paru suffisans ; mais, outre
que la même forme appartient souvent à des
pierres très-différentes, ce caractère se trouve
rarement, et nous ignorons la crystallisation de
la plupart des terres connues ; ainsi nous ne
pouvons le regarder que comme accessoire ou
secondaire.

D'autres naturalistes ont établi leurs divisions,
d'après quelques propriétés faciles à reconnoître ;
telles que celles, de faire effervescence avec les

acides, d'étinceller par le choc du briquet, etc.
mais ces caractères ne me paroissent, ni assez
rigoureux, ni assez exclusifs; car rien de plus
commun que le mélange des débris des roches
primitives avec ceux des pierres calcaires; notre
Province en offre des exemples à chaque pas;
et ces mélanges, durcis par le temps, ont les
deux caractères ci-dessus énoncés : il existe des
pierres qui, sans changer de nature, font feu
avec le briquet, ou effervescence avec les acides,
selon qu'elles sont plus ou moins divisées, telles
que le *lapis lazuli* qui fait effervescence quand
il a été pulvérisé, et feu lorsqu'il est en masse;
l'ardoise pulvérisée fait effervescence, et elle
n'en fait point lorsqu'elle est en masse. Ainsi
les divisions établies sur ces caractères ne sont
pas rigoureuses, et on peut, tout au plus, s'en
servir en les faisant concourir avec d'autres.

Le naturaliste qui, jusqu'ici, me paroît
avoir mis le plus d'ordre dans la distribution
des substances minérales, est M. d'*Aubenton* :
tout ce qu'il a dit à ce sujet annonce l'œil exercé
de l'observateur, et il a tiré, des propriétés ex-
térieures des corps, tous les caractères qu'il est
possible d'y puiser; mais il n'a pas pu éviter les
défauts qu'entraînent avec eux les principes sur
lesquels il a appuyé sa méthode.

Aussi profondément pénétré de l'insuffisance
de ces méthodes que de la foiblesse de mes

moyens, j'ai cherché à rapprocher tous les caractères qui peuvent fournir quelque indice; j'ai fait concourir les caractères du Naturaliste avec ceux du Chimiste. Et, quoique la méthode que j'ai adoptée soit bien éloignée du degré de perfection qu'on pourroit desirer, je la donne avec confiance : elle differe peu de celle qui a été suivie par MM. *Bergmann* et *Kirwan ;* et c'est déjà un préjugé en sa faveur. Les avantages particuliers qu'elle me présente sont, 1°. de distribuer d'une manière égale, et en trois classes, les productions lithologiques; 2°. de rapprocher et de ranger, comme par un ordre naturel, toutes les productions analogues ; enfin, cette méthode a fixé mes idées d'une manière plus précise ; et c'est, sur-tout, ce qui me détermine à la proposer (1).

---

(1) Je regarde ce que je publie aujourd'hui, sur la lithologie, comme l'énoncé simple et succint des principes que je développe dans mes cours ; et on me jugeroit avec trop de sévérité, si on me supposoit le dessein d'avoir voulu présenter un ouvrage complet.

On peut puiser des connoissances plus étendues dans les ouvrages suivans.

1°. Essai d'un art de fusion à l'aide de l'air vital, par *Erhmann.* Mémoires de M. *Lavoisier* sur le même sujet. Mémoires de M. *Darcet* sur l'action d'un feu égal, violent et continu sur un grand nombre de terres, pierres, etc.

2°. Les ouvrages de *Margraaf* et de *Pott*, sur-tout la lithogéognosie de ce dernier.

3°. Les pesanteurs spécifiques des corps, par M. *Brisson.*

4°. Les élémens de minéralogie de M. *Kirwan.*

A 3

Les différentes terres que nous foulons aux pieds sont en général des combinaisons ; et les Chimistes, en décomposant ces substances, sont parvenus à obtenir, en dernière analyse, des principes que nous pouvons regarder comme des élémens terreux, jusqu'à ce que des connoissances ultérieures confirment ou détruisent nos idées à ce sujet.

Les élémens terreux les plus répandus sont au nombre de cinq, savoir, la chaux, la magnésie, la barite, l'alumine et la silice.

Nous ne parlerons point des autres terres primitives annoncées par M. *Klaproth* dans le spath adamantin et dans le jargon de Ceylan : elles sont encore trop peu connues et trop peu répandues pour influer sur notre division actuelle.

La nature paroît avoir fait tous les mélanges

5°. Le manuel du minéralogiste de *Bergmann*, enrichi de notes par M. l'Abbé *Mongez*.

6°. La minéralogie de M. *Sage*.

7°. Les ouvrages sur la crystallographie de M. *de Romé de Lisle*, de M. l'Abbé *Hauy*, etc.

8°. Le tableau méthodique des minéraux par M. *d'Aubenton*.

9°. La minéralogie de M. *le Comte de Buffon*, où ce célèbre écrivain a rassemblé des faits nombreux et précieux, dont le mérite est indépendant de toute théorie.

10°. Les ouvrages minéralogiques de MM. *Jars, Dietrich*, de *Born, Ferber, Trebra, Pallas, Gmelin, Linné, Dolomieu*, de *Saussure*, de *la Peyrouse*, etc.

11°. Les belles analyses de pierres publiées successivement par *Pott, Margraaf, Bayen, Bergmann, Gerard, Schéele, Achard, Mongez*, etc.

et toutes les combinaisons qui forment les pierres, avec les terres primitives dont nous venons de parler.

Si nous jettons un coup-d'œil sur la nature de ces mélanges et de ces combinaisons, nous distinguerons trois manières d'être qui établissent trois grandes divisions : nous verrons d'abord que ces terres sont, tantôt combinées avec des acides, ce qui forme des sels-pierres ; tantôt mélangées entr'elles, ce qui forme les pierres proprement dites ; tantôt ces pierres, ainsi formées par le mélange des terres primitives, sont liées ensemble et fixées par un *gluten* ou un ciment quelconque, ce qui constitue les roches.

Nous distinguerons donc trois classes dans la lithologie : la première comprendra les sels-pierres ; la seconde, les pierres ou les mélanges terreux ; la troisième, les roches ou les mélanges pierreux.

Nous croyons indispensable de faire connoître la nature de ces terres primitives, avant de nous occuper de leurs combinaisons.

I°. La chaux.

On a trouvé cette terre sans aucune combinaison et à nud, près de Bath. *Voyez Falconet sur les eaux de Bath*, t. 1, *p.* 156 et 157. Mais, comme c'est peut-être la seule observation qu'on ait sur cette matière, il est indispensable de faire connoître le procédé par lequel on peut l'obtenir dans son plus grand état de pureté.

Pour cet effet, on lave la craie dans de l'eau distillée et bouillante, on la dissout ensuite dans l'acide acéteux distillé, et on la précipite par le carbonate d'ammoniaque ; on lave le précipité, on le calcine, et le résidu forme de la chaux pure.

Cette terre a les caractères suivans :

1°. Elle est soluble dans 680 fois son poids d'eau, à la température de 60 dég. therm. de *Farheneit.* V. *Kirwan.*

2°. Elle a une saveur piquante, âcre et brûlante.

3°. Sa pesanteur spécifique est d'environ 2, 3. V. *Kirwan.* Et selon *Bergmann* de 2, 720.

4°. Elle prend l'eau avec avidité, s'y divise, acquiert du volume et laisse échapper de la chaleur.

5°. Les acides la dissolvent sans effervescence, mais avec chaleur.

6°. Le borate de soude, les oxides de plomb et les phosphates de l'urine la dissolvent au chalumeau sans effervescence.

Elle paroît infusible par elle-même, elle a résisté à la chaleur du foyer alimenté par un jet d'oxigène. V. le Mémoire de M. *Lavoisier.*

Lorsqu'elle est mêlée avec les acides, elle forme une combinaison fusible, et elle hâte la fusion des terres alumineuses, siliceuses et magnésiennes , d'après les expériences de MM. *Darcet*, *Bergmann*.

II°. LA BARITE , OU TERRE PESANTE.

Nous devons les connoissances acquises sur cette terre aux célèbres Chimistes , *Gahn*, *Schéele*, *Bergmann*.

On ne l'a pas trouvée encore exempte de toute combinaison ; et, pour l'avoir dans le degré de pureté convenable, on peut employer le procédé suivant : on prend le sulfate de barite , qui est la combinaison la plus ordinaire de cette terre ; on le pulvérise , et on le calcine dans un creuset avec un huitième de poudre de charbon ; on entretient le creuset au rouge pendant une heure ; on verse ensuite la matière dans l'eau , ce liquide se colore en jaune et exhale une forte odeur de gaz hépatique ; on filtre et on verse de l'acide muriatique dans la liqueur , il se forme un pré-cipité considérable qu'on sépare en filtrant de nouveau la liqueur ; l'eau qui passe à travers le filtre tient en dissolution le muriate de barite , et on y ajoute du carbonate de potasse en liqueur, la barite se dégage combinée avec l'acide car-bonique dont on la débarrasse par la calcination.

1°. La barite pure est sous forme pulvérulente et d'une très-grande blancheur.

2°. Elle est soluble dans environ 900 fois son poids d'eau distillée, à la température de 60 dég. V. *Kirwan*.

3°. Le prussiate de potasse la précipite de ses combinaisons avec les acides nitrique et muriatique, ce qui la distingue des autres terres. V. *Kirwan.*

4°. Elle précipite les alkalis de leurs combinaisons avec les acides.

5°. De la barite exposée, par M. *Lavoisier*, à un foyer alimenté par l'oxigène, s'est fondue en quelques secondes. Elle s'est étendue et appliquée sur le charbon ; après quoi, elle a commencé à brûler et à détonner jusqu'à ce que presque tout fût dissipé ; cette espèce d'inflammation est un caractère commun avec les substances métalliques ; mais, lorsque la barite est pure, elle est parfaitement infusible. V. *Lavoisier.*

Au chalumeau la terre pesante fait peu d'effervescence avec la soude, mais elle est sensiblement diminuée ; elle se dissout avec effervescence dans le borate de soude, et encore plus avec les phosphates d'urine. V. *l'Abbé Mongez.*

6°. Sa pesanteur spécifique va au-delà de 4,000 selon *Kirwan.*

III°. LA MAGNÉSIE, OU TERRE MAGNÉSIENNE.

Cette terre n'a été trouvée nulle part dégagée de toute matière étrangère ; pour l'avoir dans toute sa pureté possible, on dissout dans l'eau distillée des crystaux de sulfate de magnésie, qu'on décompose par les carbonates d'alkali ; on calcine ensuite le précipité pour en dégager l'acide carbonique.

1º. La magnésie pure est très-blanche , très-tendre et comme spongieuse.

2º. Sa pesanteur spécifique est d'environ 2 , 33. V. *Kirwan.*

3º. Elle n'est pas sensiblement soluble dans l'eau , quand elle est pure ; mais , lorsqu'elle est combinée avec l'acide carbonique , elle s'y dissout , et l'eau froide a plus d'action sur elle que l'eau chaude , d'après les expériences de M. *Butini.*

4º. Elle n'a pas de saveur sensible sur la langue.

5º. Elle verdit un peu la teinture de tournesol.

6º. M. *Darcet* a observé qu'un feu violent l'agglutine plus ou moins ; mais MM. de *Morveau, Butini, Kirwan* ont vu qu'elle ne se fondoit point ; et les expériences de M. *Lavoisier* l'ont convaincu qu'elle étoit aussi infusible que la barite et la chaux.

Le borate de soude et les phosphates d'urine la dissolvent avec effervescence. V. *l'Abbé Mongéz.*

IVº. L'ALUMINE , OU ARGILE PURE.

Cette terre n'est pas plus exempte que les précédentes de mélange et de combinaison ; et, pour l'avoir pure , on dissout le sulfate d'alumine dans l'eau et on le décompose par les alkalis effervescens.

1°. L'argile pure prend l'eau avec avidité et s'y délaie ; elle happe fortement la langue.

2°. Sa pesanteur spécifique n'excède pas 2,000. V. *Kirwan*.

3°. Exposée au feu , elle se dessèche , se resserre , prend du *retrait* et se gerce ; elle y contracte une telle dureté , qu'elle fait feu avec le briquet.

Lorsqu'elle a été bien cuite , elle n'est plus susceptible de se délayer dans l'eau , il faut la dissoudre par un acide et l'en précipiter pour lui faire reprendre cette propriété.

Il résulte des expériences de M. *Lavoisier* , que l'alumine pure est susceptible de prendre une fusion pâteuse à une chaleur excitée par un courant d'oxigène ; elle se transforme alors en un genre de pierre très-dure qui coupe le verre comme les pierres précieuses , et qui se laisse difficilement entamer par la lime.

Le mélange de la craie en facilite singulièrement la fusion ; elle est fusible dans un creuset de craie , d'après M. *Gerhard* , et ne l'est pas dans un creuset d'argile.

Le borate de soude et les phosphates d'urine la dissolvent. V. MM. *Kirwan* , *l'Abbé Mongéz*.

D'après les expériences de M. *Dorthes* , les argiles les plus pures que la nature nous présente , celle même qu'on précipite de l'alun , contiennent un peu de fer en état d'oxide ; et c'est à ce principe qu'est due l'odeur terreuse qu'on développe en les humectant. On ne peut les en priver que difficilement.

V°. LA SILICE, OU TERRE QUARTZEUSE, TERRE VITRIFIABLE, etc.

Cette terre est presque dans son état de pureté, dans le crystal de roche ; mais, lorsqu'on veut l'avoir à l'abri de tout soupçon, on fond une partie de beau crystal de roche avec quatre d'alkali pur, on dissout le tout dans l'eau et on précipite par un excès d'acide.

1°. La silice pure a une rudesse et une aspérité singulières au toucher : elle est absolument dépourvue de gluant, et ses molécules délayées dans l'eau se précipitent avec une facilité extrême.

2°. Sa pesanteur spécifique est de 2 , 65.

3°. *Bergmann* avoit annoncé que l'eau pouvoit la dissoudre ; et M. *Kirwan* a prétendu que 10000 parties d'eau peuvent en tenir une de silice en dissolution, à la température ordinaire de l'atmosphère, et peuvent même se charger d'une plus grande quantité, en élevant la température de ce liquide.

4°. L'acide fluorique la dissout et la précipite, quand il a le contact de l'eau, ou qu'on lui fait éprouver un refroidissement considérable.

5°. Les alkalis la dissolvent par la voie sèche, et forment du verre ; mais ils l'attaquent aussi par la voie humide , et peuvent en dissoudre un sixième quand elle est bien divisée.

6°. Le miroir ardent ne la fond pas ; mais le courant d'air vital a déterminé un commencement de fusion à la surface. V. *Lavoisier*.

Au chalumeau la soude se dissout avec effervescence , le borate de soude la dissout lentement et sans bouillonnement.

PREMIÈRE CLASSE.

DE LA COMBINAISON DES TERRES AVEC LES ACIDES.

Cette classe qui comprend la combinaison des terres primitives avec les acides , offre naturellement cinq genres.

PREMIER GENRE.

Sels terreux à base de chaux.

La combinaison de la chaux avec les divers acides nous formera les diverses espèces de sels calcaires compris dans ce genre.

Ire. ESPÈCE. *Carbonate de chaux , pierre calcaire.*

La combinaison de la chaux avec l'acide carbonique est la plus commune , et comprend toutes les pierres qui ont été connues, jusqu'à ce jour, sous les noms de *pierre à chaux*, *pierre calcaire*, etc.

Les caractères des carbonates de chaux sont, 1°. de faire effervescence avec quelques acides; 2°. de se convertir en chaux par la calcination.

La formation de ces pierres nous paroît due, en grande partie, au *detritus* des coquillages : l'identité des principes constituans des coquilles et des pierres calcaires, et la présence de ces mêmes coquilles plus ou moins altérées dans les montagnes de pierre à chaux, nous autorisent à penser qu'au moins une grande partie de la masse calcaire de notre globe, n'a pas d'autre origine que celle que nous lui assignons.

Quoique notre imagination paroisse se prêter difficilement à rapporter des effets aussi merveilleux à une cause si foible en apparence, nous sommes forcés de la reconnoître en jetant un simple coup - d'œil sur l'histoire connue des coquillages.

En effet, nous voyons la classe nombreuse d'animaux à coquille, presque naître avec cette enveloppe pierreuse ; on la voit insensiblement s'épaissir, s'aggrandir par l'apposition de nouvelles couches, et cette écaille finit par occuper un volume cinquante à soixante fois plus grand que celui de l'animal qui lui donne naissance. Qu'on se représente à présent le nombre prodi-

gieux d'animaux à transudation pierreuse ; qu'on
se figure leur prompt accroissement , leur mul-
tiplication et la courte durée de leur vie , dont
le terme moyen est d'environ dix ans , d'après
le calcul du célèbre *Buffon* ; qu'on multiplie le
nombre de ces animaux par le volume que laisse
leur dépouille , et l'on aura la masse que les
coquilles d'une seule génération doivent former
sur ce globe. Si l'on considère , à présent , combien de générations sont éteintes , combien d'espèces sont perdues , on ne sera pas surpris qu'une
partie de la surface du globe soit recouverte de
ces débris.

On peut concevoir aisément que les coquillages
morts, entraînés par les courans, doivent se heur-
ter, se dégrader plus ou moins, et que leurs
débris pulvérulens , long - temps brassés par les
vagues , doivent être entassés et former des
bancs de coquilles plus ou moins altérées.

Au reste , quelle que soit l'origine de cette
pierre , elle se présente sous deux états principaux ; ou sous forme de crystaux , ou en masse
irrégulière.

I°. *Pierres calcaires crystallisées.*

Pour que la crystallisation ait lieu , il faut un
concours de circonstances qui se rencontre bien
rarement ; et c'est sans-doute la raison pour
laquelle les spaths ou crystaux calcaires font la
plus petite partie de ce genre : on trouve ces

crystaux

crystaux dans les cavités des montagnes calcaires , on les trouve dans les fentes qui pénètrent
dans l'intérieur de ces pierres , et généralement
dans tous les endroits où pénètrent les eaux qui
charrient la pierre calcaire prodigieusement atté-
nuée et presque dissoute.

La pierre calcaire crystallisée nous présente
plusieurs variétés de forme , mais la rhomboïdale
paroît être la plus constante et la plus générale.
Les environs d'Alais nous fournissent des rhombes de spath de la plus grande beauté , ils sont
transparens comme ceux d'Islande , et doublent
les objets de la même manière.

Il arrive souvent qu'un grouppe de crystaux
rhomboïdaux présente , à la surface , des pyramides plus ou moins saillantes , qui ne sont que
les angles plus ou moins alongés des rhombes ;
et on ne peut pas se refuser à convenir , avec
M. *de Romé de Lisle* , que la forme pyramidale
ne soit une légère modification du rhombe ;
car , si on brise une pyramide de spath , elle
se réduit en élémens de figure rhomboïdale.

Les principales variétés de la forme pyramidale, se déduisent, sur-tout, du nombre des côtés;
et lorsque la pyramide est longue et aiguë , on
l'appelle *spath à dent de cochon*.

La pierre calcaire affecte souvent la forme
prismatique , et celle-ci nous présente encore
quelques variétés.

B

Souvent le prisme est à six pans et tronqué ; quelquefois il est terminé par une pyramide trihèdre ; et, lorsque le prisme est très-court, et que son sommet repose presque sur la roche elle-même, ce crystal est connu sous le nom de *spath lenticulaire.*

On peut voir, dans la crytallographie de M. *de Romé de Lisle*, toutes les variétés de forme qu'ont présenté jusqu'ici les pierres calcaires crystallisées.

La pesanteur spécifique des spaths calcaires est d'environ 2,700 lorsqu'ils sont purs, selon *Kirwan.*

Ils contiennent 34 à 36,00 d'acide carbonique, sur 53 à 55,00 de terre, le reste est de l'eau. V. *Kirwan.*

Les spaths présentent souvent une surface, lisse, unie, sur laquelle l'acide sulfurique ne mord que lentement ; ils sont quelquefois mêlangés de fer, ce qui leur donne des teintes très-variées.

II°. *Pierres calcaires non crystallisées.*

La plus grande partie des pierres calcaires n'affecte aucune forme régulière ; ce sont presque toujours des couches ou des blocs immenses, jetés et amoncelés sur la surface du globe, et l'on ne peut raisonnablement y reconnoître aucun dessein primitif de crystallisation. L'idée même que nous avons de la formation de ces montagnes, et leur disposition par couches, ne nous permettent d'y voir qu'un effet naturel de l'écoulement des eaux qui a dû occasionner du *retrait* et disposer les roches par couches ou feuillets.

Il me paroît qu'on peut établir deux divisions très-naturelles entre les pierres calcaires non crystallisées : car, ou elles sont susceptibles d'un poli parfait, et alors on les appelle *marbres* ou *albatres* ; ou elles ne sont pas susceptibles de ce poli, et, dans ce cas, on les appele *moëllons*, *tufs*, etc.

A. *Pierres calcaires susceptibles d'un poli parfait.*

Quoique, d'après les expériences des Chimistes, sur-tout de M. *Bayen*, il soit prouvé que les marbres contiennent plus ou moins d'argile, nous sommes forcés de les placer ici, parce que la terre calcaire prédomine tellement, qu'on ne peut pas raisonnablement les placer ailleurs, et qu'ils ont tous les caractères de la pierre à chaux.

Les marbres different des autres pierres calcaires par le poli dont ils sont susceptibles, et on les distingue entr'eux par les couleurs.

Le marbre blanc est ordinairement le plus pur; nous connoissons celui de Carrare et l'ancien marbre statuaire de Paros.

Le marbre noir est coloré par un bitume ou par le fer : M. *Bayen* a trouvé ce métal dans

la proportion de 5,00. Lorsqu'il est veiné par
de la pyrite, on l'appelle *Portor*.

Les marbres colorés varient à l'infini : la partie
colorante n'est due, en général, qu'aux altérations du fer qui, quelquefois, y est attirable
à l'aimant, d'après l'observation de M. *de Lisle*.
Les marbres bleu et verd tirent leur couleur d'un
mélange de schorl, selon *Rinmann*, *Hist. ferri.*

Le marbre coquiller ne paroît formé que par un
amas de coquilles liées par un gluten calcaire ; on
lui donne le nom de *Lumachelle*. Celui de Bleyberg
en Carinthie forme une des plus belles espèces.

Ce qu'on appelle *marbre figuré* présente, ou
des traces de végétaux, comme celui de Hesse,
ou des ruines et des débris, comme celui de
Florence : les *dendrites* ne paroissent formées que
par des infiltrations ferrugineuses à travers les
feuillets de ces pierres.

Plusieurs Naturalistes ont parlé du marbre flexible : le P. *Jacquier* l'a décrit, en 1764, dans
la gazette littéraire de l'Europe ; et l'Abbé *de
Sauvages* a communiqué, à l'Académie de Montpellier, la description des tables de marbre flexible
qui sont dans le palais Borghese.

Les albatres sont des pierres calcaires de la
nature du marbre ; ils paroissent formés comme
les stalactites ; ils sont quelquefois décorés des
plus belles couleurs, jouissent, en général, d'une
certaine transparence, présentent des couches

diversement colorées, et causent aux rayons de lumière une double réfraction quand elles ont assez de transparence. On peut voir, dans le traité de M. *Brisson* (sur la pesanteur spécifique des corps) les résultats de ses belles expériences sur celle des marbres, des albatres, et généralement de toutes les pierres calcaires.

B. *Pierres calcaires non susceptibles d'un poli parfait.*

Les pierres calcaires qui ne sont pas susceptibles d'un poli parfait, se présentent, ou en masse, ou sous forme pulvérulente, ce qui établira notre division naturelle.

1°. La pierre calcaire en masse, forme en général la pierre à bâtir; et celle-ci nous offre plusieurs variétés, relativement à la finesse du grain, à la porosité, à la couleur, à la consistance, à la pesanteur; ce sont ces nuances qui établissent diverses qualités de pierres, et qui font que l'une durcit à l'air, tandisque l'autre s'y décompose; ce sont ces mêmes nuances qui font que chacune de ces variétés a des usages particuliers; et c'est à l'Artiste habile qui les emploie à savoir en distinguer les qualités.

Dans le nombre de ces pierres à bâtir, il en est qui retiennent l'eau dont elles sont imprégnées, et éclatent par les gelées, tandis que d'autres laissent échapper librement ce même fluide, et se durcissent par le contact de l'air.

2°. La pierre calcaire est quelquefois sous forme pulvérulente : la craie est de ce genre ; et lorsqu'elle est blanche, divisée et très-fine, on en forme ces pains connus dans le commerce sous le nom de *blanc d'Espagne* : a cet effet, on l'agite dans une cuve avec de l'eau ; les substances étrangères, telles que les cailloux, les pyrites, etc. se précipitent ; on décante l'eau, et elle ne tarde pas à déposer la craie qu'elle tient suspendue ; on la dessèche, et on la divise en quarrés-longs pour former les pains de blanc d'Espagne.

Lorsque l'eau charrie cette craie et la dépose, il en résulte un *gurh* ; et lorsqu'elle a une certaine consistance, ce qui provient du mélange des terres argileuses et magnésiennes, on lui donne le nom d'*agaric minéral*.

Comme la terre calcaire est susceptible d'une division extrême, l'eau qui la charrie et s'infiltre à travers les roches, la dépose peu à peu, et forme des dépôts et des incrustations connus, par le vulgaire, sous le nom de *pétrifications*, et sous celui de *stalactites* par les Naturalistes.

Ces dépôts calcaires conservent très-souvent la forme des substances qu'ils ont recouvertes ou revêtues, et présentent des figures de mousse, de racines, de fruits, etc., ce qui a fait croire à la transformation de ces substances en pierres.

L'accroissement des stalactites se faisant par
les surfaces externes, leur tissu présente des couches différemment nuancées, selon que l'eau a
été chargée de tel ou tel principe colorant.

Les cavités que l'on trouve fréquemment dans
les montagnes calcaires sont souvent tapissées de
stalactites ; et ces grottes sont un des phénomènes les plus imposans qui puissent être offerts
aux yeux du Naturaliste : la grandeur de ces souterrains, l'absence du jour, la foible lueur d'une
torche qui n'éclaire qu'à demi ces objets, rendent ces demeures, sombres, majestueuses et im-
posantes ; la multiplicité des figures, la variété
des formes, leur ressemblance avec des choses
connues, pénètrent d'étonnement les personnes
qui les étudient. Dans le nombre infini de ces
formes, il s'en trouve quelquefois de très-agréa-
bles à la vue, telles que celles des *flos ferri*,
des *choux-fleurs*, des *dentelles*; il s'en trouve aussi
de très-singulières, telles que celles des *priapo-
lithes*, des *pisolites*, des *oolites*, *etc.*

M. *Longeon* de Ganges a trouvé des formes,
assez variées et assez bizarres, dans la grotte
appellée *des Demoiselles*, pour en faire un as-
sortiment vraiment étonnant.

Ces transudations, ou plutôt ces dépôts pierreux, ont fait croire à la végétation des pierres.
Le célèbre *Tournefort* a cru avoir pris la nature
sur le fait, dans les fameuses grottes d'Antiparos,

où il a vu des inscriptions gravées dans la pierre, aujourd'hui relevées en bosse. *Baglivi* a donné un traité sur la végétation des pierres, dans lequel il cite beaucoup de faits de cette nature.

Tout le monde connoît les dépôts de la source des environs de Clermont ; mais la plus étonnante de toutes les sources pétrifiantes est celle de Guancavelica dans le Pérou : *Barba*, D. *Ulloa*, *Frezier*, nous en ont donné la description ; *Feuillée* nous apprend que cette eau sort très-chaude du milieu d'un bassin quarré, et se *pétrifie* à peu de distance de sa source. Cette eau est d'un blanc tirant sur le jaune : on s'est servi de ces incrustations pour bâtir les maisons de Guancavelica ; les ouvriers remplissent des moules de cette eau, et, quelques jours après, ils les trouvent incrustés de pierre ; les Statuaires y exposent des moules, et ils n'ont qu'à donner le poli pour rendre leurs statues transparentes : tous les bénitiers de *Lima* sont de cette matière, et d'une grande beauté. *Journ. des observ.* t. 1, p. 434.

En 1760, M. *Vegni* imagina de tirer parti de la craie très-blanche qui est charriée par les eaux des bains de St. Philip en Toscane : pour cet effet, on fait parcourir à l'eau un espace d'environ un mille, afin qu'elle dépose le soufre, la sélénite et le tuf qu'elle charrie ; l'eau, ainsi épurée, est employée à la confection des bas-reliefs : on introduit l'eau par le toit dans un cabinet construit avec des planches maçonnées ensemble ; l'eau tombe , de 12 à 15 pieds de haut , sur une croix de bois placée sur un poteau qui est au milieu ; elle se divise et jaillit latéralement sur les moules en soufre qui sont placés sur les côtés ; elle y dépose les molécules de terre qu'elle charrie , et le moule se remplit.

M. *Vegni* place ses moules sur des pièces de bois qui sont mues circulairement. Cet albatre est aussi dur que le marbre ; et l'incrustation est d'autant plus belle et plus dure , que la position du moule est plus verticale , et qu'il est plus éloigné.

Analyse et usages de la pierre calcaire.

En 1755 , le Docteur *Black* prouva que la pierre calcaire avoit , pour un de ses principes , un air différent de l'air atmosphérique : il prétendit que la pierre calcaire privée de cet air par la calcination , formoit la chaux ; et que celle-ci pouvoit repasser à l'état de pierre calcaire , en reprenant le principe qu'elle a perdu. En 1764 , *Macbride* étaya cette doctrine de nouveaux faits ; *Jacquin* ajouta de nouvelles expériences , et prouva que la chaux et les alkalis devoient leur causticité à la soustraction de cet *air fixe* , et il a fourni plusieurs moyens pour l'en extraire.

Les procédés les plus usités pour décomposer la pierre à chaux, sont le feu et les acides : le premier est employé, dans la confection de la chaux ; le second, dans les laboratoires lorsqu'on veut se procurer de l'acide carbonique.

Pour faire la chaux, on calcine la pierre calcaire dans des fourneaux dont la construction varie selon la nature des combustibles.

Lorsqu'on emploie le charbon de pierre, on construit en pierre vitrifiable un cône renversé qu'on charge de couches alternatives de charbon et de pierre ; on retire la chaux par une ouverture pratiquée au sommet. A mesure que la masse s'affaisse, on a soin de garnir le four par le haut, et d'empêcher que la flamme et la chaleur ne se dissippent à pure perte.

Bergmann a observé, que presque toutes les pierres calcaires qui noircissent ou brunissent par la calcination, contiennent du manganèse, et que la chaux qui en provient est excellente ; selon *Rinmann*, les pierres calcaires blanches qui noircissent par la calcination, en contiennent environ 10 , 00.

Par la calcination, la pierre à chaux perd l'acide et l'eau qu'elle contient ; ces deux principes y sont évidemment remplacés par la matière même de la chaleur. L'odeur de feu qu'exhale la chaux vive, la lumière qu'elle donne lorsqu'on l'éteint dans l'obscurité, la couleur qu'elle communique à la pierre à cautère, la propriété qu'elle a de réduire l'oxide et les verres de plomb, tout nous prouve, dit M. *Darcet* (journal de physique, 1783) qu'à mesure que la pierre calcaire se dépouille du principe aériforme, elle se combine avec le principe igné, qui ne peut être déplacé que par la voie des affinités. Les belles expériences de *Meyer*, dépouillées de toute théorie, nous prouvent la même chose.

Il est prouvé, d'après les expériences de M. *Higgins*, que la meilleure chaux est celle qui est faite avec la pierre la plus dure et la plus compacte, réduite en petits morceaux et chauffée lentement, jusqu'à ce que le four soit au blanc; et alors la chaleur doit être soutenue jusqu'à ce que la pierre ne fasse plus effervescence; on brûle la chaux, si on ne l'arrête pas à ce degré, et on y détermine une fritte qui ne lui permet plus de se diviser dans l'eau et de reprendre avec avidité les principes qu'elle a perdus.

Lorsqu'on calcine des morceaux de pierre calcaire de grosseur différente , on fait de la chaux d'inégale bonté : les petits échantillons font de la chaux brûlée, tandis que les grosses pierres n'ont presque pas souffert d'altération dans leur milieu.

Cette chaux, doit être regardée comme la meilleure, qui se divise le plus promptement dans l'eau et fournit le plus de chaleur en se divisant, qui donne la poudre la plus fine, qui se dissout dans l'acide acéteux sans effervescence et laisse le moins de résidu possible.

La chaux cherche toujours à se saisir de l'acide et de l'eau dont on a dépouillé la pierre par la calcination; aussi, exposée à l'air, elle se gerce, s'échauffe, se réduit en poussière en augmentant de volume et reprend la propriété de faire effervescence; il est donc important d'employer la chaux fraîche, si on veut l'avoir avec toute sa force.

La chaux est légérement soluble dans l'eau, et c'est cette dissolution qu'on appelle *eau de chaux*. On peut en précipiter la chaux, par le moyen de l'acide carbonique, qui régénère la pierre calcaire et en forme un *précipité*.

L'eau de chaux est employée pour reconnoître la présence et déterminer la proportion de l'acide carbonique dans une eau minérale.

Les Médecins en prescrivent l'usage comme absorbant et dépuratif.

Lorsque l'eau de chaux a le contact de l'air, il se forme, à sa surface, une pellicule connue sous le nom de *crême de chaux*; c'est de la pierre calcaire régénérée.

Le superbe bassin de Lampy, un des deux principaux réservoirs qui fournissent de l'eau au canal royal du Languedoc, perdoit l'eau par les joints des pierres; l'habile Ingénieur qui dirige ces travaux (M. *Pin*) y a fait éteindre de la chaux, qui, charriée au dehors par ces petites fentes, s'est saisie de l'acide carbonique et a formé une croûte ou un glacis très-blanc sur toute la surface, de façon que toutes les pierres de cette belle maçonnerie sont liées entr'elles par ce ciment et ne font plus qu'un seul et même corps impénétrable à l'eau.

La régénération de la pierre calcaire se fait lentement par les procédés décrits ci-dessus ; mais on peut la hâter en présentant à la chaux les principes dont elle est avide, et c'est ce qu'on fait dans les travaux en grand.

On éteint ordinairement la chaux en lui fournissant de l'eau en abondance : il s'excite une chaleur violente, la chaux se divise en poussière, et il en résulte une pâte en gachant fortement à mesure que la chaux se sature.

Le Comte *Razoumouski* a profité de la chaleur qui se dégage lorsque la chaux s'éteint, pour combiner la chaux avec le soufre. Le degré de chaleur convenable pour opérer cette combinaison est le soixante-dixième ; alors le soufre qu'on met sur la chaux se liquéfie, se colore en rouge et forme un vrai sulfure de chaux.

Pour faire le mortier, il ne s'agit que de pétrir la chaux éteinte, avec du sable ou autres corps insolubles dans l'eau.

On connoît à Montpellier deux espèces de

sable, celui de mine et celui de rivière : le premier est presque toujours altéré par le mélange de la terre végétale et de la terre calcaire qui en affoiblissent la vertu ; le second est plus pur et d'un usage plus avantageux. On peut remplacer le sable par des recoupes de pierre ; les angles que présentent ces fragmens, et le raboteux de leur surface, contribuent à donner de la consistance au mortier.

L'endurcissement des mortiers ne paroît dû qu'à la régénération progressive de la pierre à chaux. Ils n'atteignent le dernier degré de dureté, dont ils sont susceptibles, que lorsqu'ils se sont ressaisis de tout l'acide carbonique dont on avoit privé la pierre ; et cette opération est très-lente, à moins qu'on ne facilite la combinaison par les moyens connus, qui consistent à mêler, dans le mortier, des substances qui contiennent l'acide carbonique ou un principe analogue, tel que le vinaigre.

C'est cette régénération de la pierre à chaux, qui s'opère par le laps du temps, qui nous explique pourquoi les pierres les plus dures fournissent la meilleure chaux, et pourquoi les vieux mortiers nous présentent une dureté qui fait le désespoir des Artistes modernes.

Ce qui nous reste des travaux des anciens, a fait croire à quelques Physiciens, qu'on avoit autrefois des procédés précieux pour la confection des mortiers : M. *de la Faye* a cru que ces masses énormes, où l'on n'avoit admiré que la perfection des moyens mécaniques des anciens, avoient été faites par encaissement, et a cru trouver dans *Vitruve*, *Pline*, *St. Augustin*, que leur procédé pour éteindre la chaux différoit du nôtre, et que c'étoit là sur-tout la raison de la grande différence qui paroît exister entre les mortiers anciens et les modernes. Ces recherches intéressantes l'ont conduit à proposer, de tremper la chaux dans un panier et de la laisser fuser à l'air ; il croit par là, conserver plus de force à la chaux, et la moins énerver qu'on ne fait par les procédés usités.

Loriot a attribué la supériorité des mortiers des anciens aux moyens qu'ils employoient pour les dessécher promptement : d'après ces principes, il mêle la brique pilée aux cailloux, les pétrit avec la chaux éteinte, et dessèche le tout avec un quart de chaux vive ; il faut avoir l'attention de ne se servir que de chaux très-divisée, et passée par un tamis très-fin, sans cela le mortier se gerce et ne fait qu'une prise bien imparfaite.

La nature nous présente quelquefois un mélange convenable de pierre à chaux et de sable, pour former un excellent mortier sans addition de matière étrangère : M. *de Morveau* a trouvé de cette pierre à chaux dans la Bourgogne ; M.

de Puymaurin en a décrit une espèce qu'il **a** trouvée dans le Béarn ; et j'ai vu, dans les Cevennes, un de ces mélanges naturels si bien assorti, qu'il suffit de le calciner et de l'éteindre dans l'eau pour former un excellent mortier.

IIe Espèce. *Sulfate de chaux, gypse, sélénite, pierre à plâtre.*

La pierre à plâtre perd sa transparence par la calcination, elle devient pulvérulente et acquiert la propriété de se ressaisir de l'eau qu'elle a perdue et de reprendre sa dureté : au reste, elle ne fait point feu avec le briquet ni effervescence avec les acides.

C'est sur-tout à *Margraaf* que nous devons la connoissance des principes constituans du plâtre ; et, d'après des travaux ultérieurs, on a assigné la proportion de ces mêmes principes dans le rapport suivant : un quintal de gypse contient 30 acide sulfurique, 32 terre pure, 38 eau ; il perd à-peu-près 20 pour 100 par la calcination.

Nous commençons à être également éclairés sur la formation de cette pierre : M. le Chevalier *de Lamanon* a prétendu que les nombreuses carrieres de plâtre qu'on trouve aux environs de Paris, sont le dépôt d'un ancien lac fluviatil, formé par la Seine, Loise et la Marne, qui s'écoula s'écoula du côté de Meulan : le fer ouvré et les diverses dépouilles d'animaux, qu'on a trouvés dans la profondeur des carrières de Montmartre, annoncent que la formation n'en est pas très-ancienne ; et l'infatigable Naturaliste que je viens de citer, considère la sélénite comme originairement dispersée dans l'eau, précipitée à raison de son peu de solubilité et amoncelée dans des endroits déterminés par les courans, les vagues et autres circonstances.

Ces faits, très-intéressans pour l'histoire naturelle du plâtre, sont insuffisans pour le Chimiste, à qui il reste à savoir encore de quelle manière, et dans quelle circonstance, se fait la combinaison de l'acide sulfurique avec la chaux. Je vais communiquer quelques observations que nous fournit notre Province.

1°. Dans une argile noire et pyriteuse de St. Sauveur, extraite du travail appelé *percement Dillon*, j'ai observé beaucoup de petites aiguilles de sélénite, de la longueur de 4 à 8 lignes ; à la surface du terrain où la même argile est plus décomposée, on trouve des crystaux de même nature, plus longs, plus gros et plus nombreux.

2°. L'argile marneuse et pyriteuse de *Caunelle*, près la Mosson, est parsemée de superbes crystaux de plâtre rose en crête de coq, observés par M. *Dorthes*.

C

3°. La carrière à plâtre de *la Salle* nous présente, presqu'alternativement, des couches de plâtre, et des couches d'une argile noire et pyriteuse qui effleurit à l'air.

4°. Près du pont d'Hérépian, du côté de Cascastel, à Gabian, et dans beaucoup d'autres endroits, j'ai trouvé constamment des crystaux de gypse mêlés et confondus avec des argiles pyriteuses.

5°. Les dépôts sulfureux de la Solfatara contiennent souvent des crystaux de sélénite.

Ces faits posés, il me paroît qu'on peut bien aisément concevoir la formation du gypse : il ne se forme que dans des endroits où il y a des pyrites et de l'argile plus ou moins calcaire, c'est-à-dire, que sa formation paroît dépendante et liée à la présence du soufre et de la chaux.

Ainsi, lorsque la pyrite se décompose, l'acide sulfurique qui en provient, se porte sur la chaux et effleurit en petits crystaux que l'eau entraîne et dépose tôt ou tard. J'ai vu des dépôts sensibles de plâtre sur les bords des ruisseaux qui lavent les argiles pyriteuses : j'ai encore observé des dépôts de même nature dans les rivières, lorsque les eaux ont été fortement rapprochées par la chaleur brûlante de nos étés ; ainsi, si l'on suppose la sélénite dispersée dans des volumes d'eau plus considérables, on concevra, sans peine , la formation des couches que nous présentent les carrières de plâtre.

MM. *de Cazozy* et *Macquart* ont observé le passage du gypse de Cracovie à l'état de calcedoine : lorsque le noyau de calcedoine s'est décidé, il augmente sensiblement , par le temps , même dans les cabinets ; ce qui prouve que le suc quartzeux , une fois infiltré dans le plâtre , se combine avec la chaux et décide la transformation.

M. *Dorthes* a prouvé que le quartz en crête de coq de Passy , devoit son origine à du plâtre : cette dernière substance ayant été entraînée par la dissolution , le suc quartzeux a pris sa place : l'histoire naturelle nous présente plusieurs de ces métamorphoses.

Le gypse se trouve dans le sein de la terre sous quatre états différens.

1°. Sous forme pulvérulente et friable , ce qui constitue la terre gypseuse , la farine fossille , etc.

2°. En masses solides , ce qui forme la pierre à plâtre.

3°. En stalactites ou dépôts secondaires , et nous pouvons ranger ici les gypses soyeux striés , les choux-fleurs , les albatres gypseux , et cette variété prodigieuse de formes que prennent les stalactites , quelle qu'en soit la base.

4°. En crystaux bien prononcés , qui nous

présentent, pour l'ordinaire, les formes suivantes.

1°. Prisme tétraèdre rhomboïdal comprimé.

2°. Prisme hexaèdre à sommet tronqué.

3°. Rhombe décaèdre. Je crois qu'on peut rapporter à cette dernière forme le gypse lenticulaire, qui ne me paroît formé que par la réunion de plusieurs rhombes placés l'un à côté de l'autre. En décomposant cette variété, j'ai eu, au moins, pour dernier résultat, la forme rhomboïdale.

La couleur du gypse varie à l'infini, ce qui établit diverses qualités, relativement à ses usages. Le plus beau est le blanc, quelquefois il est gris, et alors il est moins estimé et a moins de valeur. Les divers états des oxides de fer qui y sont plus ou moins abondans, constituent ses teintes roses, rouges, noires, etc.

La pesanteur spécifique du gypse varie selon sa pureté. Voyez MM. *Brisson* et *Kirwan* : Ce dernier l'a trouvée quelquefois de 2, 32, et quelquefois de 1, 87.

Il est soluble dans environ cinq cens fois son poids d'eau, à la température de 60 degrés de *Farheneit*.

Lorsqu'on l'expose au feu, l'eau de crystallisation se dissipe, il devient opaque, perd sa consistance et tombe en poussière; si on l'humecte, il durcit de nouveau, mais ne reprend pas sa transparence; ce qui paroît annoncer que son premier état est un état de crystallisation.

Si on le tient à un feu assez vif, en contact avec de la poussière de charbon, l'acide se dé-compose, et le résidu est de la chaux.

On peut encore séparer ses principes, en les faisant bouillir, en poudre fine, avec de l'alkali.

Il est fusible au chalumeau, selon *Bergmann*; et à un feu de porcelaine, selon M. *Darcet*.

La conduite du feu dans la calcination du gypse, est très-importante; trop de feu le dé-compose, trop peu ne lui permet point de s'unir à l'eau, et de faire corps.

Le gypse calciné se divise dans l'eau, et forme une pâte à laquelle on peut donner toutes les formes imaginables : nous devons à cette pro-priété les beaux ornemens de l'intérieur de nos maisons; on ne peut pas en décorer l'extérieur, parce qu'étant soluble dans l'eau, ce liquide dégraderoit peu à peu les ouvrages.

IIIe. Espèce. *Fluate de chaux, spath vitreux, fusible ou phosphorique, fluor spathique.*

Cette pierre est la combinaison d'un acide particulier, qu'on appelle *fluorique*, avec la chaux.

Cette substance décrépite sur les charbons ardens, comme le muriate de soude : chauffée légérement, elle brille d'une belle couleur bleue qui se conserve même dans l'eau et les acides;

le résidu de cette apparence de combustion est blanc et opaque.

La pesanteur spécifique est, en général, de 3, 14 à 3, 18, *Kirwan.*

Ce spath entre en fusion par une forte chaleur, et attaque vivement le creuset. Il se fond aussi sans effervescence, avec l'alkali minéral, le borate de soude, et les phosphates de l'urine.

C'est une des pierres dont les couleurs vives sont les plus variées ; et on la connoît sous les noms de fausse émeraude, fausse améthyse, fausse topaze, selon que la couleur en est verte, violette, ou jaune.

Les spath fluors bleus tirent communément leur couleur du fer, mais quelquefois du cobalt. *Berlin Berchaft* ; t. 2, p. 330. Les fluors verts sont colorés par le fer, selon *Rinmann.*

La forme la plus ordinaire du fluate de chaux, est la cubique, avec toutes les modifications qui accompagnent cette forme primitive.

Cette pierre, distillée avec parties égales d'acide sulfurique, produit d'abord des vapeurs élastiques, blanchâtres, qui remplissent le récipient, et déposent, à la surface de l'eau, une croûte, tandis que cette eau s'acidule ; ce qui reste dans la cornue est du sulfate de chaux, d'après *Schéele* ; la croûte qui s'est formée sur l'eau du récipient est de la silice, et l'eau qui s'est saturée de la vapeur est l'acide *fluorique.*

La plus étonnante propriété de cet acide, c'est celle, sans contredit, d'enlever la terre siliceuse qui est principe constituant du verre, et de se volatiliser avec elle.

Pour avoir l'acide plus pur et exempt de tout mêlange de silice, on opère dans des cornues de plomb; mais M. *de Puymaurin* s'est convaincu, ainsi que moi, que même alors l'acide étoit rarement pur, parce que le fluor le plus beau contient, presque toujours, un peu de silice que l'acide entraîne avec lui; le fluor le plus blanc, le plus transparent et le plus régulièrement crystallisé, distillé au bain-marie, dans une cornue de plomb, m'a fourni un acide altéré par un peu de silice.

M. *Meyer*, ayant employé tous les moyens possibles pour avoir cet acide très-pur, s'est convaincu que, lorsque cet acide ne trouvoit point de silice dans la cornue, il attaquoit les parois du récipient, et s'altéroit.

On conserve cet acide dans des flacons dont les parois sont enduites avec de la cire fondue dans l'huile.

L'acide fluorique a quelque analogie avec le muriatique, et on a voulu même les confondre; mais ils diffèrent essentiellement.

L'acide fluorique, 1°. combiné avec la potasse, présente une substance gélatineuse qui desséchée retient le cinquième de l'alkali employé et forme un vrai sel neutre ; 2°. il se comporte à-peu-près de même avec la soude ; 3°. avec l'ammoniaque, il donne une gelée, qui desséchée présente toutes les apparences du *silex* ; 4°. mêlé avec l'eau de chaux il régénère le fluate de chaux ; 5°. il n'attaque point l'or, ne dissout point l'argent ; et se combine, de préférence, avec les oxides, tels que ceux de plomb, de fer, de cuivre, d'étain, de cobalt et même d'argent.

Une partie de fluate de chaux, fondue avec quatre parties d'alkali fixe caustique, forme un sel insoluble dans l'eau. La même quantité de fluate de chaux, traitée de la même manière avec le carbonate de potasse, donne un sel soluble, et on trouve, au fond de l'eau, une terre calcaire, ce qui prouve que l'acide fluorique n'est séparé que par double affinité.

Cette pierre qui, jusqu'ici, n'a été employée que comme fondant ou comme ornement, me paroît mériter une attention toute particulière : elle paroît avoir un tissu lamelleux, comme le diamant ; comme lui, elle n'est point susceptible de double refraction, ce qui a été reconnu par M. l'Abbé *Rochon ;* sa phosphorescence a encore quelque rapport avec la combustibilité du diamant ; elle a des couleurs vives et variées ; tout cela établit une analogie entre ces deux substances, et pourroit faire soupçonner que les principes constituans du diamant existent, dans cette pierre , mêlés et confondus avec un acide et la chaux , etc.

L'acide fluorique a la propriété très-singulière, d'attaquer le verre , de dissoudre et d'enlever la partie siliceuse : *Margraaf* a d'abord reconnu cette propriété ; mais MM. *de Puymaurin* et *Klaproth* en ont fait l'application la plus heureuse à l'art de graver sur verre : on emploie cet acide pour ronger le verre , comme on emploie l'eau forte pour graver sur le cuivre.

Quelques auteurs , tels que M. *Monnet* , ont cherché à prouver que cet acide n'étoit qu'une modification de l'acide employé pour la décomposition du spath ; ils m'ont paru se fonder principalement , sur ce que l'acide obtenu surpassoit en poids le spath employé ; mais ils ont négligé l'accrétion en pesanteur qui doit résulter de l'érosion , dissolution et mélange du verre des vaisseaux distillatoires ; et ces expériences ne me paroissent infirmer en rien les vérités éternelles qui sont sorties du laboratoire du célèbre *Schéele* ; d'ailleurs , de telles modifications dans les acides employés seroient , à mes yeux , un phénomène plus étonnant encore que l'existence de cet acide particulier.

IVe. ESPÈCE. *Nitrate de chaux , nitre calcaire.*

Ce sel , de même que ceux dont nous avons encore à parler dans ce genre , n'existent que dans les eaux ; leur grande solubilité et leur déliquescence spontanée , ne leur permettent pas de former des masses durables et de se présenter à l'état de pierres.

Le nitrate de chaux se forme principalement près des endroits habités ; la lessive des vieux platras en fournit abondamment ; et c'est un des sels qui abondent dans les eaux-mères des Salpétriers ; on l'a trouvé dans quelques eaux minérales.

On l'obtient ordinairement en petites aiguilles appliquées les unes contre les autres.

Lorsqu'on rapproche la dissolution jusqu'à consistance pâteuse et presque syrupeuse , il se forme , par le laps du temps , des crystaux en prismes hexaèdres.

Deux parties d'eau froide en dissolvent une de ce sel , et l'eau bouillante en dissout plus que son poids.

Il a une saveur amère et désagréable.

Il se liquefie aisément sur le feu , et devient solide par le refroidissement ; si on le calcine fortement , et qu'on le porte dans l'obscurité , il est lumineux et constitue le *phosphore de Baudoin.*

Il perd son acide à un feu violent et soutenu; distillé dans les vaisseaux clos, il y donne les mêmes produits que le nitre, par la décomposition de son acide.

Jeté sur les charbons ardens, il détonne à mesure qu'il se dessèche. V. *de Fourcroy.*

On peut dégager l'acide par le moyen des argiles et de l'acide sulfurique. Les alkalis et la barite en précipitent la terre.

Les sels sulfuriques et les carbonates d'alkali le décomposent par double affinité.

V[e]. ESPÈCE. *Muriate de chaux, sel marin calcaire.*

Cette combinaison existe sur-tout dans les eaux de la mer, et elle contribue à donner à cette eau ce goût d'amertume, qu'on a rapporté mal-à-propos à des bitumes qui n'y existent point.

Ce sel est très-déliquescent : une partie et demi d'eau en dissout une de ce sel, et l'eau chaude plus que son poids.

On peut le faire crystalliser, en rapprochant la dissolution jusqu'au quarante-cinquième degré, et l'exposant ensuite dans un lieu frais ; il donne, avec ces précautions, un sel en prismes tetraè-

dres , terminés par des pyramides à 4 pans. V.
Fourcroy.

Il entre en fusion à une chaleur médiocre ,
mais il se décompose très-difficilement; il acquiert,
par la calcination , la propriété de luire dans
l'obscurité , et c'est ce qu'on appelle *phosphore
d'Homberg.*

Il est décomposé par la barite et les alkalis.
L'acide sulfurique concentré , versé sur une dissolution très-rapprochée de muriate de chaux ,
en dégage l'acide en vapeurs et forme un précipité solide , ce qui paroît métamorphoser , en
un instant, deux liquides en un solide , et produit un effet des plus imposans ; la théorie de
ce phénomène se déduit aisément , de la très-
grande *solubilité* du muriate , et de l'*insolubilité*
presqu'absolue du sulfate qui prend sa place.

VIe. ESPÈCE. *Phosphate de chaux , sel phosphorique calcaire.*

Ce phosphate de chaux a été trouvé en
Espagne , dans l'Estramadure , par M. *Bowle.*

Cette pierre est blanchâtre , assez dense , pas
assez dure pour faire feu avec l'acier ; elle se
trouve par couches horizontales placées sur du
quartz et offrant des filets verticaux aplatis et
serrés ; quand on la jette sur des charbons ardens ,
elle ne décrépite pas , mais s'embrase tranquil-

lement et donne une superbe lumière verte, qui la pénètre, la parcourt et ne disparoît qu'avec la lenteur nécessaire pour donner tout le temps d'en admirer l'éclat; elle coule au chalumeau en un émail blanc sans boursoufflure; les os supportent un feu plus violent sans couler; elle se comporte avec les acides nitrique et sulfurique comme les os calcinés; on peut en séparer l'acide et le rapprocher en verre animal; on peut le décomposer et en extraire le phosphore.

M. *Proust*, de qui nous empruntons ces détails intéressans, observe encore qu'on trouve cette pierre par collines entières aux environs du village de Logrosan, dans la jurisdiction de Truxillo, province d'Estramadure; les maisons et les murailles d'enclos en sont bâties.

SECOND GENRE.

Sels terreux, à base de barite.

L'état le plus ordinaire sous lequel se présente la barite, c'est sa combinaison avec l'acide sulfurique.

Ire. Espèce. *Sulfate de barite, spath pesant.*

Cette pierre est la plus pesante que nous connoissions; sa pesanteur spécifique est communément de 4 à 4, 6.

Elle décrépite au feu , se fond au chalumeau sans addition , et les flux la dissolvent avec effervescence. *V. les notes de M. l'Abbé Mongéz.*

M. *Darcet* est parvenu à la fondre à un feu de porcelaine.

On l'a souvent confondue avec le gypse et le spath fluor , mais les caractères sont bien différens.

Elle accompagne, presque par-tout, les mines métalliques , et on la regarde même comme d'un heureux augure : *Becher* a soutenu que c'étoit un indice certain *vel presentis vel futuri metalli.* Et je crois être fondé à la regarder comme la pierre vitrifiable de ce célèbre Naturaliste : on peut voir les preuves de mon assertion , dans les idées préliminaires de mon traité des substances métalliques ; l'analogie , entre cette pierre et les métaux , a été établie par les expériences de *Bergmann* et de M. *Lavoisier.*

Cette pierre , chauffée un peu fortement , présente dans l'obscurité une lumière bleuâtre. Pour former ces espèces de phosphores , on pulvérise le spath , on pétrit cette poussière avec du mucilage de gomme adragant , on en forme des gâteaux minces comme des lames de couteau ; on fait ensuite sécher ces gâteaux et on les calcine fortement , en les mettant au milieu des charbons ; on les nettoie ensuite en soufflant dessus , on les expose à la lumière pendant quelques minutes et on les porte dans un lieu obscur où ils brillent comme des charbons ardens, ces gâteaux luisent même dans l'eau, mais ils perdent cette propriété peu-à-peu ; on la leur rend, en les chauffant de nouveau. Voyez *de Fourcroy*.

Le spath pesant se divise facilement en feuillets, par le moindre choc ; et la forme la plus ordinaire qu'il affecte, est celle d'un prisme hexaèdre très-aplati terminé par un sommet dièdre.

On a trouvé, à une lieue de Clermont d'Auvergne, le spath pesant, en prismes hexaèdres terminés par une pyramide tétrahèdre ou dièdre ; j'en ai vu des crystaux de deux pouces de diamètre.

Il arrive ordinairement que ces crystaux sont mal prononcés ; mais toutes les pierres, de la nature de celle-ci, présentent l'assemblage confus de plusieurs plaques appliquées les unes sur les autres, et susceptibles d'être désunies par le moindre choc.

Le spath pesant est insoluble dans l'eau ; c'est sur cela qu'est fondée la vertu que possède le muriate de barite, de manifester les plus légères portions d'acide sulfurique dans quelque combinaison qu'il se trouve.

La barite adhère plus fortement aux acides que les alkális eux-mêmes ; et, si les carbonates d'alkali la précipitent , ce n'est que par la voie des doubles affinités.

IIe. Espèce. *Carbonate de barite.*

Cette combinaison a une pesanteur spécifique de 3 , 773.

Elle contient par quintal 28 eau , 7 acide , 65 terre pure.

Les acides sulfurique , nitrique , etc. l'attaquent avec effervescence.

Quoique l'acide carbonique ait l'affinité la plus marquée avec cette terre , on trouve rarement ce sel ; et je ne connois même sur son existence que l'autorité de M. *Kirwan* , qui a dit que le Docteur *Withering* lui en a donné un échantillon de Moor-alston , dans le Cumberland , qui ressemble à l'alun , avec la différence que son tissu est strié , et que la pesanteur spécifique est de 4,331.

M. *Sage* a fait l'analyse de cette pierre , qui lui avoit été donnée par le Chevalier *de Gréville*. V. *Journal de Physique* , Avril 1788.

IIIe. Espèce. *Nitrate de barite.*

L'acide nitrique dissout la barite pure , et forme un sel qui crystallise , quelquefois , en gros crystaux exagones , et souvent en petits crystaux irréguliers.

Ce

Ce nitrate se décompose au feu et donne de l'oxigène.

Les alkalis purs ne peuvent point en séparer la barite, mais les carbonates la précipitent par une double affinité.

Les acides sulfurique et fluorique enlèvent cette terre à l'acide nitrique.

On ne l'a point encore trouvé natif.

IVe. Espèce. *Muriate de barite.*

Ce sel est susceptible de prendre une forme assez analogue à celle du spath en tables ; il présente, avec les terres, les acides et les alkalis, des phénomènes à peu près semblables à ceux du nitrate de barite.

Il forme un des réactifs les plus intéressans pour reconnoître un atome de sel sulfurique dans une eau, parce que, par l'échange subit des principes, il en résulte du spath pesant qui se précipite d'abord.

On ne l'a point encore trouvé natif.

TROISIÈME GENRE.

Sels terreux, à base de magnésie.

Ces sels ne sont bien connus que depuis que le célèbre *Black* a prouvé qu'on ne devoit pas

D

les confondre avec les sels calcaires. On peut les distinguer de ceux-ci par un goût d'amertume qu'ils affectent presque tous.

Ils sont en général très-solubles dans l'eau ; l'eau de chaux les précipite, de même que l'ammoniaque.

Iᵣₑ. ESPÈCE. *Sulfate de magnésie, sel d'epsom.*

Ce sel est assez commun ; il existe dans plusieurs eaux minérales, telles que celle d'epsom, celle de sedlitz, etc. On lui a donné d'abord le nom des sources qui l'ont produit. On le connoît encore sous le nom de *sel cathartique amer*, par rapport à sa saveur et à ses vertus.

Le sulfate de magnésie distribué dans le commerce, vient, ou des fontaines salées de la Lorraine d'où on extrait ce sel mêlé avec le sulfate de soude, ou des salines des environs de Narbonne ; là, on l'extrait des eaux-mères qui en contiennent abondamment.

Le sulfate de magnésie du commerce est en petites aiguilles soyeuses très-blanches ; il n'effleurit point à l'air, ce qui le distingue du sulfate de soude.

Les crystaux du sulfate de magnésie pur sont des prismes quadrangulaires, terminés par des pyramides d'un égal nombre de côtés.

Le sulfate de magnésie préparé dans nos salines, se vend 30 à 40 liv. le quintal ; il contient, par livre, $\frac{3}{16}$ sulfate de soude , $\frac{2}{16}$ muriate de magnésie, $\frac{1}{16}$ muriate de soude , $\frac{6}{16}$ vrai sulfate de magnésie ; le reste est formé par des sels à base de chaux.

Le sulfate de magnésie exposé au feu se liquéfie et perd la moitié de son poids ; ce qui reste se dessèche , et demande un coup de feu violent pour se fondre.

L'eau en dissout poids égal , à la température de 60 degrés therm. *Farheneit.*

Cent parties de ce sel contiennent 24 acide , 19 terre , 57 eau.

Ce sel existe dans toutes les eaux potables des environs de Montpellier.

Il effleurit , quelquefois, sur le schiste , et on peut l'y ramasser ; j'en ai trouvé , sur une montagne du Rouergue , en assez grande quantité pour permettre l'exploitation ; les oiseaux de passage le dévorent. Ce sel est , sur-tout , employé comme purgatif.

IIe. Espèce. *Nitrate de magnésie.*

Le célèbre *Bergmann* , qui a combiné la magnésie avec les divers acides, observe que le nitrique forme avec elle un sel susceptible de donner, par une évaporation convenable , des crystaux prismatiques quadrangulaires et tronqués. Le même Chimiste ajoute que ce sel est déliques-cent. M. *Dijonval* assure avoir obtenu des crys-taux non déliquescens; et le hazard m'en a présenté de cette nature, dans une eau-mère de nitre rapprochée au 45e· degré de l'aréomètre; c'étoient des prismes à quatre pans très-aplatis, très-gros et très-courts.

Ce sel décompose les muriates; les alkalis en précipitent la magnésie, de même que la chaux.

IIIe· Espèce. *Muriate de magnésie.*

Le muriate de magnésie existe dans l'eau-mère de nos salines ; il a une saveur très-amère.

Il forme, sélon *Bergmann*, un sel en petites aiguilles si déliquescentes, qu'on ne peut les obtenir qu'en rapprochant fortement la dissolu-tion, et l'exposant de suite à un grand froid.

L'eau de chaux, la barite et les alkalis en précipitent la magnésie ; on peut encore la sé-parer par le moyen du feu.

IVe· Espèce. *Carbonate de magnésie.*

Quoique la magnésie ait la plus grande affinité avec l'acide carbonique , je ne crois pas que la nature ait encore présenté cette combinaison; on l'obtient , en précipitant la magnésie du sel d'epsom par le moyen des carbonates d'alkalis, et on l'appelle, en cet état, *magnésie effervescente*, *magnésie non calcinée*.

Le carbonate de magnésie contient, par quintal, 30 acide, 48 terre, 22 eau; mais ces proportions varient. V. *Kirwan* et *Bergmann*.

La magnésie happe la langue, et prend, en se desséchant, une certaine transparence, qu'elle conserve jusqu'à ce qu'elle ait perdu toute l'eau, ce qu'elle fait difficilement.

Le feu lui enlève l'eau et l'acide, et c'est alors ce qu'on appelle *magnésie calcinée*.

Le carbonate de magnésie est soluble dans l'eau, dans la proportion de quelque grains par once de ce fluide; mais nous devons à M. *Butini* une observation bien singulière, c'est que l'eau froide en dissout plus que l'eau chaude, et qu'on peut précipiter la magnésie en chauffant l'eau qui la tient en dissolution; de-là vient que les eaux chargées de magnésie blanchissent et se troublent par l'ébullition.

Le célèbre *Bergmann* avoit avancé que le carbonate de magnésie étoit crystallisable. M. *Butini*, en rapprochant par une chaleur douce une dissolution chargée de ce sel, a obtenu des houpes de crystaux qui, examinés au microscope, ont paru être des prismes hexagones tronqués. J'ai obtenu de semblables flocons neigeux, en précipitant la magnésie par des alkalis que je versois goutte à goutte.

Le carbonate de magnésie est employé, dans la médecine, comme purgatif ; la magnésie calcinée doit être préférée comme absorbant.

QUATRIÈME GENRE.

Sels terreux à base d'alumine.

Ce qu'on appelle *argile*, dans les arts, est le mélange naturel de plusieurs terres.

L'alumine, ou argile pure, est susceptible de se combiner avec la majeure partie des acides connus, mais le plus commun de ces sels est l'alun.

Iʳᵉ· ESPÈCE. *Sulfate d'alumine, alun.*

Quoique l'alun soit commun sur ce globe, la combinaison des principes qui le constituent s'opère très-difficilement.

L'argile la plus pure, sur laquelle on fait digérer de l'acide sulfurique, se dissout avec peine, et il est bien difficile d'emmener cette combinaison à une crystallisation régulière. On obtient ordinairement un sel qui paroît formé par des écailles appliquées les unes sur les autres.

Le procédé le plus ordinaire pour dissoudre l'alumine par l'acide, se réduit à calciner l'argile, à l'imprégner d'acide, et à faciliter son action par une chaleur de 50 à 60 degrés ; mais un moyen plus simple, que j'ai employé dans ma fabrique d'alun, consiste à présenter l'acide, en vapeurs et sous forme sèche, à l'argile convenablement préparée : à cet effet, je calcine mes argiles, les réduits en petits morceaux, et en garnis le sol de mes chambres de plomb ; l'acide sulfuriqne, qui se forme par la combustion du mélange de soufre et de salpêtre, se répand dans la capacité de ces chambres, et y existe pendant quelque temps en vapeurs. Sous cette forme, il a plus d'action, que lorsqu'il a été affoibli par le mélange d'une quantité plus ou moins considérable d'eau ; de sorte qu'il se porte sur les terres, se combine avec elles, leur fait acquérir du volume par l'efflorescence qui se décide ; et, au bout de quelques jours, toute la surface exposée à la vapeur est alumi-nisée ; on a la précaution de remuer ces terres, de temps en temps, pour leur faire présenter successivement toutes les surfaces à l'action de l'acide.

Mais, par quelque procédé qu'on combine l'acide avec l'argile, il faut exposer les terres aluminisées à l'air, pendant plus ou moins de temps, pour que la combinaison soit plus exacte, et la saturation plus complète.

Presque tout l'alun du commerce nous est fourni par les mines qu'on exploite à ce sujet :

nous pouvons réduire à trois ou quatre, toutes les opérations usitées dans cette fabrication : décomposition du minérai, lessive du minérai, évaporation de ces lessives, et crystallisation de l'alun.

1°. La décomposition du minérai se fait, ou à l'air libre et sans secours, ou par le moyen du feu.

Lorsqu'on laisse le minérai se décomposer de lui-même, on se contente de disposer, par couches, la pierre qui contient les principes de l'alun : la pyrite s'échauffe, l'acide se forme, il dissout l'argile, et le sel qui en provient s'annonce par l'efflorescence de la mine. On peut accélérer la décomposition, en arrosant le tas de pyrites ; mais on peut encore abréger l'opération par le secours du feu : la manière d'administrer le feu varie prodigieusement ; on peut consulter à ce sujet *Bergmann* ; mais, en général, il faut observer qu'il ne soit, ni trop fort ni trop foible ; dans le premier cas, il volatilise le soufre ; dans le second, il fait languir l'opération.

Quelquefois la mine d'alun est imprégnée d'une suffisante quantité de bitume pour fournir à la combustion. Voyez *mon mémoire sur la mine d'alun du Vabrais*, 1785.

2°. Lorsque le minérai est effleuri en alun, on extrait le sel par la lessive ; et, à cet effet, on fait passer la même eau sur plusieurs couches de terre alumineuse, afin de la saturer : la première eau qu'on passe sur la terre dissout de préférence la couperose qui est plus ou moins abondante, et on peut séparer ce sel de l'alun par un premier lavage à froid.

3°. Cette lessive est portée dans des chaudières de plomb, où l'on rapproche convenablement la liqueur. C'est là que se fait la saturation exacte de l'alun, lorsque l'acide y est en excès ; et, pour cela, on y ajoute des alkalis qui servent encore à faciliter singuliérement la crystallisation ; le célèbre *Bergmann* a proposé de faire bouillir de l'argile avec la dissolution pour saturer l'acide excédent ; ce procédé paroît avantageux sous tous les rapports, mais il m'a paru impraticable ; car, ce n'est que par une ébullition très-longue, qu'on parvient à combiner l'argile avec l'acide surabondant ; et j'ai observé qu'en rapprochant ensuite la liqueur pour la faire crystalliser, cette argile se dépose et s'oppose à la crystallisation ; j'ai varié ce procédé de bien des manières, sans obtenir le succès qu'avoit annoncé son célèbre auteur.

On a des moyens plus ou moins rigoureux, pour juger du degré de concentration auquel il convient d'apporter la lessive pour obtenir une bonne crystallisation, tels que l'immersion d'un œuf dans le liquide, l'effusion de quelques gouttes de la lessive sur une assiette , etc. M. *de Morveau* a proposé un pèse-liqueur en métal ; mais cet instrument ne peut pas être regardé comme bien rigoureux, puisque son immersion dans le liquide est proportionnée à la chaleur du *fluide* dans lequel on le plonge.

4°. On conduit cette lessive dans des baquets , où elle crystallise par le seul refroidissement : les pyramides sont constamment tournées vers le fond du baquet , sur-tout celles qui se fixent aux rameaux ou bâtons qu'on met dans la liqueur pour multiplier les surfaces.

L'alun affecte la forme de deux pyramides tetraèdres adossées base à base ; quelquefois les angles sont tronqués , et ces troncatures ont lieu sur-tout lorsque la lessive est avec un peu trop d'acide.

Ce sel exige quinze fois son poids d'eau pour se dissoudre , à la température de 60 degrés de *Farheneit*. V. *Kirwan*.

Il a une saveur stiptique.

Il perd son eau de crystallisation par la chaleur , se gonfle et se réduit en une matière blanche et légère , qu'on appelle *alun brûlé* , *alun calciné*.

Si on le pousse à un degré de chaleur violent, il perd en partie son acide et n'a plus de saveur ; le résidu n'est plus susceptible de crystallisation et se précipite sous forme d'une poudre très-fine et gluante à mesure qu'on le rapproche par l'évaporation.

L'alumine est précipitée de la dissolution, par la magnésie, la barite et les alkalis ; ceux-ci dissolvent le précipité, à proportion qu'il se forme, si on les ajoute avec excès.

L'alun est une des matières les plus précieuses des arts ; il est l'ame de la teinture et sert de mordant à presque toutes les couleurs. On s'en sert pour préparer les cuirs, pour imprégner les papiers et les toiles qu'on veut teindre par impression ; on en ajoute au suif pour le rendre plus dur ; on le fait entrer dans la préparation de la colle pour en écarter les vers ; on l'emploie, en Angleterre et ailleurs, pour donner de la blancheur et du volume au pain ; fondu avec le salpêtre de la première cuite il forme du crystal minéral très-blanc.

Les Imprimeurs frottent leurs balles avec l'alun calciné pour leur faire prendre l'encre ; les Chirurgiens l'employent pour ronger les chairs mortes ou baveuses.

II.^de. ESPÈCE. *Carbonate d'alumine.*

La terre argileuse précipitée de la dissolution d'alun par les carbonates d'alkalis, se combine avec leur acide ; mais ce sel est très-rare dans la nature, et je ne connois que l'observation de

Schreber qui constate son existence. Ce Naturaliste a reconnu, que cette terre connue sous le nom de *lac lunæ*, étoit un vrai *carbonate d'alumine.*

Quoique l'alumine soit soluble dans les autres acides, nous connoissons peu ses combinaisons : on sait seulement que l'acide nitrique dissout l'alumine, que la dissolution est astringente et qu'on peut en obtenir de petits crystaux stiptiques et déliquescens.

L'acide muriatique a une action plus marquée sur l'alumine ; ce muriate est gélatineux et déliquescent.

Ces sels ne sont encore d'aucun usage, et la nature ne nous les présente nulle part.

Ve. Espèce. *Sels terreux, à base de silice.*

La silice est, de toutes les terres connues, celle qui se combine le plus difficilement avec les acides.

On ne connoît même que le fluorique qui exerce sur elle une action marquée ; il se volatilise avec elle, et la tient en dissolution, jusqu'à ce qu'il l'abandonne pour s'unir à l'eau.

Quelques expériences de M. *Achard* avoient fait croire que l'acide carbonique dissolvoit la silice ; mais les Chimistes de Paris n'ont pas obtenu les résultats annoncés par celui de Berlin.

M. *de Morveau* paroît avoir prouvé que le fer et l'acide carbonique étoient nécessaires pour former les crystaux de roche ; mais cet acide ne reste point uni et combiné avec la terre ; de sorte que rien ne nous prouve jusqu'à ce jour sa vertu dissolvante.

SECONDE CLASSE.

DE LA COMBINAISON ET DU MÊLANGE DES TERRES PRIMITIVES ENTR'- ELLES, OU MÊLANGES TERREUX.

Les terres pures et simples, telles que nous les avons décrites, se trouvent rarement à la surface du globe ; elles y sont constamment mélangées entr'elles, et forment des masses plus ou moins volumineuses, plus ou moins dures, selon la nature des terres, leur division et le caractère des matières étrangères qui leur sont combinées, telles que le fer, les bitumes, etc.

On conçoit que le nombre des compositions qui peuvent résulter du mélange de cinq terres primitives seroit infini, si on avoit égard aux légères variétés qui dépendent des proportions dans les mêlanges ; mais je ne considérerai, comme espèces vraiment distinctes, que les seules substances où il n'y a pas identité de principes constituans : les nuances dans les proportions de ces principes peuvent apporter des modifications dans la forme, la dureté, la couleur, etc. mais ne constituent jamais que des *variétés*.

Nous déduirons naturellement le genre, de la pierre ou terre qui prédomine dans le mêlange et paroît donner son caractère à l'ensemble ou au tout : c'est ainsi que nous classerons, parmi les mélanges calcaires, les pierres qui nous présenteront les propriétés de la pierre à chaux, à tel point, qu'on les croiroit purement calcaires si l'analyse n'y démontroit l'existence d'autres principes.

Le genre ne doit pas être pris et déduit à la rigueur du principe terreux qui domine ; car souvent le caractère de l'ensemble ou du mêlange est donné par une terre qui ne forme pas le principe le plus abondant, comme nous le voyons sur-tout dans les pierres magnésiennes, où la silice domine sur la magnésie.

PREMIER GENRE.

Mélanges calcaires.

D'après les principes que nous venons de poser, nous devons placer ici les mélanges de pierres, où les propriétés de la pierre à chaux prédominent.

Ire. Espèce. *Pierre à chaux et magnésie.*

Ce mêlange est assez commun ; presque toutes les pierres calcaires contiennent de la magnésie : M. *Bayen* en a décrit une variété, dans le Journal de Physique tom. 13 , qui contient, par quintal, 75 carbonate de chaux , 12 magnésie et 13 de fer ; c'est la terre de Creutzwald : M. *Woulf* en a fait connoître une autre variété, dans les Transactions philosophiques , année 1779 ; elle a fourni, 60 carbonate de chaux , 35 carbonate de magnésie , 3 de fer.

L'analyse que j'ai faite de plusieurs pierres à chaux de notre Province , m'a présenté constamment de la magnésie.

II^{de.} Espèce. *Pierre à chaux et barite.*

M. *Kirwan* nous a appris que cette espèce se trouvoit dans le Derbyshire , sous forme de pierre , et dans l'état terreux ; elle est d'une couleur grise , et plus pesante que les pierres à chaux ordinaires.

IIIe. Espèce. *Carbonate de chaux et alumine.*

Ce mêlange est assez commun ; il est connu vulgairement sous le nom de *marne :* les proportions des deux principes constituans varient à l'infini ; c'est ce qui établit les marnes grasses ou maigres , et les dispose à servir d'engrais à telle ou telle nature de terrain ; les marnes sont presque toujours colorées par le fer.

Elles paroissent provenir de la décomposition des mélanges naturels de craie et d'argile , et contiennent plus ou moins de silice ; mais l'analyse que j'ai faite , il y a six ans , de toutes les marnes que j'ai pu me procurer , m'a convaincu que ce n'étoit souvent qu'un mélange d'argile et de craie : j'ai également trouvé de la magnésie dans les marnes, quelquefois même jusqu'aux $\frac{17}{100}$; mais , en général , on peut les regarder comme formées essentiellement par les deux terres dont nous venons de parler.

L'alumine se trouve encore mêlée avec le carbonate de chaux dans les marbres : M. *Bayen* l'a prouvé, dans le Journal de Physique , tom. 2 ; et j'ai confirmé la vérité de ces résultats par l'analyse de plusieurs marbres de notre Province : c'est même à ce principe que l'on doit rapporter le poli graisseux que prennent quelques-uns.

La différence bien marquée qu'on peut établir, entre les mélanges qui forment la marne et le marbre , c'est que le premier est le produit immédiat de la décomposition opérée principalement par les altérations du fer qui y est contenu , tandis

tandis que le second est produit par le mélange
purement mécanique de deux principes déjà
formés qui, brassés et pétris, pour ainsi dire,
ensemble, forment un tout compacte, dur, serré
et susseptible du plus beau poli.

IVᵉ· ESPÈCE. *Pierre à chaux et silice.*

Cette espèce n'est pas commune, elle est
connue sous le nom de *spath étoilé*, *stern schoerl*
des Allemands. Elle est opaque, et d'une forme
ou tissu en rayons. M. *Fichtel* l'a trouvée dans
la pierre à chaux sur les monts Carpathiens.
Elle fait effervescence avec les acides ; et, suivant
M. *Bindheim*, 100 parties de cette pierre en
contiennent 66 carbonate de chaux, 30 silice
et 3 de fer. V. *Kirwan.*

Le mélange des débris pulvérulens des roches
primitives, transportés chez nous par les fleuves
qui prennent leur source dans les Alpes et les
Cevennes, avec nos dépouilles calcaires, forme
souvent des couches d'une pierre de cette nature ;
la seule différence qui y existe, c'est que nos
mélanges présentent la confusion de tous les principes qui appartiennent aux roches primitives,
tels que l'argile, la silice et autres.

E

Vᵉ ESPÈCE. *Pierre à chaux et bitume.*

Ce mélange est connu sous le nom de *pierre puante*. Il abonde dans les diocèses d'Alais et d'Uzès : j'ai vu la roche calcaire imprégnée de bitume, dans une étendue de plus de trois lieues de rayon. Il y est même si abondant dans quelques parties, qu'il distille par les fentes des rochers et y forme des stalactites ou mamelons de bitume que les paysans ramassent pour marquer les bêtes à laine ou graisser leurs charrettes ; la chaleur de nos étés le ramollit quelquefois, à tel point, qu'il coule dans les champs, empâte et arrête le soc des charrues. Dans quelques endroits la pierre est assez bien imprégnée de bitume pour qu'on puisse la travailler ; le choc du marteau en fait exhaler une puanteur horrible. M. d'*Avejan* Évêque d'Alais, avoit employé cette pierre à paver les appartemens de son palais ; mais le frottement et la chaleur en dégageoient une odeur si désagréable, que ses successeurs ont été forcés de lui substituer de la pierre d'une autre espèce.

M. *de Lapeyrouse* a trouvé cette pierre, en grandes masses, près de Saint-Béal en Comminge, à l'Estagnau et au moulin de Langlade.

VIe. Espèce. *Pierre à chaux et fer.*

Le fer est presque toujours partie constituante de la pierre à chaux ; mais il est quelquefois dans une telle proportion, que ces mélanges forment des mines de fer. M. *Kirwan* en décrit deux de cette nature, dont l'une contient 25 livres de fer au quintal, et l'autre 10. M. *Rinmann* a décrit des stalactites qui fournissent du fer dans la proportion de 20 à 27 livres par quintal.

On exploite, dans plusieurs endroits de notre Province, des mines de fer calcaires. J'ai retiré moi-même 44 livres de fer par quintal, d'une pierre calcaire abondante sur la montagne de Frontignan.

Il est commun de rencontrer, dans nos montagnes calcaires, des hématites riches en fer, dont la base est calcaire ; on trouve aussi des espèces de *ludus* du même genre, quelquefois même des tufs, dont la formation n'est due qu'à des eaux chargées de fer et de chaux.

Les mines de fer spathiques rentrent dans la classe de celles dont nous venons de parler.

SECOND GENRE.

Mélanges baritiques.

Ces mélanges sont très-rares, parce que cette pierre l'est elle-même : nous ne ferons mention que de deux espèces.

Iʳᵉ· ESPÈCE. *Sulfate de barite , pétrole ,*
gypse , alun et silice. Bergmann , sciagr.
reg. min. S. 90. *Kirwan* , élémens
de minéralogie , p. 60.

C'est à ce mélange qu'on a donné le nom
de *pierre hépatique , lapis hepaticus.*

La couleur varie beaucoup ; le tissu en est
uniforme, lamelleux, écailleux ou spathique,
cette pierre prend le poli de l'albatre.

Elle forme une espèce de plâtre par la calcination , et exhale par le frottement une odeur
forte et puante.

100 parties de cette pierre contiennent 33 barite , 38 silice , 17 alun , 7 gypse , 5 pétrole.

IIᵈᵉ· ESPÈCE. *Carbonate de barite , fer et*
silice.

M. *Kirwan* a fait mention de cette pierre ,
d'après l'autorité de M. *Bindheim* ; elle est insoluble dans les acides , et d'un tissu spathique ; mais
il est tenté de la regarder comme un sulfate de
barite , d'après la propriété que lui a reconnue M.
Bindheim , de devenir soluble dans les acides ,
après avoir été calcinée avec de l'huile.

TROISIÈME GENRE.

Mélanges magnésiens.

Toutes les espèces comprises dans ce genre ont des caractères assez frappans et reconnoissables ; elles sont, en général, graisseuses et douces au toucher ; on peut les entamer avec le ciseau, les travailler au tour, et leur donner toutes sortes de formes à volonté ; elles prennent un poli assez parfait ; quelques-unes sont disposées par fibres, et ces fibres jouissent, chez la plupart, d'une flexibilité remarquable ; elles happent la langue, comme les argiles, mais ne se ramollissent point dans l'eau comme elles.

Iʳᵉ· ESPÈCE. *Magnésie pure, silice et alumine.*

IIᵈᵉ· ESPÈCE. *Carbonate de magnésie, silice et alumine.*

Le mélange de ces trois principes terreux forme les talcs, les stéatites, les pierres ollaires, etc.

La seule différence que l'analyse nous démontre entre ces deux espèces, n'existe guère que dans les proportions des principes constituans, ce qui

E 3

paroîtroit nous autoriser à ne les considérer
que comme des variétés l'une de l'autre ; mais,
comme la magnésie est pure dans le talc, et
à l'état de carbonate dans la stéatite, nous en
ferons des espèces différentes.

1°. La magnésie pure, mêlée avec près de deux
fois son poids de silice et moins que son poids
d'alumine, forme le *talc* ; il est de couleur blanche, grise, jaune ou verdâtre, doux et savon-
neux au toucher, composé de lames transparentes, placées les unes sur les autres ; ces lames
sont plus tendres et plus fragiles que celles du
mica, elles s'égrennent et se divisent ordinairement en rhombes ; on peut les écraser et les
rayer avec l'ongle.

Sa pesanteur spécifique est de 2, 729.

Le feu le rend plus fragile et plus blanc,
mais il est infusible au chalumeau, et à peine
les alkalis peuvent-ils en procurer la fusion ; le
borate de soude et les phosphates de l'urine le
fondent avec un peu d'effervescence.

Le talc de Moscovie est composé de feuillets
larges, élastiques, flexibles et transparens ; on a
levé dans les carrières de *Vitim*, en Sibérie, des
feuilles de talc qui avoient huit pieds en quarré.

2°. La *stéatite* est ordinairement d'un blanc
verdâtre ; on peut l'entamer facilement avec le
couteau ; la poussière qui en provient ne s'étend
pas facilement dans l'eau.

Sa pesanteur spécifique est d'environ 2 , 433.

Elle est infusible par elle-même , durcit au feu et y blanchit ; le borate de soude en facilite la fusion ; la soude et les phosphates de l'urine ne la dissolvent qu'imparfaitement.

D'après l'analyse de *Bergmann* , 100 parties de stéatite contiennent 80 silice , 17 magnésie à l'état de carbonate , 2 alumine , 1 fer.

La stéatite est quelquefois en masse de forme indéterminée , et quelquefois crystallisée , telle que celle que M. *Gerhard* a trouvée à Reichewtein en Silésie. *Chem. ann.* 1785. Et M. de *Romé de Lisle* en possède des crystaux en lames hexagones comme les feuillets de mica.

La stéatite blanche de Briançon est composée de feuillets irréguliers , friables et demi transparens ; elle renferme souvent des crystaux de stéatite blancs ou verdâtres qui offrent des prismes tétraèdres.

La stéatite de Corse paroît formée par des fibres apposées les unes à côté des autres ; elle a une couleur verdâtre , et pas de flexibilité sensible.

La stéatite de Bareith est grise , compacte et solide.

Celle de la baie de la Reine Charlotte , dans la nouvelle Zélande , est striée , verte , demitransparente , et assez dure pour étinceller par le choc du briquet.

3°. *La pierre de lard* de la Chine est une stéatite souvent striée, mais elle est plus onctueuse que celles dont nous venons de parler.

La stéatite de Briançon fait la base du rouge végétal.

4°. *La pierre ollaire* n'est qu'une variété de la stéatite ; elle ne me paroît en différer que parce qu'elle est plus dure.

Sa couleur est, pour l'ordinaire, grisâtre ; elle est encore, quelquefois, noircie par un bitume.

M. *Gerhard* a observé que la pierre ollaire de Suède faisoit effervescence avec les acides et contenoit de la terre calcaire ; mais ce mêlange lui est particulier. Celles de Saxe, de Silésie et de Corse n'en contiennent point.

La pierre ollaire peut être travaillée avec la plus grande facilité : dans le pays des Grisons, en Corse et ailleurs, on la tourne, et on en fait des vases qui résistent au feu, et n'ont point les inconvéniens de nos poteries vernissées : ce sont ces usages qui lui ont fait donner le nom de *pierre ollaire*, *pierre à pot*, etc.

IIIᵉ ESPÈCE. *Magnésie pure combinée avec un peu plus que son poids de silice, un tiers d'alumine, près d'un tiers d'eau et plus ou moins de fer.*

Ce Mélange forme la *serpentine* ; elle a beaucoup d'analogie avec les précédentes, mais elle se distingue, par une dureté plus marquée, par la propriété de pouvoir prendre un plus beau poli, et par une quantité de fer assez considérable pour lui donner un caractère particulier.

La serpentine est blanchâtre, verdâtre, bleuâtre ou noirâtre, souvent marquée par des taches noires, et quelquefois coupée par des bandes de diverses couleurs : Il y a même des serpentines transparentes : le cabinet royal des mines en possède un morceau dont le fond est gris et parsemé de taches rougeâtres, demi-transparentes et chatoyantes.

La serpentine varie encore par rapport à sa texture.

Elle est compacte, grenue, écailleuse, lamelleuse où fibreuse.

Elle prend le plus beau poli.

Le fer y est quelquefois attirable à l'aimant.

Sa pesanteur spécifique est de 2, 4 à 2, 65.

Elle se fond à une chaleur violente, et durcit à un feu moindre.

M. *Bayen* qui a analysé la serpentine, a trouvé que 100 parties contenoient, 41 silice, 33 magnésie, 20 alumine, 3 de fer et de l'eau. M. *Kirwan* a observé que la serpentine de Corse contenoit plus d'alumine et moins de silice.

M. *de Joubert* possède une espèce de serpentine qui offre des lames quarrées à sa surface.

M. *Dorthes* a observé plusieurs variétés de serpentines sur les plages de notre méditerranée, et dans le fleuve d'Hérault qui les reçoit des montagnes des Cevennes.

IVe. ESPÈCE. *Carbonate de magnésie, silice, chaux, alumine et fer.*

Cette combinaison nous présente quelques variétés qu'on connoît sous les noms d'*asbeste*, de *liège de montagne :* le tissu sert à les distinguer, mais l'analyse les confond, et n'y permet d'y entrevoir que des nuances ou variétés.

PREMIÈRE VARIÉTÉ. *Asbeste.* Cette pierre est ordinairement verdâtre ; la texture en est quelquefois fibreuse et compacte, quelquefois membraneuse.

Près de Bagnères de Bigorre, dans les montagnes des environs de la Bassère, MM. *Dolomieu* et *la Peyrouse* ont trouvé des crystaux d'asbeste en parallélipipède rhomboïdal.

L'asbeste est rude au toucher, fragile et raboteux ; sa pesanteur spécifique est de 2,5 à 2,8.

Le feu le rend plus blanc et plus fragile ; il est infusible au chalumeau, selon *Kirwan.* Mais M. l'Abbé *Mongez* assure que l'asbeste et l'amianthe se fondent et forment un globule opaque qui devient bleuâtre. Il se dissout difficilement avec la soude , plus aisément avec le borate de soude et les phosphates de l'urine.

Suivant *Bergmann*, l'asbeste contient, par quintal, 53 à 74 silice, environ 16 magnésie, 12 à 28 carbonate de chaux, 2 à 6 alumine, 1 à 2 de fer.

SECONDE VARIÉTÉ. *Liège de montagne.* Ce nom lui a été donné à cause de sa ressemblance grossière avec le liège.

Cette pierre est très-légère, membraneuse, flexible, ordinairement de couleur jaune ; on la déchire plutôt qu'on ne la brise : le diocèse d'Alais nous en fournit de très-belle.

Dans le grand nombre de pierres de cette nature soumises à l'analyse par le cél. *Bergmann*, la terre siliceuse a toujours dominé, ensuite la magnésie qui n'a jamais donné moins de $\frac{11}{100}$ jamais plus de 28.

Vᵉ ESPÈCE. *Carbonate de magnésie et de chaux, sulfate de barite, alumine et fer.*

Cette combinaison forme l'*amianthe* ; elle est composée de longues fibres flexibles, parallèles entr'elles, très-douces au toucher.

Elles sont quelquefois très-blanches, souvent jaunâtres ; on peut séparer et détacher les fila-mens ; on peut même les tourner en tout sens, sans risque de les rompre : leur flexibilité est si étonnante qu'on peut en former des tissus. Les anciens en construisoient des toiles, dans lesquelles ils brûloient les cadavres; par ce moyen on recueilloit les cendres sans mélange de celles du bûcher.

M. *Dorthes* a trouvé de l'amianthe en touffes sur des pierres calcaires rejetées par la mer, sur lesquelles elle étoit fixée avec des plantes, des corallines, des gorgonia, etc.... Il croit, avec raison, que cette amianthe n'a pas pris naissance sur ces pierres, mais qu'elle y a été déposée par l'eau.

Il a trouvé encore, sur la plage, des pelotes d'amianthe de deux à trois pouces de diamètre, imitant des ægagropiles, formées par l'entrelacement des fils d'amianthe, et recouvertes d'une substance topheuse blanche de la nature de celle qui recouvre les *gorgonia*., et qui est l'ouvrage d'une espèce d'animalcule marin.

Les fibres de l'amianthe sont plus ou moins longues ; on m'en a donné de Corse, dont les filamens très-flexibles ont huit pouces ; celle des Pyrénées est en filets plus courts.

Bergmann a analysé une amianthe de la tarantaise, dont 100 parties lui ont donné 64 silice, 18, 6 magnésie, 6, 9 de chaux, 6 sulfate de barite, 3, 3 alumine, 1, 2 de fer.

QUATRIÈME GENRE.

Mélanges alumineux.

Les pierres argileuses ou alumineuses sont assez communes ; elles n'ont très-souvent qu'une dureté moyenne , et peuvent se diviser dans l'eau ; mais , quelquefois , le mélange des principes est si intime , qu'elles ont une très-forte consistance.

Ire. Espèce. *Alumine , silice , carbonate de chaux , et plus ou moins de fer.*

Nous pouvons placer ici toutes les variétés d'argile : l'analyse y démontre assez constamment les principes dont le mélange forme cette espèce ; mais les proportions entre ces principes constituans varient tellement , que les variétés d'argile sont presque infinies. Indépendamment des principes ci-dessus énoncés , nous trouvons quelquefois de la chaux combinée avec l'argile , quelquefois même de la magnésie ; et on pourra aisément en faire des espèces différentes , à mesure que l'analyse de ces terres se perfectionnera.

Les mélanges argileux dont nous avons dessein de parler en ce moment , sont caractérisés par les propriétés suivantes. Ils happent fortement la langue , se dessèchent , durcissent et prennent du *retrait* au feu, se divisent et forment une pâte avec l'eau ; on peut les manier et les tourner aisément en cet état, etc. Les argiles où le principe siliceux est plus abondant, sont plus sèches, happent moins, se divisent dans l'eau moins complètement, et se gercent moins au feu et au soleil.

Presque toutes les argiles contiennent du fer ; et ce métal en est le principe colorant le plus commun. Depuis la couleur brunâtre où le fer est presque à l'état natif, jusqu'au rouge le plus foncé, tout est dû aux divers degrés d'altération de ce métal. Ces diverses altérations s'opèrent, ou à la surface du globe par l'action immédiate de l'air qui calcine le fer, ou bien dans les entrailles de la terre, et alors c'est à la décomposition de l'eau et à celles des pyrites, que nous devons rapporter ces effets. On peut suivre ce beau travail de la nature dans plusieurs couches pyriteuses de notre Province ; et on peut consulter, à ce sujet, mon mémoire sur le *brunrouge* imprimé chez *Didot* par ordre de la Province.

Nous nous occuperons moins des diverses variétés d'argile, que des usages auxquels on les emploie : le premier de ces usages est de former la base des poteries.

On peut distinguer plusieurs espèces de poteries, qui ne diffèrent néanmoins que par le degré de finesse des terres qu'on emploie, et par les soins qu'on apporte dans les divers travaux qu'on fait sur elles.

1°. La poterie la plus commune se fait avec une argile quelconque, qu'on mêle avec du sable, pour la rendre plus poreuse et plus propre par ce moyen à supporter la chaleur.

Ces vases seroient perméables à l'eau si on n'y appliquoit un vernis.

Ces vernis se font ordinairement, ou avec la mine de plomb sulfureuse qu'on appelle *alqui-foux*, ou avec la mine jaune de cuivre : à cet effet, on réduit ces matières en poudre, on les délaie dans l'eau et on y trempe le vase forte-ment desséché par une première cuisson ; le tissu du vase absorbe l'eau, tandis que sa surface se couvre d'une couche de cette mine broyée ; alors on porte le vase au four, on le cuit, on vitrifie la mine sur la surface du vase, et c'est ce verre métallique qui fait le vernis des poteries, qui est jaune ou vert, selon le métal employé.

Ces vernis sont tous dangereux, puisqu'ils sont solubles dans les graisses, les huiles, les acides, etc.

On s'occupe, depuis long-temps, des moyens de remplacer ces vernis par d'autres qui ne pré-sentent pas le même danger.

On peut, à l'exemple des Anglois, vitrifier la surface des poteries par le moyen du sel marin qu'on jette dans le brasier lorsque le four est *au blanc* : mais ce moyen est impraticable dans la plupart de nos fabriques, où le feu n'est pas assez actif.

J'ai essayé diverses méthodes pour vernisser les poteries ; et deux d'entr'elles m'ont assez réussi pour que je les publie : la première consiste à délayer la terre de *Murviel* dans de l'eau et à y tremper les poteries ; cela fait, on les fait sécher ; après cela, on les plonge dans une nouvelle eau, dans laquelle on a délayé du verre vert porphirisé ; cette couche de poussière vitreuse se fond avec l'argile de Murviel, et il en résulte un vernis très-uni, très-blanc et très-économique.

La seconde méthode consiste à tremper les poteries desséchées dans une forte dissolution de sel marin, et à les cuire ensuite. L'essai que j'en ai fait dans mes fourneaux me fait augurer qu'on peut l'employer dans les travaux en grand.

J'ai encore obtenu un vernis très-noir en exposant des poteries fortement chauffées à la fumée du charbon de pierre ; j'ai enduit plusieurs vases de cette manière, en jetant beaucoup de poussière de charbon dans un four où la poterie étoit *au blanc* ; l'effet en est encore plus complet, lorsque en ce moment on bouche, pour quelques minutes, les tuyaux d'aspiration des fourneaux.

J'ai

J'ai fourni tous ces détails et beaucoup d'autres, dans un ouvrage présenté à la Société royale des Sciences de Montpellier ; j'y ai prouvé, d'après les résultats de mes expériences en grand, que le mélange mieux entendu de nos terres pouvoit nous fournir les plus belles et les meilleures poteries dans tous les genres.

2°. La fayance ne diffère de la poterie dont nous venons de parler, que par le degré de finesse des terres employées, et la nature de la couverte ou vernis.

La couverte de la fayance, n'est, comme l'on sait, qu'un verre rendu opaque par l'intermède de l'oxide d'étain ; c'est ce verre qu'on appelle *émail*.

Pour faire le bel émail blanc des Fayanciers, on calcine ensemble 100 livres de plomb, 30 d'étain, 10 de sel marin et 12 de potasse purifiée : ce mélange calciné et fondu donne un bel émail, qu'on applique comme le vernis dont nous avons parlé.

Bernard de Palissy a excellé dans l'art de la fayancerie, et c'est à lui que nous devons nos premières connoissances en ce genre (1).

_____

(1) Je ne puis pas me refuser à placer ici quelques traits de la vie malheureuse de ce grand homme qui vivoit dans le quinzième siècle : natif du diocèse d'Agen, il fut d'abord employé à lever des plans ; mais le goût de l'histoire naturelle l'arracha à ces premières occupations, et il parcourut, pour s'instruire, tout le Royaume et la basse Allemagne. Le hazard lui fit tomber

3°. La poterie la plus fine est connue sous

---

entre les mains une coupe de terre émaillée ; et , dès ce moment, tout son temps et toute sa fortune furent employés à la recherche des émaux : rien de plus intéressant que le récit qu'il nous fait lui-même de ses travaux ; il se peint , construisant et reconstruisant ses fourneaux, toujours près du succès , desséché par le travail et la misère , devenu la risée publique , l'objet de la colère de sa femme et réduit à brûler les tables et les planchers de sa maison pour alimenter ses fourneaux ; un Ouvrier lui demande de l'argent , il se dépouille et lui donne ses vêtemens ; mais enfin , à force de travail , de constance et de génie , il parvint au degré de perfection qu'il ambitionnoit ; il eut alors l'estime et la considération des grands Seigneurs de son siècle. Il fut le premier à former un cabinet d'histoire naturelle à Paris ; il y donnoit même des leçons de cette science , moyennant un petit écu de chaque auditeur , s'obligeant à rendre le quadruple si on le trouvoit menteur. La gloire qu'il s'étoit acquise , les obligations que lui avoient ses compatriotes , ne purent point le garantir des persécutions de la ligue , et *Matthieu de Launay* , l'un des plus fanatiques , le fit traîner à la Bastille à l'âge de 90 ans ; il se signala encore dans sa prison par des actes de fermeté et d'héroïsme. *Henri III* ayant été le trouver , lui dit : « mon bon homme, si » vous ne vous accommodez sur le fait de la religion , je suis » contraint de vous laisser entre les mains de mes ennemis. » *Palissy* répondit : « Sire , j'étois bien tout prêt de donner ma » vie pour la gloire de Dieu ; si c'eût été avec quelque regret , » certes , il seroit éteint en ayant oui prononcer à mon grand » Roi de France *je suis contraint* ; c'est ce que vous, Sire , et » tous ceux qui vous contraignent ne pourrez jamais sur moi , » parce que je sais mourir , et que tout votre peuple ni vous ne » sauriez contraindre un Potier à fléchir le genou devant ses sta- » tues. » C'est *Bernard de Palissy* qui a le premier avancé que les montagnes calcaires n'étoient que des débris de coquilles. Il a montré , dans tous ses écrits , une telle sagacité , qu'on doit le placer parmi les grands hommes qui illustrent la nation. La forme même de ses ouvrages annonce un génie original ; ce sont des dialogues entre théorique et pratique , et c'est toujours pratique qui instruit théorique , écolière abondante en son sens , indocile et ignorante.

le nom de *porcelaine* ; elle doit être blanche, transparente , d'un grain fin.

Les premières porcelaines ont été fabriquées dans le Japon et à la Chine.

Le célèbre *Réaumur* fit le premier un superbe travail pour imiter cette poterie ; mais trompé par la demi-transparence et le coup-d'œil vitreux de la porcelaine , il s'imagina que c'étoit une demi-vitrification , et ne s'occupa que des moyens d'arrêter à propos ou de faire rétrograder la vitrification ; il vint même à bout de son dessein, en remplissant des bouteilles de sable et de gypse et les exposant à un four de poterie. Je suis parvenu à produire le même effet, par un procédé très-différent quoique lié à la même théorie. Lorsque je concentre mes huiles de vitriol dans le verre vert de nos fabriques , la partie de la cornue , qui est frappée continuellement par l'huile de vitriol qui se volatilise , blanchit et perd sa transparence ; ce phénomène a lieu constamment, lorsqu'on donne un degré de feu un peu plus fort qu'à l'ordinaire , la cornue conserve sa forme , mais tout l'alkali en est extrait, et il ne reste que le principe quartzeux d'une superbe couleur blanche, quelquefois *étonné* ou *gercé* comme la porcelaine du Japon. Comme la décomposition commence par la surface intérieure immédiatement frappée par les vapeurs, celle-ci est souvent blanchie et décolorée, tandis que l'extérieure est purement vitreuse , ce qui présente un contraste assez frappant , puisqu'en regardant la surface intérieure du verre , on voit une couche blanche accollée à une couche vitreuse , et ne formant par leur réunion que l'épaisseur du verre.

Le Père *Dentrecolles* envoya de la Chine les substances qui étoient employées à la fabrication de la porcelaine ; elles y sont connues sous les noms de *kaolin* et de *petunzé*. On trouva bientôt en France des substances analogues ; et nos établissemens de porcelaine ont atteint, en peu de temps , et même surpassé par le dessein et par les formes , ce qui étoit connu de plus beau dans ce genre. Aujourd'hui la fabrique de *Sèves* est , sans contredit , la première du monde ; rien n'égale la beauté des peintures , la régularité des desseins et l'élégance des formes qu'on donne aux vases qui sortent de cet attelier.

On peut distinguer quatre principales opérations dans la fabrication de la porcelaine ; 1°. la préparation , le mélange des terres et le travail de la pâte ; 2°. la première cuisson qui forme le biscuit ; 3°. l'application et la fusion du vernis ou de la couverte ; 4°. l'art de les peindre , ce qui demande une troisième cuisson pour mieux combiner , fondre et amalgamer les couleurs avec la couverte.

J'ai fabriqué moi-même de la très-belle porcelaine, avec le kaolin qu'on trouve, par veines, dans le granit de Saint-Jean-de-Gardonenque, et le feld-spath si commun dans nos montagnes des Cevennes.

La quantité de porcelaine qui se fabrique à la Chine est immense, puisqu'il y a 500 fours et près d'un million d'hommes occupés à *Kingt-to-ching*, Province de *Kiansi*.

Nos argiles ont encore d'autres avantages ; elles servent, dans les moulins à foulon, à dégraisser les étoffes ; la meilleure terre à foulon est lisse et savoneuse.

On donne le nom de *terre à pipe* à une argile blanche, qui conserve sa blancheur au feu et résiste à une chaleur violente.

Les terres sigillées sont des argiles auxquelles la superstition a donné des vertus chimériques ; on y appose un sceau pour tromper le public avec plus d'effronterie et de sûreté.

Presque toutes les marnes, sur-tout celles qu'on trouve par couches, m'ont paru composées de ces mêmes principes ; elles varient beaucoup par rapport à la proportion des principes constituans, et sur-tout par la craie qui y domine.

F 3

II^{de.} Espèce. *Alumine, silice, magnésie pure et fer.*

Le *mica* qui résulte du mélange de ces principes a été confondu, mal-à-propos, avec le talc :
le mica est doux au toucher, mais non pas gras
comme le talc ; il a en général une couleur plus
brillante et moins *terreuse*, si je puis m'exprimer
ainsi.

La couleur la plus ordinaire du mica est la
blanche ou la jaune tirant sur le rouge ; mais on
en a trouvé de verdâtre, de rouge, de brun,
de noir, etc.

Sa texture varie aussi ; il est écailleux, lamelleux ou strié.

Il présente quelquefois la forme d'un segment
de prisme hexagone.

On le trouve ordinairement mélangé avec le
feld-spath, le quartz, le schorl, etc. il existe
presque toujours dans les roches primitives.

Sa pesanteur spécifique est de 2,535 à 3,000
lorsqu'il est chargé de fer. *Kirwan.*

Le mica sans couleur est infusible : il ne se
dissout qu'en partie dans la soude, mais il s'y
divise avec effervescence ; il se fond dans le
borate de soude et les phosphates de l'urine
avec peu d'effervescence.

Les micas colorés sont fusibles. V. *de Saussures.*

Les fragmens du mica sont employés sous le nom *d'or* ou *d'argent de chat*, selon la couleur, à sécher l'encre sur le papier.

La couleur jaune, qui imite assez celle de l'or, en impose chaque jour à des ignorans, qui croient avoir découvert une mine de ce métal précieux dès qu'ils ont trouvé quelques paillettes de cette pierre.

M. *Kirwan* a retiré de 100 parties de mica sans couleur, 38 silice, 28 alumine, 20 magnésie et 14 oxide de fer.

IIIe. ESPÈCE. *Alumine, silice, magnésie, chaux et fer.*

Le mélange de ces principes forme *la pierre de corne*, *horn-blend* des Allemands.

Cette pierre est d'un grain serré, difficile à être broyée, s'aplatissant un peu sous le marteau.

Elle varie, par sa couleur qui est ou noire ou d'un gris verdâtre, et par son tissu qui est en général lamelleux ou strié.

Ses caractères généraux sont, une solubilité partielle dans les acides sans effervescence, une dureté qui ne va jamais jusqu'à donner des étincelles avec l'acier, une pesanteur spécifique qui n'est jamais au-dessous de 2,66 et s'élève souvent à 3,88 , une forte odeur terreuse qu'elle exhale lorsqu'on respire dessus et qu'on l'arrose d'eau chaude , une tenacité qu'on éprouve en la pilant , etc. V. *Kirwan.*

M. *Kirwan* en a distingué deux variétés.

PREMIÈRE VARIÉTÉ. *Pierre de corne noire ; corneus nitens. Wallerius.*

Son tissu est lamelleux ou grenu ; dans le premier cas , elle est quelquefois si molle , que l'ongle peut l'entamer : sa surface est souvent aussi luisante que si elle avoit été graissée ; sa pesanteur spécifique est de 3 , 6 , à 3 , 88.

M. *Kirwan* a trouvé que celle qui a le tissu lamelleux contient par quintal 37 silice , 22 argile , 16 magnésie , 2 chaux , 23 oxide de fer.

SECONDE VARIÉTÉ. *Pierre de corne d'un gris verdâtre.*

Celle-ci est d'un tissu grenu ou strié , la pesanteur spécifique que lui a reconnue M. *Kirwan* est de 2,683 ; elle est plus dure que la précédente.

La pierre à aiguiser pâle verdâtre est de cette qualité ; elle est d'un tissu serré , exhale l'odeur terreuse , ne fait point effervescence avec les acides ni feu avec le briquet ; elle contient , selon M. *Kirwan* , 65 silice par quintal ; et sa pesanteur spécifique est de 6,664.

IVᵉ· ESPÈCE. *Alumine , silice , carbonate de magnésie et de chaux et fer.*

On voit que cette espèce qui comprend l'*ardoise* ou *schiste* ne diffère pas essentiellement de la précédente , puisque les principes sont les mêmes , et qu'il n'y a d'autre différence que celle que nous présente l'état de la chaux et de la magnésie qui , dans cette dernière , font une légère effervescence , selon *Kirwan*.

L'ardoise est une pierre argileuse , dont le principal caractère est de pouvoir se diviser en lames très-minces , susceptibles d'être taillées et de recevoir un certain poli.

La couleur de l'ardoise est d'un bleu plus ou moins foncé ; mais cette couleur varie et nous présente les nuances suivantes :

PREMIÈRE VARIÉTÉ. *Ardoise pourpre bleuâtre.*

Elle est fragile et de tissu lamelleux ; elle n'étincelle pas au briquet ; sa pesanteur spécifique est de 2,876 ; elle rend un son très-clair et argentin lorsqu'elle est divisée en feuillets d'égale épaisseur ; elle fait légérement effervescence avec les acides , lorsqu'elle est réduite en poudre , et non autrement.

A un feu violent elle forme des scories noires ; la soude en détermine la fusion , le borate de soude plus aisément encore.

M. *Kirwan* a retiré de 100 grains de cette ardoise 46 silice, 26 alumine, 8 magnésie, 4 carbonate de chaux, 14 fer.

Seconde Variété. *Ardoise noire.*

Celle-ci reçoit un assez beau poli, quand on la racle ; la poussière qu'on en détache est blanche et fait un peu d'effervescence avec les acides.

Troisième Variété. *Ardoise bleue.*

L'ardoise bleue contient moins de fer que la première, elle est ordinairement dure et d'un grain très-fin.

Quatrième Variété. *Ardoise d'un blanc pâle.*

Elle est moins martiale que les autres variétés, et elle se vitrifie plus difficilement.

Les ardoises sont exploitées pour former des tables et recouvrir les maisons.

Ve Espèce. *Alumine, silice, pyrite ou sulfure de fer, et carbonate de chaux et de magnésie.*

Le schiste qui résulte de cette combinaison est connu sous le nom de *schiste pyriteux.*

Les pyrites sont quelquefois dispersées dans la masse en crystaux cubiques ; quelquefois les

pyrites ne s'annoncent que par l'analyse ou la
décomposition spontanée de la pierre.

Les montagnes qui forment ces schistes me
paroissent des dépôts de la mer ; on y trouve
fréquemment des impressions de feuilles , des
empreintes de poissons , et autres caractères qui
ne laisent pas de doute sur leur origine.

La pyrite ne tarde pas à effleurir , lorsque le
concours de l'air et de l'eau en favorise la décomposition , et il en résulte alors des sels sulfuriques , à base de magnésie , d'alumine , de
fer , de chaux : lorsque le sulfate d'alumine y
domine , on l'appelle *schiste alumineux*. Presque toutes les mines d'alun qu'on exploite dans
l'Europe , sont de cette nature ; nous en avons
plusieurs dans la Province qu'on pourroit travailler ; les schistes de Vebron dans le Gévaudan ,
ceux de Curvalle dans l'Albigeois , fournissent
beaucoup d'alun par leur décomposition.

Lorsque le principe magnésien y domine ,
alors l'efflorescence est du *sel d'epsom* ; j'en ai
fait connoître une montagne dans le Rouergue ,
dans le voisinage de *Saint-Michel.*

Ces efflorescences d'alun ou de sel d'epsom
sont toujours mêlées avec des sulfates de fer
et de chaux plus ou moins abondans , parce que
l'acide sulfurique qui se forme par la décomposition de la pyrite , attaque et dissout tous les
principes contenus dans le schiste.

On peut hâter la décomposition de ces pyrites, par l'exposition à l'air, la calcination, etc.

Ve. Espèce. *Alumine, silice, carbonates de chaux et de magnésie, sulfure de fer, bitume.*

Ce schiste ne diffère du précédent que par
le bitume dont il est imprégné.

Ce schiste a ordinairement une couleur noire
qu'il doit à son bitume ; il a plus ou moins de
consistance ; il se divise quelquefois par feuillets,
sa surface est ou lisse ou raboteuse.

Ce sont ces schistes qui forment ordinairement le foyer des volcans : lorsque la décomposition y est favorisée par l'air ou l'eau, il
s'excite une chaleur prodigieuse ; il se produit
du gaz hydrogène qui fait effort contre les parois qui le retiennent, et prend feu dès qu'il a
le contact de l'air : c'est ce travail intérieur
qui occasionne les secousses et les tremblemens
qui précèdent les éruptions volcaniques. Le jeu
des volcans doit être d'autant plus long et plus
terrible que l'aliment et le foyer en sont plus
considérables.

On pourroit, à la rigueur, placer ici les mines
de charbon, qui ne diffèrent de ce schiste que
parce que le principe bitumineux y est plus

abondant. Nous voyons journellement s'établir
des incendies dans le charbon pyriteux amon-
celé ; nous les voyons se former dans l'intérieur
même des filons qu'on exploite ; nous en avons
plusieurs exemples dans le Royaume. Il existe
même à *Cransac*, dans le Rouergue, un véritable volcan brûlant ; la montagne qui recèle
le charbon est prodigieusement chaude ; et l'on
apperçoit, de temps en temps, sur le sommet,
des flammes qui s'échappent de l'intérieur : tous
ces phénomènes tiennent à la même cause ; et,
depuis le petit volcan artificiel de *Lémery*, jusqu'aux terribles éruptions du Vésuve, il n'y a
d'autre différence que dans la grandeur de la
cause.

Les principes terreux et métalliques qui sont
la base des schistes bitumineux, fortement chauffés, et presque vitrifiés par la chaleur que produit
leur décomposition, forment les produits volcaniques.

VIᵉ· Espèce. *Alumine, silice, chaux et eau.*

Cette pierre qu'on appele *zeolithe* ne nous
est connue que depuis que le célèb. *Cronstedt*
nous en a donné la description.

Elle est ordinairement d'un blanc demi-transparent ; mais cette couleur est quelquefois altérée

par des mélanges métalliques, et alors elle prend toutes sortes de teintes.

Le nom de zeolithe lui a été donné par rapport à la propriété qu'elle a de former une gelée avec les acides ; on a même regardé cette propriété comme exclusive et caractéristique ; mais M. *Swab* observa très-bien, en 1758, que toutes les zeolithes n'avoient pas cette propriété ; et M. *Pelletier* a prouvé, (journal de phys. t. 20) que cette propriété n'étoit même pas particulière aux zeolithes.

L'existence des zeolithes dans quelques laves, les a faites regarder, par quelques Naturalistes, comme la décomposition des terres volcanisées.

Les plus belles zeolithes blanches nous viennent des Isles de Ferroë en Islande. Cette pierre offre une forme constante ; les rayons qui la composent divergent comme d'un point central, et sont disposés en éventail. On apperçoit que le rayon y est terminé à la surface externe par une pyramide trihèdre ou tétraèdre.

La zeolithe blanche affecte deux formes principales, le cube, et le prisme tétraèdre, quelquefois aplati et terminé par une pyramide tétraèdre obtuse.

Sa pesanteur spécifique est de 2, 1 à 3, 15.

La zeolithe exposée à une chaleur forte se dilate et se gonfle plus ou moins selon la pro-

portion d'eau qu'elle contient, et elle finit par se
fondre en une scorie boursoufflée. La soude la
fond avec effervescence, le borate de soude plus
difficilement ; et les phosphates de l'urine n'ont
presque pas d'action sur elle.

Bergmann a retiré de cent parties de la zeolithe
rouge d'Adelfort 83 silice, 9, 5 alumine, 6, 5
chaux pure et 4 eau. Lettres sur l'Islande, p. 370.

La zeolithe blanche de Ferroë contient, suivant
M. *Pelletier*, 50 silice, 20 alumine, 8 chaux,
22 eau. Journal de phys. t. 20.

Meyer a retiré d'une autre zeolithe radiée 58,
33 silice, 17, 5 alumine, 6, 66 chaux, 17, 5
eau.

M. *Kirwan* observe avec raison que les espèces
crystallisées contiennent plus d'eau que les autres.

CINQUIÈME GENRE.

Mélanges siliceux.

Nous placerons dans ce genre toutes les.pierres
qui font feu avec l'acier.

Ire. ESPÈCE. *Silice, alumine, chaux et fer intimement combinés.*

Le mélange de ces diverses terres forme les
pierres précieuses ou *gemmes* ; la couleur, la

dureté, l'éclat, la pesanteur, les proportions entre les principes constituans et leur combinaison plus ou moins intime, établissent toutes les variétés des *gemmes*.

Les nombreuses expériences du cél. *Bergmann* sur les pierres gemmes ont jeté le plus grand jour sur leur nature et leur composition : les analyses de MM. *Gerhard*, *Achard*, etc., en nous présentant une identité rigoureuse de principes, nous ont confirmé les résultats du fameux Chimiste Suédois ; et il paroît qu'il n'y a pas de doute raisonnable à former aujourd'hui contre ces principes.

Comme les pierres gemmes sont distinguées dans le commerce par leur couleur, nous conserverons cette distinction établie.

PREMIÈRE DIVISION. *Pierres gemmes rouges*, *RUBIS*, *GRENAT*, etc.

1°. Le *rubis* est une pierre précieuse d'un rouge de feu, electrique par le frottement, étincélant au briquet, la plus pesante des pierres précieuses et la plus dure. Il crystallise en pyramides hexaèdres, alongées, apposées base à base sans prisme intermédiaire.

Sa pesanteur spécifique est de 3, 18, à 4, 283.

Il ne se vitrifie point au feu sans addition ; il est même refractaire au miroir ardent ; l'oxigène

le

le fond aisément, il ne perd point sa couleur
au degré de chaleur qui fond le fer. Le borate
de soude et les phosphates de l'urine le mettent
en fusion.

100 parties de rubis contiennent, suivant
Bergmann, 40 alumine, 39 silice, 9 chaux,
10 fer.

Les Lapidaires, pour qui la dureté et la transparence sont les principaux caractères des pierres,
distinguent des rubis de diverses couleurs ; et les
habitans du Pégu, qui considèrent les modifications du principe colorant comme différens
degrés de maturité, confondent la topaze et le
saphir sous le nom de rubis dont ils font trois
variétés.

On donne le nom de *rubis spinelle*, ou celui
de *rubis balais*, à la même nature de pierre,
selon que la couleur est d'un rouge pâle ou d'un
rouge foncé : ce rubis crystallise en octaèdres,
et est moins pesant que le rubis oriental.

2°. Le *grenat* est transparent, quand il n'est
pas surchargé de fer ; il est, en général, attirable à l'aimant et d'un rouge jaunâtre. Les
formes du grenat paroissent dériver du parallélipipède rhomboïdal, terminé par six rhombes
égaux.

Ils varient prodigieusement par la couleur, et
ces variétés sont 1°. le rouge, le *scarboucle* de
Théophraste, selon M. *Hill* ; il est d'un rouge

G

de sang foncé. 2°. Le *grenat syrien*, d'un rouge foncé, un peu mêlé de jaune; 3°. le *grenat violet*, d'un beau rouge mêlé de violet.

Tous les grenats dits orientaux et occidentaux se rangent dans quelqu'une de ces trois classes.

Les grenats se changent au feu en un émail d'un rouge noirâtre; le borate de soude et les phosphates de l'urine les attaquent fortement.

On trouve souvent le grenat en petits grains dans le grés ou le schiste.

Le tissu du grenat est lamelleux et sa cassure vitreuse.

Sa dureté est inférieure à celle des autres pierres gemmes, mais elle l'emporte sur le crystal de roche.

Sa pesanteur spécifique est de 3, 6 à 4, 188.

100 parties de grenat contiennent, selon M. *Achard*, 48, 3 silice, 30 argile; 11, 6 chaux, 10 fer.

Ils contiennent quelquefois de l'étain et même du plomb, mais cela est rare. *Bergmann.*

SECONDE DIVISION. *Pierres gemmes jaunes, TOPAZE, HYACINTHE,* etc.

1°. La *topaze* est de couleur d'or; on en connoît deux variétés principales, la topaze occidentale ou du Brésil, qui est d'un beau jaune d'or foncé, et l'orientale dont la couleur est plus tendre; celle de Saxe se rapproche de cette dernière.

La topaze d'Orient ne perd ni sa couleur ni sa transparence au feu de porcelaine; celle du Brésil perd son poli, sa dureté et sa transparence, mais sans y fondre.

La topaze d'Orient affecte une forme octaèdre.

Celle du Brésil crystallise en prismes tétraèdres rhomboïdaux et cannellés suivant leur longueur; ils sont terminés par deux pyramides tétraèdres à plans triangulaires lisses.

Celle de Saxe présente des prismes oblongs sub-octaèdres, terminés par des pyramides hexaèdres, tronquées plus ou moins près de leur base.

La pesanteur spécifique de la topaze d'Orient est à celle de l'eau, comme 40106 est à 10000; celle de la topaze du Brésil, comme 35365 est à 10000. V. M. *Brisson.*

L'analyse de la topaze a fourni par quintal à *Bergmann*, 46 alumine, 39 silice, 8 carbonate de chaux, 6 fer.

2°. L'*hyacinthe orientale* est d'une couleur jaune rougeâtre.

Elle est ordinairement crystallisée sous la forme d'un prisme tétraèdre rectangulaire, terminé par deux pyramides quadrangulaires à plans rhombes.

Elle perd la vivacité de ses couleurs par le feu. M. *Mongez* la regarde comme infusible au chalumeau; M. *Achard* prétend l'avoir fondue dans un fourneau à vent.

100 parties ont fourni à *Bergmann*, 40 alumine, 25 silice, 20 carbonate de chaux, 13 fer. Celle, dont M. *Achard* a donné l'analyse, contient 41, 33 alumine, 21, 66 silice, 20 carbonate de chaux, 13, 33 fer.

On trouve des hyacinthes en Pologne, en Bohème, en Saxe, dans le Vélay, etc.

On désigne, sous le nom de *jargon*, l'hiacinthe blanchie au feu. Suivant M. *Lavoisier*, l'hyacinthe du Puy en Vélay blanchit au feu par le courant d'oxigène.

Sa pesanteur spécifique est à celle de l'eau, comme 36873 est à 10000. V. *Brisson*.

TROISIÈME DIVISION. *Pierres gemmes vertes*, ÉMERAUDE, CHRISOLITE, BÉRIL, etc.

1°. L'*émeraude* du Pérou a une couleur verte; elle est électrique par le frottement, et crystallise en prismes hexaèdres tronqués-net aux deux extrêmités.

On a souvent confondu avec l'émeraude des jaspes ou des schorls verts qu'on appelle *prase* ou mère d'émeraude.

On trouve fréquemment les crystaux d'émeraude implantés dans des gangues de quartz et même de spath.

Suivant M. *Sage*, plus les émeraudes sont

transparentes, moins leur couleur s'altère au feu ; elles y deviennent opaques et d'un blanc verdâtre ; il y en a qui se réduisent en émail à la surface.

M. *Darcet* assure que dans ses expériences l'émeraude a perdu sa transparence et une grande partie de sa couleur, mais qu'elle n'a rien perdu de sa forme. Dans les expériences faites à Vienne en Autriche, l'émeraude se fondit en vingt-quatre heures ; et à Florence le miroir ardent la fondit promptement. M. *de Saussure* la fondit au chalumeau en un verre gris compacte ; et M. *Lavoisier* au courant d'oxigène, en un globule opaque laiteux dont le dedans étoit verdâtre.

Sa pesanteur spécifique, par rapport à celle de l'eau, est dans la proportion de 27755 à 10000. *Brisson.*

100 parties ont fourni à *Bergmann* 60 alumine, 24 silice, 8 chaux, 6 fer. *Achard* en a retiré 60 alumine, 21,26 silice, 8, 33 chaux, 5 fer.

Les émeraudes qui viennent de l'Amérique sont appelées occidentales ; le Pérou et le Brésil fournissent les plus belles : on peut les distinguer par la couleur ; celle du Pérou est d'une couleur satinée, l'autre d'une couleur moins vive.

L'émeraude est la plus tendre des gemmes ; elle se laisse rayer par la topaze, le saphir, etc.

2°. La *chrisolite* ou *péridot* est d'un verd tirant un peu sur le jaune.

Sa forme est un prisme hexaèdre à côtés

inégaux, assez souvent strié, et terminé par deux pyramides hexaèdres.

M. *Sage* assure que cette pierre exposée au feu le plus violent n'y a éprouvé aucune altération, la couleur n'en a même pas été dégradée ; et le même Chimiste prétend que *Wallerius* n'a pas opéré sur une véritable chrisolite, puisqu'il dit qu'elle y a perdu sa couleur. MM. *Lavoisier* et *Erhmann* l'ont fondue en un verre blanc, sâle, mat, par le secours de l'oxigène.

La pesanteur spécifique de la chrisolite du Brésil est, par rapport à l'eau, dans la proportion de 26923 à 10000. V. *Brisson*.

On trouve dans les basaltes en prismes et dans quelques autres produits volcaniques des amas de chrisolite granuleuse, dont la couleur est plus ou moins verte. Ces chrisolites sont communes dans les volcans de notre Province. M. *Sage* a reçu d'Auvergne un prisme hexagone de six pouces de diamètre, formé d'un amas de chrisolites de différente couleur.

3°. Le *béril* ou *aigue-marine* est d'un verd très-bleuâtre.

Celui de Saxe, de même que celui de la Sibérie, envoyé à M. *Sage* par M. *Pallas*, offre des prismes hexaèdres tronqués et striés, dont le tissu est lamelleux.

Le béril pur éclate au feu, y perd de sa transparence, et se fond au chalumeau.

Sa pesanteur spécifique est, par rapport à l'eau, dans la proportion de 35489 à 10000, pour l'aigue-marine orientale ; et de 27227 à 10000, pour l'occidentale. V. *Brisson.*

On rencontre dans les granits d'Espagne, et du côté de Saint - Symphorien près de Lyon, une aigue-marine bleue en longs prismes té-traèdres aplatis, feuilletés suivant leur longueur, et réunis en faisseaux. Cette pierre est très-commune à Baltimore en Amérique.

QUATRIÈME DIVISION. *Pierres gemmes bleues,*
S A P H I R.

La couleur du saphir est bleu de ciel ; les saphirs du ruisseau d'Expailly ont une teinte verte, ils s'altèrent au feu de même que ceux du Brésil, tandis que le saphir oriental n'éprouve pas de changement dans nos fourneaux ordinaires. M. *Erhmann* a vu couler, en un globule blanc mat le saphir oriental clair et d'un bleu formé, à un feu excité par l'oxigène. Les expériences de MM. *Achard, Sage, Darcet, Erhmann, Lavoisier, Geyx, Quist,* etc. nous présentent une variété de résultats, dans l'analyse des gem-mes par le feu, qu'on ne peut attribuer qu'à la manière dont ils l'ont appliqué, et sur-tout à la nature très - variable des pierres qu'ils ont essayées.

Le saphir d'Orient et celui du Puy offrent deux pyramides hexaèdres fort alongées , jointes et opposées base à base sans prisme inter-médiaire. M. *Sage* a vu un saphir en cube rhomboïdal.

Le saphir analysé par *Bergmann* , lui a donné par quintal 58 alumine , 35 silice , 5 chaux , 2 fer.

M. *Achard* a obtenu de son analyse 58,33 alumine , 33 , 33 silice , 6 , 66 chaux , 3 , 33 fer.

La pesanteur spécifique du saphir du Puy est, par rapport à l'eau , comme 40769 à 10000. Celle du saphir oriental blanc , comme 39911 , et celle du saphir du Brésil 31307. V. *Brisson.*

II^{de.} Espèce. *Silice quelquefois pure , mais plus souvent mêlée avec une très-petite quantité d'alumine , de chaux et de fer.*

Cette espèce comprend essentiellement le *quartz* et le *crystal de roche.*

On donne le nom de *quartz* à la pierre vitri-fiable opaque ou informe , et celui de *crystal de roche* à cette même pierre crystallisée. Comme les principes sont à-peu-près les mêmes , il s'éta-blit naturellement une division de ces pierres en deux classes.

PREMIÈRE DIVISION. *Crystal de roche.*

Le crystal de roche est la pierre qui nous a présenté jusqu'ici la silice dans un état le plus approchant de la pureté ; M. *Gerhard* en a même trouvé où elle étoit parfaitement pure ; mais 100 parties de crystal rigoureusement analysées par *Bergmann* lui ont fourni 93 silice, 6 alumine, 1 chaux.

La forme ordinaire du crystal de roche est celle d'un prisme hexaèdre terminé par des pyramides d'un égal nombre de côtés : les variétés que présentent les divers crystaux peuvent être ramenées à cette forme géométrique. V. M. *de Lisle*.

Le quartz crystallise aussi en cubes : cette forme existe dans plusieurs échantillons des cabinets d'Allemagne, et M. *Macquart* en a porté un échantillon en France.

Il paroît que la formation de ce crystal est due à l'eau, puisque nous retrouvons souvent ce fluide dans l'intérieur des crystaux, et qu'ils se forment évidemment dans les fentes et cavités des roches primitives par le concours de cet agent ; mais nous avons, jusqu'ici, peu de connoissances sur les circonstances de cette opération.

Bergmann a obtenu des crystaux de roche en faisant dissoudre de la silice dans l'acide fluorique et laissant évaporer lentement. J'avois abandonné sur les tablettes de mon cabinet de minéralogie un récipient et une cornue dans lesquels j'avois fait l'acide fluorique ; et lorsque, deux ans après, j'ai eu occasion de revoir cet appareil, j'ai trouvé le récipient presque tout dévoré, et sa surface intérieure tapissée d'une poudre subtile dans laquelle on peut distinguer des milliers de crystaux de roche.

M. *Achard* avoit annoncé qu'il avoit formé des crystaux de roche en faisant filtrer de l'eau imprégnée d'acide carbonique à travers l'argile : M. *Magellan* présenta même de ces crystaux à l'Académie de Paris ; mais l'expérience répétée avec le plus grand soin par divers Chimistes de la Capitale, n'a point eu les mêmes résultats.

Depuis cette époque, M. *de Morveau* ayant enfermé des crystaux de roche avec un barreau de fer dans un flacon rempli d'eau gazeuse, a apperçu un point vitreux fixé au fer qu'il a cru être un crystal de roche formé par cette opération ; de sorte qu'il regarde le fer comme un intermède nécessaire pour que l'acide carbonique dissolve le quartz : cette conséquence de M. *de Morveau* paroît d'accord avec nombre de faits qu'on a recueillis sur la formation du crystal de roche : nous le voyons en effet se former dans les terres ochreuses ; et j'ai des ochres dans ma collection qui présentent beaucoup de ces petits crystaux à deux pointes.

Il me paroît qu'il n'est pas nécessaire de rechercher un dissolvant de la silice pour expliquer la formation du crystal de roche ; la simple division de cette terre me paroît suffire , et je pourrois appuyer cette assertion sur des faits nombreux. V. *article crystallisation.*

Il est prouvé par les observations et les expériences de M. *de Genssane* , qu'il se forme du *gurh* quartzeux , par simple transudation , sur les roches de cette nature ; et le même Naturaliste a vu que lorsque le gurh est charrié et déposé par l'eau , il forme des crystaux de roche. Les eaux qui suintent à travers les roches quartzeuses de la mine de Chamillat , proche de Planche les mines en Franche-Comté , forment des stalactites quartzeux au ciel des travaux et même sur les bois ; les extrémités de ces stalactites , qui n'ont pas encore pris une consistance solide , offrent une substance grenue et crystalline qu'on écrase facilement entre les doigts.

Dans ces cavités , appelées *craques* par les Mineurs , on trouve souvent du gurh coulant , et plus souvent encore des crystaux déjà formés : j'ai vu à Saint-Sauveur , travail de la Boissière près *Bramebiaou* , plusieurs plaques de gurh sur les parois de la galerie , et ces plaques étoient terminées par des crystaux bien formés , dans tous les endroits où le mur rentroit et s'éloignoit de la perpendiculaire ; ce gurh , manié et bien examiné, ne m'a présenté qu'une pâte de silice assez pure.

Il en est des crystaux de roche, comme de ceux de spath calcaire ; ils se forment, toutes les fois que leurs principes fortement divisés et atténués sont charriés par l'eau et déposés avec toutes les circonstances que demande la nature pour que la crystallisation ait lieu.

Je ne crois même pas qu'il faille recourir à la propriété qu'a l'eau de dissoudre sensiblement la silice pour expliquer la formation de ces crystaux, et nous rapporterons à la même cause celle des stalactites quartzeux, des agathes, etc.

Le crystal de roche est souvent coloré par le fer, et il prend alors des nuances particulières qui l'ont fait désigner sous des noms différens. Nous les placerons ici comme de simples variétés l'un de l'autre.

PREMIÈRE VARIÉTÉ. *Crystal rouge, faux rubis.*

Il est souvent mêlé de différentes teintes ; la couleur se détruit au feu, selon M. *Darcet.* On le trouve en Barbarie, en Silésie, en Bohème, etc.

Lorsqu'il est d'un rouge sale on l'appelle *hyacinthe de Compostelle.*

SECONDE VARIÉTÉ. *Crystal jaune, topaze de Bohème.*

Il a quelquefois une teinte tirant sur le jaune,

souvent il n'est coloré qu'à l'intérieur. On le trouve dans le Vélay, près de Bristol en Angleterre, etc.

TROISIÈME VARIÉTÉ. *Crystal rembruni, topaze enfumée.*

Cette teinte de brun varie depuis le brun clair jusqu'au noir foncé. On assure qu'il est possible de les éclaircir en les faisant bouillir avec du suif. V. *Journal de Physique*, tom. 7, *pag.* 360. On en trouve en Suisse, en Bohème, en Dauphiné, etc.

QUATRIÈME VARIÉTÉ. *Crystal verd, fausse émeraude.*

C'est le plus rare et le plus précieux des crystaux colorés ; la Saxe et le Dauphiné en fournissent.

CINQUIÈME VARIÉTÉ. *Crystal bleu, saphir d'eau.*

Il ne paroît différent du vrai saphir que par son manque de dureté : j'en ai vu qui en avoient la couleur ; on en trouve en Bohème, en silésie et au Puy en Vélai, ce qui l'a fait nommer *saphir du Puy.*

SIXIÈME VARIÉTÉ. *Crystal violet, amethiste.*

La couleur en est plus ou moins foncée ; il prend par le poli un éclat brillant. Quand le crystal n'est coloré qu'à demi, on l'appelle *primé d'amethiste.* Il perd sa couleur à un feu violent, selon M. *Darcet.* On trouve ce crystal en assez gros volume pour en faire des colonnes de plus d'un pied de haut sur plusieurs pouces de diamètre.

SECONDE DIVISION. *Quartz.*

La pierre siliceuse, dans laquelle on n'apperçoit aucune forme régulière, et que nous comprenons ici sous le nom de quartz, jouit de plus ou moins de transparence.

La couleur en varie prodigieusement, et on peut y distinguer des variétés et des nuances peut-être plus nombreuses que dans le crystal de roche.

Il forme rarement des montagnes entières; mais, presque toujours, il coupe par des veines plus ou moins larges les montagnes de schiste primitif; c'est du moins ce que m'a présenté l'observation dans toutes les montagnes de ce genre que j'ai parcourues.

Les blocs de quartz détachés par les eaux, sont roulés, arrondis et déposés en grosses pierres sur les bords des rivieres; ces mêmes pierres plus atténuées forment les *galets quartzeux*, et ceux-ci plus divisés encore donnent naissance au *sable.*

Cette pierre est très-refractaire; on en fait la base des briques employées à la construction des fours de verrerie : à cet effet, on la calcine jusqu'au blanc ; et, dans cet état, on la jette dans l'eau : on peut, par ce moyen, la piler aisément, et la disposer à se combiner avec l'argile.

Les quartz, bien pilés et employés dans la composition des briques, ne résistent pas également au feu, si on n'a eu la précaution de les calciner et de les éteindre dans l'eau : j'ai acquis la preuve de ce fait en employant, des deux manières, la même espèce de quartz.

Ce sable forme de l'excellent mortier avec de la bonne chaux, et fondu avec les alkalis il produit un verre superbe.

IIIe. Espèce. *Silice, alumine, chaux et fer intimement mêlés.*

L'état de finesse dans les principes constituans, et leur mélange ou amalgame plus ou moins intime, nous paroissent établir deux divisions parmi les pierres qui appartiennent à cette espèce; et nous les distinguerons en silex grossiers et en silex fins : les premiers forment les *pierres à fusil*, les *petro-silex*, etc. les seconds comprennent les *agathes*, les *calcédoines*, etc.

Première Division. *Silex grossiers.*

Nous placerons ici deux pierres qui ne paroissent différer que par la transparence plus ou moins sensible : le *silex* ou caillou proprement dit, est demi-transparent dans les parties minces, telles que les bords ; le *petro-silex* a une couleur plus matte.

1°. *Pierre à fusil*. La pierre à fusil fait feu avec l'acier ; elle a, pour l'ordinaire, une couleur brune, et très-souvent la surface présente une couleur plus blanche que le milieu et plus tendre que le noyau de la pierre ; cette couche happe la langue, et on peut y reconnoître un commencement de décomposition.

M. l'Abbé *Bacheley* a prétendu que des productions marines, comme polipiers, coquilles, etc. pouvoient passer à l'état de pierre à fusil. *Journal de Physique supplément* 1782, tom. 25.

La pesanteur spécifique de la pierre à fusil est de 2, 65 à 2, 700 ; cette pierre ne se fond pas au feu, mais elle devient blanche et fragile par les calcinations répétées.

Le silex brun ordinaire a fourni par l'analyse à M. *Wiegleb*, par quintal, 80 silice, 18 alumine, 2 fer.

2°. *Petro-silex*. La couleur ordinaire du petro-silex est d'un bleu foncé ou d'un gris jaunâtre ; il est répandu par veines dans les rochers ; et c'est de-là qu'il tire son nom.

Sa pesanteur spécifique est de 2, 59 à 2, 7.

Il blanchit au feu comme la pierre à fusil, mais il est plus fusible, car il coule sans addition ;

tion; la soudé ne le dissout pas totalement par la voie sèche, mais le borate de soude et les phosphates de l'urine le dissolvent sans efferves-cense.

M. *Kirwan* a tiré d'un *petro-silex*, employé à la fabrique de porcelaine de M. *de Lauraguais*, 72 silice, 22 alumine, 6 chaux, par quintal.

Seconde division. *Silex fins.*

Cette division nous présente plusieurs pierres qui, quoique distinguées par des noms et une valeur différens, ne sont que des variétés l'une de l'autre. Nous nous contenterons de rapporter les principales.

1°. *Agathe.* C'est un silex demi-transparent, d'une pâte très-fine ; la cassure en est vitreuse, et la dureté telle qu'il resiste à la lime, fait feu avec le briquet, et prend le plus beau poli.

L'agathe exposée au feu y perd sa couleur, devient opaque, et ne se fond point.

Les variétés d'agathe sont infinies ; elles sont sur-tout établies sur la couleur ; et on les dis-tingue en agathes, nuée, ponctuée, tachée, irisée, herborisée, mousseuse, etc. V. M. *Daubenton.* On donne le nom d'agathe *onix* à celle qui est formée par des bandes concentriques. M. *Daubenton* a prouvé que c'étoit réellement des brins de mousse qui coloroient celle qui a reçu le nom d'agathe mousseuse.

H

L'agathe la plus pure est blanche, transparente, nébuleuse ; telle est l'*agathe orientale* qui, en outre, paroît comme pommelée ou bouillonnée.

Sa pesanteur spécifique est de 2 , 64.

Je regarde les agathes et les autres cailloux dont nous allons parler , comme des stalactites quartzeux. Les parois des géodes qui sont *agathisées* , et les couches de ces cailloux qu'on trouve dans les endroits où se font les infiltrations qui produisent les crystaux de roche , me paroissent établir cette doctrine. Les agathes sont au quartz , ce que sont les albâtres aux pierres calcaires , et la théorie de leur formation est la même. M. *Dorthes* a fourni plusieurs preuves de cette théorie sur la formation de ces pierres.

2°. *Opale*. L'agathe demi-transparente , d'un blanc laiteux , qui chatoye en bleu , rouge et verd , est connue sous le nom d'opale ; celle qu'on tire de Hongrie a pour gangue une espèce d'argile grisâtre. La plus belle des opales est l'*opale orientale* , on la nomme quelquefois *opale à paillettes* , parce que ses couleurs paroissent comme des taches égales distribuées dans toute la surface. Ces opales ont reçu divers noms , suivant la couleur qu'elles réfléchissent.

On doit regarder les pierres chatoyantes , telles que le *girasol* , l'*œil de chat* , l'*œil de poisson* , comme des variétés de l'opale.

Les reflets du *girasol* sont foibles, bleuâtres et mêlés de jaune orangé : on en a trouvé dans les mines de plomb de Chatelaudren en Bretagne. Le caractère saillant du girasol, c'est d'offrir dans son intérieur un point lumineux, et de réfléchir les rayons de la lumière de quelque côté qu'on le tourne, lorsqu'il est taillé en globe ou demi-globe.

L'*œil de chat* a un point vers le milieu d'où partent en cercle des traces verdâtres d'une couleur très-vive ; les pierres les plus belles de cette espèce sont celles qui sont de couleur grise et mordoré. Elles viennent d'Egypte et d'Arabie.

L'*œil de poisson* ne diffère de l'œil de chat que parce que sa couleur est bleuâtre. On en trouve à Java.

3°. *Calcedoine*. La calcedoine est une agathe demi-transparente, d'un blanc laiteux, qui diffère des précédentes en ce qu'elle ne chatoye pas.

On en a trouvé dans les mines de Cornouailles en stalactites d'une élégance singulière. Ces calcedoines sont presque toujours mamellonées comme les stalagmites, ces protubérances paroissent formées par l'apposition successive de plusieurs couches.

On trouve dans le *Monte berico*, territoire de Vicence, des géodes de Calcedoine qui renferment de l'eau ; on les appelle *enhydres*.

H 2

J'ai dans le cabinet de minéralogie de la Province, des calcedoines d'Auvergne qui paroissent crystallisées comme le crystal de roche; les crystaux ont tous le gras et l'onctueux qu'ont les petites boules qui sont dispersées sur la roche, mais en les cassant on sapperçoit que ce n'est qu'une couche de calcedoine qui revêt le quartz.

M. *Bindheim* a tiré de la calcedoine, par quintal, 83 , 3 silice, 11 chaux, 1 , 6 alumine, et un peu de fer. *Schrift*. natur. for. fre. t. 3 , p. 429.

M. *Darcet* n'a pas pu fondre la calcedoine, mais elle a perdu sa couleur.

La calcedoine a souvent des teintes de bleu, de jaune ou de rouge.

M. de *Carozy* et M. *Macquart* ont observé, en Pologne , le passage du gypse à l'état de calcedoine. V. essai de minéralogie par M. *Macquart*. *Premier mémoire*.

4°. *Cacholong*. La Calcedoine blanche et opaque est connue sous le nom de cacholong; sa cassure est celle du quartz ; il devient blanc au feu. Cette pierre est susceptible d'un beau poli; on la trouve sur les bords d'un fleuve nommé *Cach* près les kalmouks de Bukarrie, chez lesquels le mot *cholong* signifie pierre.

On a donné une valeur chimérique à une modification de cacholong qui a la propriété de devenir transparente après l'avoir plongée dans l'eau : c'est ce qu'on appelle *hydrophane*, *lapis mutabilis*, *oculus mundi*. M. *Dantz* a porté à Paris des hydrophanes qui, mises dans l'eau, deviennent transparentes.

M. *Gerhard* a lu, le 28 Août 1777, à l'Académie de Berlin, des observations sur l'hydrophane. Il a trouvé dans cette pierre deux tiers d'alumine et un tiers de silice. Ce célèbre Naturaliste dit que l'hydrophane étoit connue de *Boyle*, qui vit vendre à Londres une de ces pierres, de la grosseur d'un pois, 200 livres sterlings.

L'hydrophane est infusible au feu, la soude la dissout avec effervescence ; le borate de soude et les phosphates de l'urine, sans effervescence.

5°. *Cornaline*, *sardoine*. La cornaline est une espèce d'agathe presque transparente ; on l'appelle *carneole* quand elle est couleur de chair. Sa dureté varie prodigieusement ; celles qui sont blanches ou jaunâtres n'ont pas assez de dureté pour faire feu avec l'acier. Au feu elle perd sa couleur et prend de l'opacité : les plus belles ressemblent au grenat, sa pesanteur spécifique est de 2, 6 à 2, 7.

La *sardoine* est un silex demi transparent de couleur orangée, plus ou moins foncée ; elle est bosselée comme la calcedoine, dont elle a la dureté et la pesanteur ; elle se comporte au feu comme l'agathe. Il y a, dans le garde-meuble

H 3

de la Couronne , des vases de sardoine d'une grandeur et d'une beauté étonnantes. Les fameux vases *murrhins* étoient de sardoine. V. M. *Sage* , tom. 2 , pag. 163.

IVᵉ ᴇsᴘèᴄᴇ. *Silice, Alumine et fer.*

Le *Jaspe* est une des pierres les plus dures que nous connoissions. Il est susceptible du plus beau poli et la couleur en varie prodigieusement , ce qui lui a fait donner les noms de jaspe sanguin , jaspe verd , jaspe fleuri , etc.

M. *Wedgewood* a assuré à M. *Kirwan* , que le jaspe durcissoit au feu sans se fondre , et M. *Lavoisier* n'a pas pu obtenir une fusion parfaite au courant d'oxigène ; la surface étoit simplement vitreuse.

M. *Gerhard* prétend que quelques espèces se fondent , et M. *Kirwan* attribue cette propriété au mélange de chaux et de fer qui en opère la fusion.

Son excès de dureté l'a fait employer par les sauvages du Canada pour en faire leurs casse-têtes.

M. *Dorthes* a trouvé dans nos atterrissemens de la méditerranée des casse-têtes de porphyre , de jaspe, de pierre de corne , de schorl en masse , de variolite , etc. fabriqués probablement par les anciens habitans des Gaules.

Ces casse-têtes sont connus vulgairement sous le nom de *pierre de foudre*, et par les Lithologistes sous le nom de *céraunites*.

V^e· ESPÈCE. *Silice, alumine, chaux, un peu de magnésie et fer.*

Cette espèce comprend tous les *schorls* et la plupart des produits volcaniques. Comme la tourmaline n'est évidemment qu'une variété du schorl nous la placerons ici, quoique l'analyse n'y ait pas découvert un atome de magnésie, et que la nature de ses principes la confonde avec les pierres gemmes ; au reste elle se trouve placée entre celles-ci et les schorls , et cette place lui est également assignée par ses caractères naturels et par ses principes constituans.

I°. *Tourmaline.* Cette pierre à la transparence du schorl ; elle a l'apparence et la cassure vitreuse ; elle paroît composée de lames ; elle coupe le verre ; chauffée au 200 degré therm. de *Farheneit* elle devient électrique ; à un feu plus fort elle perd cette propriété ; elle fond au chalumeau en bouillonnant : la tourmaline pure s'est fondue en verre noir dans les expériences de M. *Lavoisier.*

On a trouvé des tourmalines dans l'isle de Ceylan, le Tirol, et l'Espagne.

Sa forme est un prisme à 9 pans terminés

par deux pyramides trihèdres aplaties. M. *de Joubert* en possède une dont le prisme a sept pouces et demi de long et onze pouces de circonférence.

La tourmaline prismatique n'a d'effet électrique que suivant la direction où le fut de la colonne. La sphère d'activité de la tourmaline d'Espagne est moins grande que celle du Tirol.

On peut voir des recherches précieuses de *Bergmann* sur cette pierre dans la dissertation qui a pour objet son analyse. M. *Tofani* a ajouté des notes intéressantes à la traduction de cet ouvrage.

Les résultats de l'analyse de *Bergmann* nous présentent les principes dans le rapport suivant:

1°. *Tourmaline du Tirol.* Alumine 42, silice 40, chaux 12, fer 6.

2°. *Tourmaline de Ceylan.* Alumine 39, silice 37, chaux 15, fer 9.

3°. *Tourmaline du Brésil.* Alumine 50, silice 34, chaux 11, fer 5.

La pesanteur spécifique de la tourmaline de Ceylan est de 30541 ; celle d'Espagne et du Tirol de 30863, celle de l'eau 10000. Voyez *Brisson.*

II°. *Schorl.* Les propriétés distinctives du schorl sont une apparence de demi-vitrification, la fusibilité à un feu modéré, une dureté qui approche de celle du crystal.

Il y a peu de pierres qui présentent plus de variétés dans la forme et les couleurs. Ils entrent dans la composition des porphyres, des serpentines, des granits et accompagnent très-souvent les pierres magnésiennes.

Nous distinguons les schorls, en schorls crystallisés et schorls informes.

A. On peut réduire à quatre principales variétés toutes celles qui dépendent de la couleur.

1°. *Schorl noir.* Le schorl noir se trouve principalement dans les granits ; il y est presque toujours en prismes plus ou moins prononcés. Ces prismes varient par le nombre des côtés; ils sont quelquefois cannelés, quelquefois terminés par des pyramides trihèdes, obtuses, placées en sens contraire ; ils présentent, dans quelques endroits, plusieurs pouces de long ; et souvent la réunion de ces prismes forme des grouppes de plusieurs pouces de diamètre ; la couleur noire en est plus ou moins foncée ; ils se résolvent au feu en un verre noir, uni et pâteux.

L'analyse des schorls noirs prismatiques du Gévaudan m'a fourni par quintal 52 silice, 37 alumine, 5 chaux, 3 magnésie, 3 fer.

2°. *Schorl verd.* Celui-ci nous présente la même forme et les mêmes modifications ; mais la plus commune de ses crystallisations c'est celle d'un prisme tetraèdre terminé par des pyramides courtes, également tetraèdres.

3°. *Schorl violet.* Cette variété a été découverte, en 1781, par M. *Schreiber* au-dessous de la balme d'Aunis, située à une lieue du Bourg-d'Oisan en Dauphiné. M. *de la Peyrouse* l'a aussi trouvé à la pique de Dretliz dans les Pyrénées.

Le schorl jouit d'une certaine transparence; il est crystallisé en rhombes; le tissu en est lamelleux, les faces striées parallélement entr'elles sur deux des plans rhomboïdaux de chaque pyramide.

Le schorl perd sa couleur au feu et $\frac{1}{13}$ de son poids, il devient d'un blanc grisâtre; à un feu plus fort il se boursouffle, s'affaisse, et laisse un émail noir.

Sa pesanteur spécifique est de 32956. *Brisson.*

4°. *Schorl blanc.* On a trouvé cette variété dans les montagnes de Corse, du Dauphiné et des Pyrénées. Il est d'un blanc mat, couleur vitreuse; il se présente en crystaux sur la surface de quelques pierres de la nature de la pierre ollaire. J'en ai vu une couche entre l'amianthe et la pierre ollaire. Il se fond au feu en un émail blanc.

L'analyse de celui des Pyrénées m'a fourni par quintal, 55 silice, 25 alumine, 13 magnésie, 7 chaux.

B. Le schorl en masse se rapproche beaucoup des jaspes par ses caractères extérieurs; on le distingue cependant par la cassure qui est d'un grain plus sec, et qui présente une disposition à la crystallisation. Cette pierre sert de base à plusieurs porphires. La *variolite* de la Durance, pierre singulière qui a donné lieu à des superstitions, est un schorl en masse, parsemé de grains de même nature que le fond, mais d'un verd plus clair.

M. *Dorthes* a observé des variolites dans les atterrissemens de notre méditerranée, et il s'est assuré que cette pierre, en se décomposant, subit des changemens de couleur qui se succèdent dans l'ordre du spectre solaire.

III°. *Produits volcaniques.* Les principaux produits des volcans sont le basalte, la lave, la pozzolane. Ce sont des substances absolument de même nature ; mais on leur donne principalement le nom de *basalte*, lorsqu'elles ont des formes régulières ; celui de *lave*, lorsqu'elles sont informes ; et celui de *pozzolane*, lorsqu'elles sont considérablement atténuées.

Le basalte se distingue, en basalte prismatique à 3, 4, 5, 6, 7 pans, en basalte en table, en basalte en boule.

La lave se distingue, en lave compacte, lave poreuse, lave cordée, lave en larmes, etc.

Plusieurs Naturalistes ont placé le basalte avec les schorls, et quelques-uns leur ont assigné à tous une même origine. Il paroît néanmoins assez généralement convenu que le basalte est le produit du feu.

Il diffère quelquefois des schorls dans l'analyse chimique, en ce qu'il ne donne pas toujours de la terre magnésienne.

La couleur du basalte est d'un gris foncé, presque constamment recouvert ou enveloppé d'une croûte ferrugineuse moins noircie que l'intérieur ; le fer y a passé à l'état d'ocre.

Sa forme est constamment prismatique ; elle est l'effet naturel du retrait qu'a souffert la matière en se refroidissant.

Le basalte se convertit au feu en un verre du plus beau noir. Cette propriété reconnue par tous les Chimistes m'engagea à le faire fondre et à le souffler en bouteilles. On y réussit parfaitement à la verrerie de M. *Gilly* d'Alais, et à celle de M. *Giral* à Érépian. Je conserve encore les premiers vases soufflés de cette matière ; ils sont du plus beau noir, d'une légéreté étonnante, mais sans transparence. Enhardi par ces premiers succès, je priai M. *de Castelviel*, propriétaire d'une autre verrerie, de vouloir bien se prêter à faire quelques expériences ; et à force de tatonnemens, nous parvinmes à fabriquer des bouteilles verd-d'olive qui joignoient une légéreté extrême à une solidité vraiment étonnante. Le basalte pilé, la soude et le sable, employés à proportions à peu près égales, formoient leur composition. Les propriétés de ces bouteilles, constatées par mes propres expériences, et par celles que M. *Joly de Fleury*, alors Contrôleur-général, avoit ordonnées, les rendoient précieuses au commerce ; et M. *de Castelviel* ne pouvoit pas fournir à toutes les demandes qui lui étoient faites. Sa fabrication se soutint avec succès pendant deux ans ; mais, au bout de ce temps-là, la supériorité des bouteilles cessa d'être la même ; le Fabricant recevoit des reproches du consommateur, et ce superbe établissement perdit peu à peu de son activité, et fut enfin abandonné.

Depuis cette époque j'ai fait quelques expériences en grand, et j'en ai tiré quelques résultats qui peuvent servir à ceux qui voudroient suivre cette branche d'industrie.

1°. La nature du combustible employé dans les verreries, modifie prodigieusement les résultats des expériences : le même basalte, que M. *de Castelviel* regardoit comme trop refractaire dans son four alimenté par du bois, étoit trouvé de nature trop fusible par M. *Giral*, dont la verrerie étoit à l'usage du charbon de pierre. L'un faisoit du verre, en ajoutant de la soude à la lave ; l'autre, en y mêlant du sable très-refractaire.

2°. La même lave fondue sans addition, pourra être soufflée dans une verrerie et non dans une autre : cette bizarrerie m'a paru d'abord tenir essentiellement à l'habileté des Ouvriers, mais je me suis convaincu que cet effet en étoit indépendant.

Dans un four qui chauffe fortement, la lave fondue devient quelquefois fluide comme de l'eau, et elle échappe de la canne, dès qu'on la *cueille.* Cette même lave fondue dans d'autres fourneaux conservera assez de consistance pour pouvoir être soufflée. Je me suis assuré moi-même qu'on pouvoit travailler la lave dans une verrerie quelconque, pourvu que l'on saisît le moment où la pâte n'est ni trop fluide ni trop épaisse pour pouvoir être travaillée ; mais ces attentions sont trop délicates et trop minutieuses pour pouvoir être observées dans les travaux en grand.

3°. Le basalte le plus dur donne le plus beau verre ; lorsqu'il est souillé par le mélange de principes étrangers, tels que des noyaux de chaux, le verre est fragile et n'a pas de lien ; c'est, je crois, ce qui a déterminé la mauvaise qualité de verre qui a entraîné la chûte de l'établissement de M. *de Castelviel.*

4°. J'ai vu des basaltes très-durs, parsemés de points noirs infusibles, de sorte que ces points se laissoient envelopper dans la pâte vitreuse sans s'altérer sensiblement : la montagne volcanique de l'*Escandorgue*, près de Lodève, m'a fourni cette variété de basalte.

On peut voir, dans l'article *verrerie* de l'En-

cyclopédie par ordre de matières , les divers
résultats que nous avons obtenus avec M. *Allut*,
de diverses expériences faites en commun à la
verrerie royale du Bousquet et ailleurs.

Je conclurai des observations que m'ont fourni
jusqu'ici mes expériences.

1°. Que la lave peut être employée comme
fondant dans les verreries , et diminuer la consommation de la soude. C'est là le seul but que
je m'étois proposé dans le temps , et je l'ai rempli
pleinement, 1°. par les résultats des expériences
qui m'ont prouvé que le sable refractaire dans
une verrerie s'y fondoit par le mélange de la lave;
2°. par les effets obtenus dans tous les travaux
en grand, où l'addition de la lave a permis qu'on
diminuât la proportion de la soude.

2°. Qu'il est bien difficile de se faire un procédé rigoureux et applicable à toute circonstance , pour travailler la lave sans addition. A peine
mes bouteilles dans lesquelles la lave entroit ,
furent-elles connues , qu'on publia que c'étoit
de la lave sans addition qui en faisoit les principes,
et qu'il suffisoit de fondre la lave pour former des
bouteilles. Ce bruit étrange m'affecta peu dans le
principe , parce que je n'avois rien dit , rien écrit
et rien imprimé qui pût autoriser une telle erreur;
et je me contentai de répondre à toutes les personnes qui me demandoient des renseignemens ,
ce que l'expérience m'avoit appris , que l'addi-

tion de la lave diminuoit la proportion de la soude dans la composition du verre, et que ce nouveau principe rendoit les bouteilles plus légères et plus solides.

3°. Que le seul parti qu'on puisse tirer de la lave fondue sans addition, c'est de la couler et d'en former des pavés, des chambranles de cheminée, etc. La facilité avec laquelle on la fond au charbon de pierre, rendroit ces ouvrages peu coûteux, et on pourroit aisément les décorer en y incrustant des couleurs métalliques.

4°. Que la différence dans la nature des produits volcaniques produit une telle variété dans les résultats de leur fusion, que je crois qu'il est impossible d'assigner un procédé constant et invariable, à tel point qu'on obtienne infailliblement le même résultat ; ce qui nécessite des essais et des tâtonnemens toutes les fois qu'on voudra employer les basaltes à la fabrication des bouteilles.

On a assimilé au basalte une pierre connue sous le nom de *trapp* ; elle s'en rapproche par plusieurs propriétés essentielles ; la couleur, la forme, la pesanteur, la nature des principes paroissent les confondre, comme l'a prouvé *Bergmann*, par le beau rapprochement qu'il a fait de ces deux pierres, dans son analyse des produits volcaniques de l'Islande ; mais ce même Chimiste a démontré qu'elles différoient sous plusieurs points de vue.

Le

Le trapp ne présente aucun caractère qui puisse lui faire soupçonner une origine volcanique ; il se trouve en Suède dans les montagnes de première origine et sur des couches de granit ou de schiste , quelquefois même sur des bancs de pierre calcaire.

Le trapp des montagnes de *Westro-gothie* est ordinairement en cubes quarrés , irréguliers ; et c'est cette ressemblance avec les marches d'un escalier qui a donné lieu à sa dénomination ; il présente aussi la forme d'un prisme triangulaire , mais rarement ; quelquefois il ressemble à d'immenses colonnes.

Le trapp a fourni à *Bergmann* les mêmes principes , et presque dans la même proportion , que le basalte. La différence est à peine d'un centième , et cette variété se trouve souvent dans des morceaux du même basalte.

VI.ᵉ Espèce. *Silice , chaux , magnésie, fer , cuivre et acide fluorique.*

Cette combinaison forme la *chrisophrase* ; elle est verd de pomme et demi-transparente , plus dure que les spaths fusibles et les quartz de même couleur.

Elle perd au feu sa couleur verte , devient blanche et opaque , et forme , à l'aide de l'air vital , un globule compacte et laiteux. Voyez *Erhmann.*   I

M. *Achard* en a retiré , par quintal , 95 silice,
1 , 7 chaux , 1 , 2 magnésie ; 0 , 6 cuivre.

VIIe. ESPÈCE. *Silice , fluate de chaux bleu, sulfate de chaux et fer.*

Cette singulière combinaison forme le *lapis lazuli, pierre d'azur.*

La couleur est d'un beau bleu opaque , elle
la conserve à une forte chaleur , et le contact
de l'air ne l'altère point.

Lorsqu'elle est en poudre elle fait une légère
effervescence avec les acides ; mais lorsqu'elle a
été calcinée , elle forme une gelée avec eux sans
effervescence sensible.

Cette pierre pulvérisée forme cette couleur
précieuse , connue sous le nom d'*outremer :*
l'intensité de couleur en fait le prix ; et elle
perd de sa valeur lorsqu'elle est parsemée de
pyrites , parce que leur mélange altère la vivacité de ses couleurs.

Le *lapis* donne de l'eau par la calcination;
et, distillé avec le muriate d'ammoniaque , il se
forme des fleurs martiales , ce qui annonce ,
suivant M. *Sage* , que la couleur en est due
au feu.

La pierre d'azur se fond à une forte chaleur,
en un verre blanchâtre , et forme , par le secours
de l'oxigène , un globule blanc tirant sur le verd,

transparent, sans bulle , et point attirable à l'aimant.

La pesanteur spécifique du *lapis* de Sibérie est 29454. V. *Brisson.*

On voit des plaques de *lapis* sur presque tous les autels richement décorés ; on en fait des bijoux.

Margraaf en avoit retiré, de la pierre calcaire, du gypse , du fer et du silex. M. *Rinmann* y a découvert l'acide fluorique.

VIIIᵉ· ESPÈCE. *Silice , alumine , barite , magnésie.*

Cette pierre est connue sous les noms de *feld-spath, quartz rhomboïdal , spathum scintillans, petuntzé.*

Elle forme assez constamment un des principes du granit. Et les crystaux qu'on en trouve épars proviennent de la décomposition de cette roche primitive.

Le tissu du feld-spath est serré , lamelleux, et est moins dur que le quartz.

Il se fond sans addition en un verre blanchâtre : j'ai néanmoins reconnu une très-grande variété dans les feld-spaths , par rapport à leur manière de se comporter au feu : celui d'*Avène*, en crystaux blanchâtres uniquement mêlés de quartz , m'a fourni un verre transparent et très-dur par le seul mélange d'un tiers de chaux ; celui de l'*Esperou*, traité de la même manière, n'a pas donné le moindre signe de fusion.

La pesanteur spécifique du spath étincellant blanc est de 25946. V. *Brisson*.

Le feld-spath présente plusieurs variétés dans sa forme et sa couleur.

Presque tous les morceaux de feld - spath enchassés dans le granit, offrent une forme rhomboïdale ; lorsque cette roche primitive se décompose, les crystaux de feld-spath se détachent et restent confondus dans les débris. Les granits de notre Province sont presque tous lardés de ces crystaux, ils ont quelquefois un pouce et demi de diamètre.

On a trouvé le feld-spath crystallisé en prismes tetraèdres, terminés par des pyramides à quatre pans.

Je possède des échantillons de feld-spath d'Auvergne, dont les prismes tetraèdres aplatis sont terminés par un sommet dihèdre.

Les principales nuances de couleur dans le feld-spath sont le blanc, le rose et le chatoyant.

Le feld-spath blanc, transparent, est très-rare ; il y en a un morceau, dans le cabinet royal de l'école des mines, qui vient du mont St.Gothar.

100 parties de feld-spath blanc, contiennent environ 67 silice, 14 alumine, 11 barite, 8 magnésie.

Le feld-spath rose n'est pas très-rare, nos montagnes en présentent beaucoup ; le fer y est abondant et à l'état d'ochre : quelques expériences m'ont prouvé que cette variété est plus fusible que les autres. L'analyse m'y a même présenté la magnésie en plus grande proportion ; et la consistance m'a paru moins forte dans celui-ci que dans les autres.

Le feld-spath est composé de lames rhomboïdales, qui lui donnent la propriété de chatoyer plus ou moins. On a trouvé, sur les côtes septentrionales de l'Abrador, de grands morceaux de feld spath roulé, d'un gris bleuâtre, chatoyant de la manière la plus agréable, les couleurs sont du plus beau bleu céleste nuancé de verd. Cette pierre est connue sous le nom de *pierre de l'Abrador*. On trouve assez fréquemment des granits dont le feld-spath chatoie sans être taillé.

TROISIÈME CLASSE.

DU MÉLANGE DES PIERRES ENTR'-ELLES. MÉLANGES PIERREUX. ROCHES.

Les terres primitives mêlangées entr'elles, forment les pierres dont nous venons de parler : ces pierres réunies et liées, pour ainsi dire empâtées par un ciment quelconque, constituent

la classe nombreuse de roches dont nous devons
nous occuper en ce moment.

On voit évidemment que les mélanges de
diverses pierres ont été produits, ou par des
révolutions qui ont tout bouleversé et tout confondu, ou par le jeu des eaux qui ont formé
successivement les couches de cailloux arrondis
répandus sur ce globe, et ont charrié dans leurs
insterstices ces dépôts terreux qui les ont liés; ces
mélanges ont acquis de la dureté, et ont paru par
la suite ne faire plus qu'un seul et même corps.

Nous établirons nos genres sur la présence des
pierres qui prédominent; et les espèces seront
déduites de la variété des pierres qui sont mêlées
avec celle qui détermine le genre.

PREMIER GENRE.

Roches formées par le mélange des pierres calcaires avec d'autres espèces.

Quoique la base de la pierre calcaire entre
dans la composition de la majeure partie des
substances lithologiques, nous trouvons peu de
roches qui puissent être rangées dans ce genre.

Ire. ESPÈCE. *Carbonate de chaux et sulfate de barite.*

M. *Kirwan* a trouvé des roches, dans le

Derbyshire, composées de craie entre-mêlée de noyaux de spath pesant.

II^{de}. Espèce. *Carbonate de chaux et mica.*

Le marbre verd, ou cipolin d'Autun, est dans ce genre ; il est composé de 83 carbonate de chaux, 12 mica verd, 1 fer. *Journal de Phys.*, *tom.* 12, *pag.* 55. On trouve en Italie des pierres calcaires qui présentent des points brillans de mica, qu'on connoît sous le nom de *macigno.*

IIIe. Espèce. *Mélanges de pierres calcaires et de magnésiennes.*

On trouve du sulfate de chaux, du fluate de chaux, du carbonate de chaux, mêlés de stéatite, serpentine, talc, amianthe, asbeste ; tel est, par exemple, le marbre blanc entremêlé de taches de stéatite, décrit par *Cronstedt.*

IVe. Espèce. *Pierres calcaires et fragmens de quartz.*

On trouve quelquefois du quartz dans un ciment calcaire. La Suède et la Sybérie offrent plusieurs marbres qui étincellent au briquet : le grés calcaire, si commun dans la partie méri-

dionale de notre Royaume, est de cette espèce ;
le sable y est composé de fragmens de cailloux
quartzeux, arrondis et liés par un gluten ou
ciment calcaire. En faisant digérer le grès dans
un acide, on en dissout le ciment calcaire, et
on détermine aisément dans quelle proportion
s'y trouve le sable.

Ce grès est rarement assez dur pour pouvoir
être employé à bâtir ou à paver.

A Nemours et à Fontainebleau, on a trouvé
ce grès crystallisé en rhombes parfaits : les cabinets des Naturalistes se sont enrichis de superbes échantillons de ce grès.

On a trouvé aussi de la pierre à chaux servant
de ciment à du feld-spath, à du schorl, etc.,
mais c'est assez rare.

M. *de Saussure* a décrit une roche dont les
élémens sont le quartz et le spath.

Nos atterrissemens nous fournissent des galets
de marbre dur, d'un gris clair, semé de feld-spath
et de quartz. V. *Dorthes.*

SECOND GENRE.

Roches formées par le mélange des pierres baritiques avec d'autres pierres.

Comme le spath pesant est assez rare et qu'on
le trouve presque toujours isolé, ce genre sera
peu nombreux.

Ire. Espèce. *Spath pesant mêlé d'un peu de spath calcaire.*

Les Diocèses d'Alais et d'Uzès m'ont fourni cette espèce ; et j'ai observé moi-même dans ce dernier les rhombes de spath calcaire, si bien mêlés avec les lames du spath pesant, qu'il est impossible de les séparer, sans détruire la roche. C'est dans les filons du spath pesant, qu'on trouve sur le chemin de Portes à Alais, que j'ai vu ce mélange.

II^{de.} Espèce. *Spath pesant et serpentine.*

M. *Kirwan* a décrit une epèce de serpentine mêlée de taches de barite.

IIIe. Espèce. *Spath pesant et spath fluor.*

Le spath pesant que nous fournit l'Auvergne est mêlangé de spath fluor ; j'en possède plusieurs échantillons.

IVe. Espèce. *Spath pesant et argile durcie.*

Cette roche est le kros-stein des Allemands ;

l'argile qui en fait le fond est grise , et renferme un spath pesant de couleur blanche , qui est disposé dans cette argile en forme de veines qu'on prendroit, au premier coup-d'œil, pour des *vermiculites*, ou , en général , pour les restes de quelques corps organisés. Cette roche se trouve à Bochnia en Pologne.

Ve. Espèce. *Spath pesant et quartz.*

J'ai , dans ma collection , plusieurs échantillons où le spath pesant est disposé en étoiles sur une matrice de la nature du silex.

VIe. Espèce. *Spath pesant et lave.*

Les volcans éteints du Diocèse de Beziers m'ont offert des laves altérées , dont la surface présente des rayons de spath pesant, que j'avois pris à l'inspection pour de la zéolithe.

TROISIÈME GENRE.

Roches formées par le mélange des pierres magnésiennes avec d'autres espèces.

Ire. Espèce. *Pierres magnésiennes mélangées entr'elles.*

La même roche nous présente souvent, à

côté les unes des autres, les diverses pierres magnésiennes connues : c'est ainsi que l'asbeste se trouve placé à côté de l'amianthe, la serpentine à côté de l'asbeste, la stéatité à côté du talc.

II^de. ESPÈCE. *Pierres magnésiennes et pierres calcaires.*

On a trouvé la serpentine tachetée de spath calcaire et de gypse.

IIIe. ESPÈCE. *Pierres magnésiennes et pierres alumineuses.*

La stéatite est souvent mêlée avec l'argile : on trouve ses fibres couchées dans un lit argileux. La stéatite et la serpentine sont quelquefois mêlées avec le schiste.

IVe. ESPÈCE. *Pierres magnésiennes et pierres siliceuses.*

On trouve la serpentine mêlée avec des veines de quartz, de feld-spath, de schorl, etc.

L'asbeste et l'amianthe sont souvent confondus, quelquefois incorporés dans le quartz et le crystal de roche.

M. *de Saussure* a décrit une roche dont le quartz est blanc et la stéatite verte.

On trouve à Sterzing en Tirol une roche formée par le schorl et la serpentine.

On a découvert dans le Comté de Mansfeld en Saxe une roche composée de jaspe et d'asbeste.

QUATRIÈME GENRE.

Roches formées par le mélange des pierres alumineuses avec d'autres espèces.

Ire. ESPÈCE. *Schiste et mica.*

Ce mélange forme plusieurs montagnes primitives ; le mica y est quelquefois en feuillets d'une certaine grosseur, mais plus souvent il y est en petits fragmens ; et la pierre prend un coup-d'œil brillant argentin, qui rend ces pierres agréables à la vue : dans ce dernier cas, la roche est presque blanche, sonore, se délite et forme des feuillets, tandis qu'elle est noirâtre et moins dure lorsque le mica y est dispersé en gros grains.

Ces sortes de schistes micacés ne se décomposent point ; ils diffèrent essentiellement du schiste pyriteux, dont la formation paroît postérieure à celle de celui-ci.

Ce schiste micacé est une pierre primitive ;

elle ne recèle point, ou au moins rarement, des minéraux, et ne se décompose point.

II^{de.} ESPÈCE. *Schiste et grenat.*

Le schiste contient souvent des grenats qui s'élèvent en bosses dans son tissu, et désunissent les couches qui le composent. Il y est crystallisé; et l'on diroit que cette pierre a poussé et presque végété dans celle qui lui sert d'enveloppe. Il y a apparence que le grenat a été envéloppé par cette pâte de schiste, ou qu'il s'y est formé lorsque cette pierre étoit encore presque fluide.

J'ai trouvé ce schiste rempli de grenats dans le lit de la rivière de *Bramabiou*, Diocèse d'Alais.

IIIe. ESPÈCE. *Schiste, mica et quartz mêlés en petits fragmens.*

Ce mélange est connu par les Allemands sous le nom de *gneiss*. Cette roche mérite d'être comprise parmi les quartzeuses et siliceuses; mais, comme elle se rapproche beaucoup des schistes primitifs dont nous venons de parler, nous suivrons la méthode naturelle pour classer celle-ci.

Le tissu de cette roche varie beaucoup: elle forme quelquefois une roche où l'on ne distingue ni couches ni fibres; d'autrefois elle paroît divisée en filamens contournés de mille manières, et souvent elle présente un tissu lamelleux et dur.

Il se trouve en grande masse ; la couleur en est d'un verd grisâtre, la surface luisante et polie comme l'ardoise, et il paroît que ce n'est qu'un granit à petits grains, auquel la finesse des parties a permis de prendre la forme feuilletée du schiste.

M. *Wiegleb* a donné l'analyse de celui de Friberg.

IVe. Espèce. *Schiste et schorl.*

Le mélange de ces deux pierres est assez commun ; le schorl y est par fois dispersé en filamens très-menus qui donnent une teinte noirâtre à la masse ; souvent la forme en est prismatique, et alors les fibres du schiste et les prismes du schorl forment des faisseaux par leur réunion.

On a trouvé dans les Pyrénées un schiste où le schorl est répandu d'espace en espace sous forme de corps oblongs, et semés également sur toute la masse.

Ve. Espèce. *Argile et quartz.*

C'est là ce qui constitue le grès argileux, où cette pierre, dans laquelle des fragmens de quartz sont liés entr'eux par un *gluten* argileux.

On peut distinguer plusieurs variétés de grès.

On le trouve souvent en masses informes, grossières et compactes ; on en fait des meules de moulin, des pavés, etc. La grosseur des fragmens quartzeux en rend la surface plus ou moins raboteuse ; et c'est ce qui le rend propre à certaines opérations de trituration.

Lorsqu'il est d'un grain plus fin, on en fait des pierres à aiguiser ; ce sont les principes quartzeux qui rendent les meules des Remouleurs si scintillantes, lorsqu'on les bat avec un briquet, ou qu'on les meut avec rapidité contre l'acier.

Le grès argileux est quelquefois écailleux : le *cos turcica* de *Wallerius*, et la pierre à faulz sont de ce genre.

Le grès fin composé de particules impalpables, est connu sous le nom de *Tripoli*, du nom de la contrée d'Afrique, d'où on l'a d'abord tiré : on le trouve aujourd'hui en Rouergue, en Bretagne, en Allemagne et ailleurs.

Le grès poreux, qu'on appelle *grès à filtrer*, par rapport à ses usages, est de la nature de ceux-ci.

Le quartz est quelquefois mêlangé avec le mica : notre Province en offre dans plusieurs endroits.

On trouve encore le mica, mêlé

1°. Avec le feld-spath. V. *Ferber*, *Kirwan*.

2°. Avec le schorl, au Mont hykie, en Dalécarlie, en Suède et à Sterzing en Tirol.

3°. Avec des grenats, à Paternion en Carinthie, au mont Carpath en Hongrie.

4°. Avec le grenat et le schorl, au greyner.
V. *Muller.*

5°. Avec le quartz, le feld-spath, le schorl.
Cette composition forme un des granits les plus
communs.

Les mêlanges de ces pierres, variés dans la
proportion des principes ou élémens, forment la
variété nombreuse des grànits ; les nuances de
couleur les modifient ensuite prodigieusement.

CINQUIÈME GENRE.

*Roches formées par le mélange et la réunion
des pierres quartzeuses entr'elles.*

Ire. ESPÈCE. *Quartz et schorl.*

Le quartz est, en général, blanc dans cette
roche, et le schorl de diverse couleur. Quelques-uns des pavés de Londres sont de cette
sorte, selon *Kirwan.* On trouve aussi le schorl
en crystaux dans l'épaisseur du quartz.

II^de. ESPÈCE. *Quartz et feld-spath.*

On m'a apporté des environs d'Avènes une
roche de cette nature ; la montagne d'où l'échantillon

tillon a été détaché , contient environ un tiers de quartz , le reste de la roche est du feld-spath rhomboïdal assez tendre , et présentant constamment le rhombe dans sa cassure.

Je possède un superbe échantillon de roche semblable , qui m'a été envoyé de Fahlun en Dalecarlie.

IIIe. ESPÈCE. *Grès et grenat.*

J'ai reçu , des mines de Tallard près de Gap dans le Dauphiné , des grès parsemés de grenats d'une à deux lignes de diamètre ; ces grenats sont dispersés sur toute la masse , et placés à trois ou quatre lignes l'un de l'autre.

IVe. ESPÈCE. *Quartz, feld-spath et schorl.*

Ce mélange est assez commun , et forme une grande partie des granits de notre globe.

Les proportions dans les élémens de cette roche , varient beaucoup ; mais la forme des pierres qui la composent ne varie pas moins : assez souvent le schorl y est crystallisé en prismes ; presque toujours le feld-spath présente des lames rhomboïdales sur la cassure de la roche ; rarement le quartz y offre des figures déterminées ; mais on l'a trouvé néanmoins en superbes crystaux à *Alençon* et ailleurs.

La couleur de ces pierres présente aussi des

K

nuances infinies : le schorl est ordinairement
noir , mais on le trouve quelquefois verd , et
même blanc comme dans quelques granits apportés d'Espagne. Le feld-spath est , pour l'ordinaire , d'un gris cendré ; mais il s'est présenté
couleur de chair , d'un blanc de lait, d'un rouge
sale , etc. La couleur la plus commune du quartz
est celle d'un corps graisseux ou vitreux. Il est
quelquefois noir.

Ve. Espèce. *Fragmens de quartz liés par un ciment siliceux.*

On peut classer ici les poudingues quartzeux ;
le ciment qui unit ces morceaux de quartz
communément arrondis , est la pâte du preto-
silex. Quelques-uns de ces poudingues sont si
compactes , la cassure en est si unie , qu'on
peut leur donner un beau poli , ils produisent le
plus bel effet par la variété de couleur que fournissent les divers cailloux assemblés par le même
gluten.

VIe. Espèce. *Jaspe et feld-spath.*

Cette roche est connue sous le nom de *porphyre* : le jaspe en fait le fond , et le feld-spath
y est parsemé en petites aiguilles ou en lames
parallélipipèdes. La couleur du porphyre varie
prodigieusement : le feld-spath qui entre dans

sa composition est, ou blanc, ou jaunâtre, ou rouge ; mais c'est toujours la couleur du jaspe qui détermine le nom qu'on donne au porphyre ; le jaspe est tantôt verd, tantôt noir, tantôt rouge, ce qui établit des variétés très-nombreuses.

Comme cette pierre est susceptible du plus beau poli, on l'a employée comme ornement ; et nos temples et nos maisons en ont été décorés.

M. *Ferber* a trouvé, dans le Tirol, du porphyre en colonnes prismatiques ressemblant à celles du basalte ; c'est ce qui ajoute un degré de probabilité de plus à l'opinion de ceux qui ont regardé le porphyre comme production volcanique.

L'on trouve des porphyres en Égypte, en Italie, en Allemagne, en Suède, en France, etc. M. *Dorthes* a porté, de diverses montagnes d'Auvergne, des échantillons de basalte porphyrique en table et en masse, contenant des crystaux de feld-spath bien prononcés et peu altérés.

Il a vu que les rochers de Chevanon, ancien couvent de Gramontin, à une lieue d'Artonne en Auvergne, étoient de très-beau porphyre. M. *Guettard* en a trouvé dans la forêt de l'Esterelle en Provence.

M. *Dorthes* a décrit plus de vingt variétés de porphyres, rejetés en galets par la méditerranée sur nos côtes, ils sont portés par le Rhône : on trouve dans plusieurs, du quartz transparent

K 2

avec la forme prismatique , et du feld - spath crystallisé.

Le porphyre se fond en un globule noir marqué par des points blancs.

La pesanteur spécifique du porphyre rouge est de 27651. V. *Brisson.* Celle du porphyre verd 26760. V. *Brisson.*

Le porphyre contient quelquefois du schorl ; *Wallerius* l'a décrit *porphir rubens. cum spatho scintillante albo et basalto nigro.*

VIIe. Espèce. *Jaspe et grenat.*

On a découvert cette roche en Islande ; le fond en est un jaspe verd qui renferme des grenats ferrugineux crystallisés et de couleur rouge.

VIIIe. Espèce. *Jaspe et calcédoine.*

La montagne des Géants en Bohème, a fourni cette roche ; on l'a aussi trouvée aux monts Carpath , près de Kaschau en Hongrie : on a observé aussi, à Oberstein dans le Palatinat, une roche composée d'agathe et de jaspe.

IXe. Espèce. *Jaspe et quartz.*

Cette roche appelée par *Linné* , *saxum sibericum* , a été trouvée en Sibérie : on en a trouvé aussi près de Stutgard dans le Duché de *Wurtemberg.*

Xe. Espèce. *Jaspe , quartz et feld-spath.*

Cette roche se trouve aux environs de Genève ; elle a pour fond un jaspe ou plutôt un petro-silex noir et opaque , très-dur ; cette matrice est parsemée de petits crystaux rectangulaires de feld-spath blanc et de grains arrondis de quartz transparent. M. *de Saussures* qui nous en a donné la description la place parmi les porphyres.

XIe. Espèce. *Schorl , grenat et tourmaline.*

M. *Muller* a découvert dans le Schneeberg , montagne du territoire de sterzing en Tirol , une semblable roche renfermant de gros crystaux de tourmaline , lesquels contiennent de petits grenats crystallisés , transparens et de couleur rouge.

M. *Ferber* dit qu'il a trouvé , entre Faistritz et Carnowitz en Stirie , des morceaux détachés de schorl verd qui renferment de grands grenats rouges. Il ajoute que ce schorl est quelquefois écailleux et d'un tissu micacé.

M. *de Saussure* a trouvé , aux environs de Genève , des pierres roulées composées de schorl en masse et de grenat.

La méditerranée nous rejette plusieurs variétés de porphyres roulés , qui ont pour base du schorl en masse.

SIXIÈME GENRE.

Roches sur-composées, ou celles qui résultent du mélange et de la réunion de plusieurs genres différens.

Ire. ESPÈCE. *Petro - silex, alumine, spath calcaire.*

On trouve cette roche à Schneeberg en Saxe.

II^de. ESPÈCE. *Argile, stéatite, spath calcaire.*

Cette espèce, ainsi que les deux suivantes, sont comprises dans ce qu'on a désigné sous le nom de *saxa glandulosa*. La steatite, le spath et les autres substances se trouvent répandus dans la matière qui fait le fond de la roche.

IIIe. ESPÈCE. *Argile, zeolithe, schorl, spath calcaire.*

IVe. ESPÈCE. *Argile, serpentine, spath calcaire.*

V^e. ESPÈCE. *Serpentine, mica, spath calcaire.*

M. *Ferber* a décrit cette dernière espèce sous le nom de *polzevera*, dénomination qui lui a été fournie par l'endroit où elle se trouve. Voyez *ses lettres sur l'Italie.*

VIe. Espèce. *Serpentine , schorl , pierre calcaire.*

Cette roche environne les filons de la mine de SS. Simon et Jude , à Dognaska dans le Bannat de Temesward ; elle se trouve aussi aux mines de cuivre de Saska et à Hoferschlag , près de Schemnitz en basse Hongrie.

VIIe. Espèce. *Steatite , mica et grenats.*

On trouve cette roche à Handol en Jempterland vers le nord de la Suède. *Born* ind. foss. pars. 11.

VIIIe. Espèce. *Stéatite , mica et schorl.*

Cette roche a été trouvée à Salberg en Westmannie , province de Suède. *Born* ind. foss. pars 11.

IXe. Espèce. *Grenats , quartz , mica et serpentine.*

Celle-ci contient un peu de pyrite ; on la trouve à Pusterthal en Tirol V. *Bruchmann.*

Xe. Espèce. *Feld-spath , quartz , mica , stéatite.*

Plusieurs granits sont formés par un pareil mélange : on en trouve à Sunneskog en Suède et au Guten Hoffnangsban près d'Altwoschitz en Bohème. C'est le *granites stéatite mixtus* de *Born.*

XIᵉ· Espèce. *Quarz, mica et argile.*

Cette roche sert de matrice à la mine d'étain à Platte et à Gottesgab en Bohème.

XIIᵉ· Espèce. *Quartz, argile et steatite.*

On trouve celle-ci au mont Saint-Godard en Suisse.

DU DIAMANT.

Le diamant forme un *appendix* à l'histoire des pierres ; sa combustibilité ne l'assimile à aucune autre espèce connue.

On a regardé pendant long-temps le diamant comme la pierre la plus dure, la plus pesante et la seule qui ne causât point une double refraction ; mais des observations ultérieures ont détruit ces premières idées. Le spath adamantin paroît aussi dur ; le rubis oriental et le jargon de Ceylan sont plus pesans, et les pierres précieuses orientales ne présentent qu'une refraction de même que le spath phosphorique.

Cette pierre précieuse se trouve sur la côte de Coromandel, et principalement dans les Royaumes de Golconde et de Visapour ; la terre qui lui sert de gangue est rouge, ochreuse, teignant les doigts.

En général, pour exploiter les mines ou les

terres à diamans, on délaye la terre dans l'eau, on fait ensuite couler ce fluide, et l'on trie au grand soleil le sable qui reste au fond. V. *les mém. du Comte Maréchal.*

D'autres Naturalistes nous ont appris que lorsqu'on a lavé les terres, on laisse dessécher le résidu, et on le vanne dans des paniers faits exprès ; les ouvriers cherchent ensuite les diamans à la main. V. *Valmont de Bomare.*

Les diamans sortant de la terre sont encroûtés de deux couches, l'une terreuse, l'autre spathique. V. M. *Romé de Lisle.*

Lorsque les lapidaires veulent les travailler, ils sont obligés de chercher le fil de la pierre pour fendre ou *cliver* le diamant ; si la direction n'est pas uniforme, on l'appelle *diamant de nature.* La dureté du diamant est telle, qu'il résiste à l'acier le mieux trempé, et qu'il faut l'attaquer par lui-même, et employer à cet effet la poudre de diamant qu'on appelle *égrisée.*

La manière dont les diamans sont taillés, les fait distinguer en *diamant rose* et *diamant brillant* ou *brillanté* : le diamant rose est celui qui est taillé à facettes des deux côtés. La variété des formes qu'on donne aux facettes, et l'inclinaison différente qu'elles présentent les unes par rapport aux autres, multiplient les refractions, et contribuent à former ces reflets et ces jets de lumière pure et vive qui caractérisent le diamant.

On divise les diamans, en diamans d'Orient et diamans du Brésil.

Le diamant d'Orient crystallise en octaèdres, et offre toutes les variétés de cette forme primitive.

Celui du Brésil crystallise en dodécaèdres; il est moins dur, moins pesant, moins parfait, et moins précieux que celui d'Orient.

Le diamant blanc a une pesanteur qui est à celle de l'eau comme 35212 à 10000. M. *Brisson* a déterminé cette gravité sur le *pitt* de la couronne : un pied cube de ce diamant peseroit 246 livres 7 onces 5 gr. 69 grains.

Le diamant est quelquefois coloré en verd, en violet, en noir, etc. Les verds sont les plus estimés, parce qu'ils sont les plus rares; la gravité des diamans colorés est plus forte que celle du diamant blanc, parce qu'elle s'accroît de celle du principe colorant qui est métallique.

L'éclat, la dureté, le feu et la rareté du diamant lui ont conservé une valeur extravagante. On appelle diamant d'une belle eau ceux qui ne présentent aucune défectuosité, aucune tache; et le prix en est proportionné à la pureté.

Lorsqu'un diamant est sans défaut, on estime sa valeur d'après son poids, qu'on détermine ou qu'on divise par karats, et chaque karat équivaut à environ 4 grains.

Les plus beaux diamans connus sont 1°. les

deux de la couronne du Roi de France, dont l'un est le *grand sancy* pesant 106 karats, et l'autre le *pitt* qui pese 7 gros 25 $\frac{1}{16}$ grains; il a 14 lignes de long, 13 $\frac{1}{2}$ de large et 9 $\frac{1}{3}$ d'épaisseur. 2°. Le diamant qui appartient aujourd'hui à la Czarine pese 779 karats : l'Impératrice l'acheta, en 1772, douze tonnes d'or, et assura une pension de quatre mille roubles au vendeur. On prétend que ce beau diamant étoit un de ceux qui ornoient les yeux de la fameuse statue de Schéringam qui a huit bras et quatre têtes, et qu'il fut enlevé par un déserteur François, qui étoit parvenu à être préposé à la garde du temple de Brama : ce diamant fut vendu d'abord 50,000 livres; puis environs 400,000 livres; enfin acheté par l'Impératrice de Russie.

La combustibilité du diamant est un phénomène assez intéressant, pour que nous croyons devoir rapporter ici l'extrait fidèle des principaux travaux qui ont servi à avancer nos connoissances sur ce sujet.

Boyle avoit observé, depuis long-temps, que le diamant exposé à un feu violent donnoit des vapeurs âcres.

L'Empereur François premier fit exposer au feu de reverbère, pendant vingt-quatre heures, des creusets dans lesquels on avoit mis pour six mille florins de diamans et de rubis; les diamans disparurent, les rubis ne furent pas altérés ; on répéta ces expériences avec magnificence , et on s'assura que le diamant perdoit de son poli, s'effeuilloit et se dissipoit.

Le grand Duc de Toscane, en 1694, fit faire des expériences par MM. *Averoni* et *Targioni* au miroir de *Schirnausen*, et on vit que les diamans disparoissent en quelques minutes.

En 1772 , les expériences ont été reprises par les habiles chimistes de Paris , MM. *Darcet*, le *Comte de Lauragais*, *Cadet* , *Lavoisier* , *Mitouard* , *Macquer*, etc. On peut voir les détails des expériences intéressantes faites à ce sujet, dans les volumes de l'Académie des sciences et les journaux de physique de cette année ; nous nous bornerons à en faire connoître les résultats.

1°. MM. *Darcet* et le *Comte de Lauragais* ont prouvé que le diamant se volatilisoit dans les boules de porcelaine.

2°. M. *Macquer* a observé que le diamant se dilatoit et se gonfloit, et qu'on appercevoit une flamme bleue à la surface pendant la combustion.

3°. MM. *Lavoisier* et *Cadet* ont prouvé que la combustion des diamans, dans les vaisseaux clos, cessoit dès que l'oxigène étoit détruit, et que le diamant ne brûloit qu'en raison de l'oxigène comme les autres corps combustibles. Les Joaillers qui exposent leurs diamans à des feux très-violens pour les blanchir, ont soin de les envelopper de façon à les garantir du contact de l'air.

M. *de Saussure* a brûlé le diamant au chalumeau. M. *Lavoisier* a prouvé que, lorsqu'on l'exposoit au miroir ardent, il s'en élevoit une poussière qui précipitoit l'eau de chaux.

Le diamant est donc un corps combustible qui brûle à la façon des autres corps : cette conséquence rigoureuse est déduite de toutes les expériences quon a pu imaginer pour acquérir cette démonstration.

On a découvert en chimie, depuis quelques années, une pierre très-singulière à laquelle on a donné le nom de *spath adamantin* de *Berg-mann.*

Elle est noire et a une telle dureté, que sa poudre peut servir à tailler le diamant ; ce qui lui a fait donner son nom.

Elle crystallise en prismes hexaèdres, ou à six pans, dont deux grands et quatre petits.

Sa pesanteur spécifique est de 38732, par rapport à celle de l'eau qu'on suppose de 10000. V. *Brisson :* le pied cube pese 271 liv 1 once, 7 gros, 63 grains.

Le feu le plus violent ne produit qu'un léger ramollissement sur ce spath, d'après les expériences de M. *Lavoisier.*

L'analyse que M. *Klaplorh* a faite de cette

pierre, lui a présenté une terre particulière qu'on
a soupçonnée pouvoir être également un des
principes des pierres précieuses, etc.

VUES GÉNÉRALES SUR LES DÉCOMPO-SITIONS ET LES CHANGEMENS QUE SUBIT LA PARTIE PIERREUSE DE NOTRE GLOBE.

S'il étoit permis à l'homme de suivre, pendant
plusieurs siècles, les divers changemens qu'ap-
portent à la surface de notre globe les agens
nombreux qui l'altèrent, nous aurions déjà des
connoissances précises sur ces grands phénomènes ; mais, jettés presque au hazard sur un
point de ce vaste théatre d'observations, nous
fixons un moment des opérations que la nature
travaille depuis des siècles ; et nous ne pouvons
ni voir ni prédire les résultats, parce que plusieurs siècles suffisent à peine pour rendre les
effets ou les changemens sensibles. La nature est
de tous les temps ; son activité a été liée à l'existence de la matière ; ses opérations ne sont point
circonscrites par des termes rapprochés ; elle
dispose des siècles, et les fait entrer dans ses
combinaisons, tandis que l'homme ne dispose
que de quelques instants, et disparoît au moment qu'il est parvenu à lier quelques faits :
de-là vient, sans doute, que la nature est in-

compréhensible dans quelques-unes de ses opérations, et inimitable dans toutes celles qui demandent beaucoup de temps.

Il faut convenir que les hommes qui, par le seul secours de leur imagination, ont tâché de se faire des idées sur la formation et les grands phénomènes de ce globe, ont bien des droits à notre indulgence : on ne voit, dans cette conduite, que les efforts du génie tourmenté du desir de connoître et irrité du peu de moyens que la nature lui a confiés pour y parvenir ; et, lorsque ces Naturalistes, tels que M. de Buffon, ont su embellir leurs hypothèses de tout ce que l'imagination et l'éloquence peuvent fournir d'illusion et d'agrémens, nous leur devons alors de la reconnoissance.

Quant à nous, nous nous bornerons à présenter quelques idées sur les décompositions successives de notre planète, et nous tâcherons de ne pas nous écarter de l'observation et des faits.

Nous voyons d'abord que les êtres vivans ne s'entretiennent et ne se perpétuent que par des décompositions et des combinaisons successives; un coup-d'œil sur le règne minéral nous y présente les mêmes changemens; et notre globe nous offre, dans toutes ses productions, des modifications continuelles, et un cercle d'activité qui paroissoit incompatible avec l'inertie apparente des produits lithologiques.

Pour classer nos idées avec plus de méthode, nous pouvons envisager ce globe dans deux états différens : nous examinerons d'abord la roche primitive qui en fait le noyau ou le centre, qui paroît ne contenir aucun germe de vie, ne renfermer aucun débris, aucune dépouille d'être vivant, et que tout nous annonce de formation primitive et antérieure à la création des corps animés ou végétans ; nous suivrons les divers changemens qu'y apporte journellement l'action destructive des corps qui l'altèrent ou la modifient.

Nous examinerons ensuite quelles sont les pierres qui ont été apposées successivement sur celle-ci, et quelles sont les décompositions qui surviennent à ces roches secondaires.

I°. Les observations des Naturalistes se réunissent pour prouver que le noyau du globe est formé par cette roche connue sous le nom de *granit* : les profondes excavations que l'art ou les torrens ont faites à notre planète, ont toutes mis à nud cette roche, et n'ont pas pu pénétrer au-dessous. On peut donc la considérer comme le noyau du globe ; et c'est sur elle que reposent toutes les matières de formation postérieure.

Le granit nous présente beaucoup de variétés, dans sa forme, sa composition et sa disposition ; mais c'est, en général, l'assemblage de quelques pierres siliceuses, telles que le quartz, le schorl,

le

le feld-spath, le mica, etc.; et la grosseur plus ou moins considérable de ces élémens du granit, l'a fait diviser en *granit à gros grains* et *granit à petits grains*.

Il me paroît qu'on ne peut pas se refuser à reconnoître que ces roches doivent leur arrangement à l'eau ; et s'il nous étoit permis de remonter par l'imagination (1) jusqu'à cette époque où, selon les Historiens sacrés et profanes, la terre et l'eau étoient confondues, et le mêlange confus de tous les principes formoit le *cahos*, nous verrions que les loix de la pesanteur inhérentes à la matière, ont dû emmener et nécessiter l'arrangement que l'observation nous montre aujourd'hui : l'eau, comme plus légère, a dû s'épurer, se filtrer et gagner la surface ; les principes terreux ont dû se précipiter et former une boue dans laquelle tous les élémens des pierres étoient confondus : dans cet ordre très-naturel de choses, la loi générale des affinités, qui tend sans cesse à rapprocher toutes les parties analogues, s'est exercée avec toute son activité sur les principes de cette pâte presque fluide : et il a dû en résulter des corps mieux prononcés,

---

(1) C'est la première et la dernière supposition que je me permettrai ; d'ailleurs, cette conjecture est indifférente au fond du sujet lui-même, puisqu'elle n'a pour objet qu'une hypóthèse sur la manière dont a pu se former une roche qui existe, et dont nous ne devons observer que les décompositions.

L

des crystaux plus ou moins réguliers ; et, de cette boue, où étoient confondus les principes des substances pierreuses qui composent le granit, est sortie une roche dans laquelle les pierres qui en forment les élémens, ont toutes leur forme et leurs caractères distincts. C'est de cette manière que nous voyons se développer des sels de nature très-différente dans les eaux qui les tenoient en dissolution ; c'est encore de cette manière que se forment les crystaux de spath et de gypse dans les argiles qui en contiennent les principes.

On concevra sans peine que les loix de la pesanteur ont dû influer sur l'arrangement et la disposition des produits. Les matières les plus grossières et les plus pesantes ont dû se précipiter, et les substances légères et divisées s'arranger à la surface de ces premières ; et c'est ce qui constitue les schistes primitifs, les skneis, les roches de mica, etc. qui reposent assez communément sur des masses de granit à gros grains.

La disposition du granit à petits grains, par couches ou feuillets, me paroît dépendre de sa position et de la finesse ou ténuité de ses parties : placé dans un contact immédiat avec l'eau, ce fluide a dû naturellement influer sur l'arrangement qu'il nous présente ; et les élémens de cette roche, soumis à l'effet des vagues et à l'action des courants, ont dû former des couches.

Les roches de granit une fois établies comme noyau du globe, nous pouvons, d'après l'analyse des principes constituans de cette roche, et d'après l'action des divers agens qui peuvent l'altérer, suivre pas à pas les dégradations qui sont survenues.

L'eau est le principal agent, dont nous examinerons les effets. Ce fluide, puisé dans le sein des mers, est poussé par les vents jusques sur les montagnes les plus élevées : là, il se précipite en pluie et forme des torrens qui se rendent avec plus ou moins de rapidité dans le réservoir commun : ce mouvement et cette chûte non-interrompus, atténuent peu-à-peu les roches les plus dures et entraînent leurs débris pulvérulens à des distances plus ou moins considérables : l'action de l'air et la diverse température de l'atmosphère, facilitent l'atténuation et la destruction de ces roches ; la chaleur en dessèche la surface et la rend plus accessible et plus perméable à l'eau qui succède ; le froid la divise en gelant l'eau dans leur tissu ; l'air lui-même fournit de l'acide carbonique qui attaque la chaux et la fait effleurir ; l'oxigène s'unit au fer et le calcine ; de sorte que ce concours de causes favorise la désunion des principes, et conséquemment l'action de l'eau qui nettoie la surface, entraîne les débris et prépare une décomposition ultérieure.

Le premier effet de la pluie est donc d'abaisser les montagnes. Mais les pierres qui les composent doivent résister en raison de leur dureté; et nous devons être peu surpris de voir des pics qui ont bravé l'action destructive du temps, et nous attestent encore le niveau primitif des montagnes qui ont disparu. Ces rochers primitifs, également inaccessibles aux injures des siècles et aux êtres animés qui couvrent de leurs dépouilles des montagnes moins élevées, peuvent être regardés comme la source ou l'origine des fleuves et des rivières : l'eau qui tombe sur leur sommet, s'échappe en torrens par les surfaces latérales; elle use dans son trajet le sol sur lequel elle agit sans cesse; elle se creuse un lit plus ou moins profond, selon la rapidité de sa course, le volume de ses eaux, la dureté de la roche qui la retient, et emporte avec elle les portions et les débris des pierres qu'elle arrache dans son cours.

Ces pierres roulées, se heurtant, se froissant dans leur trajet, leurs angles saillans se brisent par le choc, et il en résulte bientôt des cailloux arrondis qui forment les *galets* des rivières; ces galets diminuent en grosseur à proportion qu'on s'éloigne des montagnes qui les fournissent; et c'est à cette cause que M. *Dorthes* a rapporté la grosseur disproportionnée des cailloux qui constituent nos anciens atterrissemens avec celle de ceux qui forment les nouveaux : car, la mer s'étendant autrefois beaucoup en-deçà dans la direction du Rhône, les cailloux qu'elle recevoit des rivières et qu'elle rejetoit sur les plages, n'avoient point parcouru un si long espace dans leurs lits que celui qu'ils parcourent aujourd'hui. C'est ainsi que les débris des Alpes entraînés par le Rhône ont recouvert successivement l'intervalle immense compris entre les montagnes du Dauphiné et du Vivarais, et sont portés jusques dans l'intérieur de nos mers, qui les déposent en petits galets sur leurs bords.

Les débris pulvérulens des montagnes, la poussière qui résulte de l'arrondissement des cailloux, sont entraînés avec plus de facilité que les cailloux eux-mêmes; ils flottent, pendant long-temps, dans l'eau dont ils troublent la transparence; et, lorsqu'enfin ces mêmes eaux sont moins agitées, et que leur cours est rallenti, ils se déposent en une pâte fine et légère qui forme des couches plus ou moins épaisses, et dont la nature est analogue à celle des roches qui leur ont donné naissance; ces couches se dessèchent peu-à-peu par le rapprochement de leurs principes, prennent de la consistance, acquièrent de la dureté et forment les argiles siliceuses, les silex, les petro-silex et toute la classe nombreuse de cailloux, qu'on trouve dispersés par couches ou par bancs dans les anciens lits des rivières.

M. *Pallas* a observé le passage de l'argile au silex dans le ruisseau de Sunghir près de Wolodimer : M. *J. W. Baumer* l'a également observé dans la Hesse supérieure.

Plus souvent encore le limon se dépose dans les interstices que laissent entr'eux les cailloux roulés, il remplit cet intervalle, et il en résulte un véritable ciment, qui prend de la dureté et forme ce qui est connu sous le nom de *poudingues* et de *grès* ; car ces deux espèces de pierre ne me paroissent différer que par la grosseur du grain qui les forme et du ciment qui les lie.

Nous voyons quelquefois des granits se décomposer d'eux-mêmes : le tissu des pierres qui les forment se relâche, les principes se désunissent et se séparent, et les eaux les emportent à proportion. J'ai vu, près de *Mende*, à côté du *Chastel-nouvel*, le plus beau kaolin, sur la surface d'un granit en décomposition ; et cette même roche se décompose dans plusieurs autres endroits de notre Province. Il m'a paru que c'étoit sur-tout le feld-spath qui s'altéroit le premier.

La plupart des pierres siliceuses formées par le dépôt des eaux fluviatiles, et durcies par le laps du temps, subissent aisément une seconde décomposition ; le fer est le principal agent de ces altérations secondaires ; et sa calcination, déterminée par l'air ou l'eau, entraîne la désunion des principes. On peut prendre la nature sur le fait, dans l'examen attentif des altérations des pierres à fusil, des variolites, des porphyres, des jaspes, etc.

La décomposition des silex, des calcédoines, des agathes, et généralement de toutes les pierres de ce genre qui jouissent d'une certaine transparence, me paroît devoir être rapportée à la volatilisation de l'eau qui fait un de leurs principes et leur donne la transparence.

On peut considérer celles-ci comme des crystallisations ébauchées; et, lorsque l'eau se dissipe, elles effleurissent à la manière de quelques sels neutres; de là vient que la décomposition s'annonce par l'opacité, la teinte blanche, la perte de consitance et de dureté, et finit par présenter une poudre très-tènue et quelquefois très-blanche; c'est sur-tout cette décomposition qui forme les argiles.

Il y a des *silex* dont les altérations forment de la marne effervescente; ceux-ci ne me paroisssent point de la nature des roches primitives; ils ont la même origine que les pierres calcaires, dont ils ne diffèrent que par la proportion très-forte de l'argile; c'est de cette nature que sont ceux que nous trouvons si abondamment dans les dépôts calcaires qui nous entourent.

L'eau qui s'infiltre dans les montagnes de roche primitive, entraîne souvent avec elle les

particules très-divisées de quartz , et va former , en les déposant , des stalactites , des agathes , des crystaux de roche , etc. Ces stalactites
quartzeux , différemment colorés , ont une formation assez analogue à celle des albatres calcaires , et nous ne trouvons de différence que
dans les principes qui les constituent.

IIº. Nous venons d'exposer en peu de mots
les principaux changemens et les diverses modifications qui ont été apportés à la roche primitive. Nous n'y avons observé ni germe ni vie ;
et les métaux , le soufre , les bitumes ne se sont
point présentés à nos yeux ; leur formation paroît
postérieure à l'existence de ce globe primitif ; et
les altérations et décompositions qu'il nous reste
à examiner à présent , paroissent produites par
la classe des êtres vivans ou organisés.

Nous voyons , d'un côté , la classe nombreuse
d'animaux à coquilles , accroître de leurs débris
la masse pierreuse de notre globe ; leurs dépouilles , long-temps agitées et brassées par les vagues,
plus ou moins altérées par le choc et les secousses , forment ces couches ou ces bancs de pierre
à chaux , dans lesquels nous appercevons très-
souvent l'empreinte de la coquille qui leur donne
naissance.

Nous voyons , d'un autre côté , des végétaux
nombreux croître et périr dans la mer ; et ces
plantes , pareillement déposées et amoncelées par

les courans ; forment des couches qui se décomposent, se *désorganisent* et laissent tous les
principes du végétal confondus avec le principe
terreux : c'est là l'origine qu'on donne ordinairement au charbon de pierre et au schiste sécon-
daire ; et cette théorie est établie sur l'existence du
tissu très-reconnoissable des végétaux décomposés
dans les schistes et les charbons, et sur la présence des coquilles et des poissons de mer dans
la plupart de ces produits.

Il me paroît que l'on doit encore rapporter la
formation de la pyrite à la décomposition végétale : elle existe, plus ou moins abondamment,
dans tous les schistes et charbons. J'ai trouvé
une pèle de bois, enfouie dans les dépôts de la
rivière de Cèze, convertie en jayet et en pyrite.
On peut faire concourir, avec cette cause, la
décomposition des matières animales ; ce qui
me paroît autoriser ces idées, c'est que nous
trouvons beaucoup de coquillages passés à l'état
de pyrite.

Non-seulement les végétaux marins forment
des couches considérables par leurs décompositions ; mais les débris de ceux qui croissent
à la surface du globe, doivent être comptés
parmi les causes ou agens qui concourent à
produire des changemens sur ce globe.

Nous considérerons séparément ce qui est dû
à ces diverses causes, et nous en suivrons les

effets, comme si chacune étoit seule employée à modifier et à altérer notre planette.

1°. Les montagnes calcaires sont constamment apposées sur la surface des montagnes primitives ; et, si quelques observations éparses nous présentent un ordre contraire, nous devons regarder cette interversion et ce dérangement comme produits par des bouleversemens qui ont changé la disposition primitive : j'observerai même que, quelquefois, le désordre n'est qu'apparent ; et des Naturalistes peu instruits ont décrit des montagnes calcaires comme gisantes sous le granit, parce que celui-ci perce, pour ainsi dire, cette enveloppe, s'élève à une plus grande hauteur, et laisse à ses pieds, et presque sous lui, les débris calcaires déposés à sa base. Quelquefois même la pierre à chaux remplit, dans une très-grande profondeur, les crevasses ou fentes pratiquées dans le granit : j'ai vu, dans le Gévaudan du côté de Florac, une profonde ouverture faite dans le granit et remplie par de la pierre calcaire ; ce filon a une profondeur connue de plus de 150 toises, sur 2 à 3 de diamètre.

Il arrive encore assez souvent que les eaux qui se chargent des débris du granit primitif, les entassent ; et forment des granits secondaires qui peuvent exister sur la pierre calcaire.

Ces montagnes calcaires se décomposent par

l'action combinée de l'air er de l'eau , et le produit de leur décomposition forme quelquefois de la craie ou de la marne.

La légéreté de cette terre permet facilement à l'eau de la transporter : et ce fluide , qui n'a point la propriété de la tenir en dissolution , la dépose bientôt , et forme les gurhs , les albatres , les stalactites , etc. Les spaths ne reconnoissent pas d'autre cause pour leur formation ; cette crystallisation est postérieure à l'origine des montagnes calcaires.

Les eaux entament et décharnent plus aisément les montagnes calcaires; leurs débris , comme très-légers , sont entraînés et plus ou moins broyés; quelquefois , les fragmens de ces roches sont liés par un gluten ou un ciment de même nature , et il en résulte le grès calcaire et les brêches ; d'autrefois , ces débris calcaires se déposent sur du sable quartzeux ; et cette réunion de matière primitive et de produits secondaires donne naissance à une roche mi-partie commune dans notre Province.

2°. Les montagnes de schiste secondaire ne nous présentent souvent qu'un pur mêlange de principes terreux , sans le moindre vestige de bitume : ces roches fournissent , à l'analyse , de la silice , de l'alumine , de la magnésie , de la chaux à l'état de carbonate et du fer ; ces principes y sont plus ou moins unis , plus ou moins liés, et conséquemment plus ou moins accessibles à l'action des agens qui détruisent les roches dont nous venons de parler.

Ces mêmes principes désunis et transportés par les eaux, donnent naissance à une grande partie des pierres que nous avons comprises dans le genre des *magnésiennes* ; ces mêmes élémens charriés par l'eau, et déposés avec les précautions convenables pour faciliter la crystallisation, forment les schorls, la tourmaline, les grenats, etc.

Nous ne prétendons pas exclure par-là, et rejeter absolument le systême des Naturalistes qui attribuent la formation des pierres magnésiennes à la décomposition des roches primitives; mais nous croyons qu'on ne peut pas se refuser à reconnoître cette formation pour plusieurs d'entr'elles, sur-tout pour celles où la magnésie est plus abondante.

Il arrive souvent que les schistes secondaires sont parsemés de pyrites ; et, dans ce cas, le simple contact de l'air et de l'eau en facilite la décomposition : il se forme de l'acide sulfurique qui se combine avec les divers principes constituans de la pierre, et il en résulte des sulfates de fer, de magnésie, d'alumine, de chaux, qui effleurissent à la surface, et restent confondus. On exploite des schistes de cette nature dans presque tous les endroits où l'on a établi des atteliers d'alun ; et les plus pénibles travaux de cette exploitation consistent à séparer entr'eux les sulfates de fer, de chaux et de magnésie qui y sont mêlés ; quelquefois la magnésie y est assez abondante pour que ce sulfate prédomine ; j'ai vu des montagnes de schiste de cette nature. Le sulfate de chaux, comme peu soluble dans l'eau, est entraîné par ce liquide, et déposé pour former des couches de gypse ; tandisque les autres sels beaucoup plus solubles restent en dissolution, et forment les eaux minérales vitrioliques.

Les schistes pyriteux sont souvent imprégnés de bitume, et les proportions forment les diverses qualités de mines de charbon.

Il me paroît qu'on peut poser, comme un principe incontestable, que la pyrite y est d'autant plus abondante que le principe bitumineux y est plus rare : de-là vient que les charbons de mauvaise qualité sont plus sulfureux, et détruisent les chaudières de métal en les pyritisant. C'est un schiste de cette nature qui paroît former le foyer des volcans ; et nous retrouvons dans l'analyse des matières pierreuses qui sont rejetées, les mêmes principes que ceux qui constituent ce schiste. Nous devons donc être peu surpris de trouver des schorls dans les produits volcaniques ; et nous devons l'être moins encore de voir que les feux souterrains nous portent, des entrailles de la terre, des sels sulfuriques, du soufre et autres produits analogues.

3°. La dépouille des végétaux terrestres nous présente un mélange de terres primitives plus ou moins colorées par le fer. On peut donc la regarder comme une matrice dans laquelle sont dispersés les germes de toutes les combinaisons pierreuses : les principes terreux s'assortissent par les loix de leurs affinités ; il s'y forme des crystaux de spath, de plâtre, et même des crystaux de roche, selon toutes les apparences ; car nous trouvons des terres ochreuses dans lesquelles ces crystaux sont abondamment dispersés ; nous les voyons presque se former sous nos yeux. J'ai observé assez souvent des ochres durcies, pleines de ces crystaux à deux pyramides.

Les terres ochreuses me paroissent mériter la plus grande attention de la part des Naturalistes : c'est un des moyens les plus fertiles que la nature connoisse ; c'est même dans des terres à peu près semblables qu'elle paroît travailler le diamant dans les Royaumes de Golconde et de Visapour ; et l'on diroit, s'il étoit permis de finir par une fiction purement poétique, que l'élément du feu, bien-loin de se perdre par la dissipation des principes combustibles du végétal, s'est épuré pour former cette pierre précieuse éminemment combustible, et que la nature a voulu nous prouver que les termes de destruction et de mort sont relatifs à la grossiéreté de nos sens, et qu'elle n'est jamais plus féconde que lorsque nous la jugeons au moment de s'éteindre.

La dépouille des animaux qui vivent à la surface du globe, mérite quelque considération dans le nombre des causes que nous assignons pour expliquer les divers changemens qu'éprouve notre planète. On trouve des ossemens assez conservés dans certains endroits; on peut même assez souvent distinguer l'espèce d'animaux à laquelle ils ont appartenu; c'est même, d'après ces sortes de témoignages, qu'on a prétendu pouvoir expliquer le déplacement de certaines espèces, et conclure de-là, ou un refroidissement sensible dans notre planète, ou un changement sensible dans la position de l'axe de la terre. Les sels phosphoriques et le phosphore, qu'on a trouvés, de nos jours, combinés avec le plomb, le fer, etc., annoncent, qu'à mesure que les principes se dégagent par la décomposition animale, ils se combinent avec d'autres corps, ce qui forme l'acide nitrique, les alkalis, et généralement la liste nombreuse des sels nitreux.

TROISIÈME PARTIE.

DES SUBSTANCES MÉTALLIQUES.

INTRODUCTION.

LEs substances métalliques sont distinguées de toutes les autres productions du globe, par une opacité absolue, une pesanteur plus forte que celle des autres matières, et un brillant qui n'appartient qu'à cette classe de corps.

Les usages multipliés des métaux dans les arts, leur emploi dans la médecine, la place qu'ils occupent dans l'histoire naturelle de notre planète, rendent leur étude intéressante et nécessaire.

1°. Un des caractères distinctifs des métaux, c'est leur opacité : la pierre la plus opaque, divisée en feuillets très-minces, prend de la transparence, tandis que la lame la plus ténue de métal conserve la même opacité que la masse; c'est cette propriété vraiment caractéristique qui les fait employer dans les arts, pour réfléchir ou renvoyer l'image des objets ; une couche assez mince d'étain et de mercure fixée sur la surface d'un verre en fait une glace ou miroir, et l'acier bien poli forme les miroirs des télescopes,

M

La dureté d'un métal contribue singulièrement à faciliter la réflexion des objets , puisqu'elle lui permet de prendre un beau poli ; mais la couleur doit nécessairement concourir pour le rendre parfait ; car ses nuances font qu'il absorbe plus ou moins de rayons. Le grand défaut des miroirs de métal , c'est que la surface se salit par l'altération inévitable que l'action de l'air et de l'humidité doit produire.

2°. La pesanteur est encore un caractère d'après lequel nous pouvons reconnoître une matière métallique : un pied cube de marbre pèse 190 livres ; un pied cube d'étain en pèse 510 et un pied cube d'or 1348.

3°. Les métaux ont aussi en général la facilité de s'étendre et de s'aplatir quand on les frappe ou qu'on les soumet à une pression forte et graduée : cette propriété est connue sous le nom de *ductilité*. Tous les métaux ne jouissent point de cette qualité ; mais ceux qui possèdent le plus éminemment les qualités métalliques en sont pourvus ; et nous pouvons distinguer trois états de ductilité relativement à la manière dont elle est modifiée par les divers procédés usités ; 1°. la ductilité sous le marteau ; 2°. la ductilité à la filière ; 3°. la ductilité au laminoir.

Les métaux ductiles sous le marteau , se présentent dans l'ordre suivant , l'or , l'argent , le cuivre , le fer , l'étain et le plomb.

Les métaux ductiles à la filière forment la série qui suit : l'or, le fer, le cuivre, l'argent, l'étain, le plomb. Comme dans l'opération de la filière on tire à force le métal pour le faire passer à travers des trous de divers calibres et le réduire en fils, les métaux ne résistent à cette prodigieuse extension que par leur ténacité plus ou moins forte ; aussi M. *de Fourcroy* a-t-il distingué cette ductilité de la première, en l'attribuant uniquement à la tenacité des métaux.

Il est des métaux qui ne sont ductiles ni au marteau ni à la filière, et qui le deviennent très-fortement lorsqu'on leur applique une pression égale et graduée, tel est le zinc que M. *Sage* a réduit en lames très-minces et très-flexibles par le moyen du laminoir.

La chaleur favorise la ductilité de tous les métaux ; elle écarte les parties intégrantes et forme des espaces ou des interstices qui permettent aux molécules comprimées de s'aplatir et de s'étendre ; c'est ce qui engage les Artistes à emprunter le secours de la chaleur pour travailler aisément les métaux ; sans cette précaution ils s'*écrouissent* ou se déchirent, parce que les molécules trop rapprochées ne peuvent pas céder sous le marteau.

La ductilité des métaux nous permet d'en disposer à notre gré ; et c'est sur cette admirable propriété que sont fondés presque tous les arts

qui ont le travail des métaux pour objet :
sans elle ce seroient des blocs informes ou des
masses grossières , tels que la fonte pourroit
nous les fournir ; mais nous serions privés de
cette foule d'objets variés que les arts ont successivement fournis à nos besoins ou à notre
luxe.

La nature ne nous présente que rarement les
métaux avec ces degrés de perfection ; elle les a
cachés dans l'intérieur de la terre , les a combinés avec diverses substances qui en masquent
ou en altèrent les propriétés métalliques , et a
laissé à l'industrie de l'homme le pénible soin
de les extraire , de les débarrasser de leurs entra-
ves , et de leur donner les qualités précieuses
qui n'appartiennent qu'au métal. Les métaux ,
ainsi cachés , ainsi enfouis , forment des *mines* :
les mines existent ordinairement dans des fentes
ou crevasses de rochers , qu'on désigne par le
nom de *filon* : les filons sont plus ou moins
inclinés à l'horizon ; et les degrés d'inclinaisons
leur font donner les noms de *filon droit* , *filon
devoyé* , *filon oblique* , *filon plat* , selon l'angle
qu'ils font avec l'horizon. La partie du rocher
qui repose sur le côté supérieur du filon , est
appelé *le toit* ; et on donne le nom de *lit* à la
paroi sur laquelle le filon est couché. Ces filons
ont plus ou moins de largeur , ce qui leur fait
donner les noms de *filet* , de *veine* ou de *filon*.

Ils ont plus ou moins de continuité ou de suite , ce qu'on désigne sous les noms de *filon suivi*, de *filon déserteur*, et sous celui de *mine en rognons* lorsque le minerai se présente en boules ou amas d'espace en espace. On désigne sous le nom de *coureur de gazon* un filon qui ne pénètre pas dans la profondeur.

Les caractères , d'après lesquels on prétend s'assurer de l'existence d'une mine dans l'intérieur de la terre , sont tous équivoques et suspects.

L'aspect sauvage d'une montagne , la nature des plantes qui y croissent , les exhalaisons qui s'élèvent du sein de la terre , donnent des indices trop douteux pour qu'un homme raisonnable risque sa fortune d'après ces seuls caractères. Les baguettes *devinatoires* sont le fruit de la superstition et de l'ignorance ; et le ridicule qu'on a jeté successivement sur cette classe d'imposteurs en a rendu le nombre plus rare , comme les dupes nombreuses qui ont été faites par ces sortes de gens ont rendu leurs successeurs plus prudens.

La nature des pierres qui composent une montagne peut fournir quelques indications : nous savons , par expérience , que les mines gisent rarement dans le granit et les autres montagnes primitives ; nous savons aussi que les montagnes de formation trop moderne en contiennent très-rarement , et nous ne les trouvons que dans celles

M 3

de seconde formation, dans celles de schiste et d'antique pierre calcaire dépouillée de toute impression de coquille.

La présence du spath pesant, formant une couche ou filon à la surface de la terre, a été regardée par plusieurs Minéralogistes comme d'un très-bon augure : il me paroît même que c'est de cette pierre qu'a prétendu parler *Becher* dans ses ouvrages ; et que c'est là sa *terre vitri-fiable*, ou celle qu'il a regardée comme principe des métaux, et qu'on a prise mal-à-propos pour le quartz.

La pierre vitrifiable de *Becher*, *lapidis species*, *quæ in igne fluit et fluens vitrum exhibet*. Et autre part : *transparens enim non nihil est*, *albus et quasi argenteis foliis interspersus ad ignem facile liquabilis*. *Becher* la regardoit comme un indice certain de la présence des mines, comme il paroît par le passage suivant : *sine quo lapide, nulla minera bona est, nec fertilitatem promittit, adeo enim iste lapis mineris necessarius est, ut, vel nude, et sine ullo metallo in montibus existens infallibile signum futuri metalli sit, quod, hoc signo freti, non sine magnis interdum sumptibus quærunt minerarum indagatores ; hanc ergo sive terram sive lapidem, non sine pregnantibus causis pro principio primo omnium metallorum minerarum et lapidum ac gemmarum statuimus et agnoscimus certis freti experimentis ut in sequentibus demonstrabimus , quibus evincere possumus præfatam terram actu in metallis et mineralibus omnibus nec-non lapidibus et gemmis existere , eorumque mixtum ut basim et fundamentum ingredi unde ea hypostasin suam opacitatem diàphaneitatem et fluxum nanciscuntur..... Hæc ergo terra non modo cum præsens adest , infallibile signum affuturi metalli est , sed et absens idem signum existit , defuturi nempe metalli..... defectus hujus terræ proxima et frequentissima causa sterilium minerarum existit..... lapis de quo egimus , non modo ut matrix sed ut ingrediens et principium.*

Lorsqu'on a des indices de l'existence d'une mine dans un endroit , on peut employer la sonde ou tarière de montagne pour confirmer ou détruire à peu de frais ces soupçons.

Il arrive souvent que les filons sont à nud : le mélange des pierres et des métaux forme une espèce de ciment qui résiste plus à l'action destructive du temps que le reste de la montagne ; et comme ces parties de roches liées par un ciment métallique, présentent plus de résistance à l'action des eaux , qui sans cesse rongent et abaissent les montagnes et entraînent leurs débris dans la mer , nous voyons souvent des filons saillans sur le flanc des montagnes , incrustés de quelque légère impression métallique altérée par le laps du temps.

Avant de parler des travaux en grand , il est bon de faire çonnoître les moyens de juger de la nature et de la richesse d'une mine , afin que le citoyen ne confie point sa fortune au hazard. On juge de la nature d'une mine à l'inspection ; un homme un peu versé connoît dans le moment la nature d'une mine ; le chalumeau est un insrument à l'aide duquel on peut en peu de temps connoître aussi l'espèce de mine. Cette science forme l'art *docimastique* ou *docimasie* : pour faire l'essai d'une mine en général (car toutes ne demandent pas le même procédé , comme nous le verrons dans la suite) on trie des morceaux de minérai , qu'on débarrasse des matières étrangères et pierreuses autant que faire se peut ; on pile alors le minérai bien pur, et on en pèse une certaine quantité qu'on met à torréfier dans un vase plus large et moins profond qu'un creuset ordinaire ; on fait dissiper par ce moyen le soufre ou l'arsenic qui sont avec le métal ; et , par la perte de poids qui résulte de cette calcination , on juge de la proportion dans laquelle ces substances étrangères y étoient contenues.

On connoît , par cette première opération , la proportion et la quantité de soufre ou d'arsenic mêlés avec le métal ; l'odeur sulfureuse peut aisément se distinguer de l'odeur d'ail qui caractérise l'arsenic : on appelle ces substances étrangères jointes au métal les *minéralisateurs.*

Pour avoir le poids rigoureux du minéralisateur, il faut ajouter à la perte qui a été faite par la calcination l'augmentation en pesanteur qu'a subi le métal, en passant de son état métallique à celui d'*oxide* ou *chaux*.

On prend ensuite 200 grains de cette mine grillée ; on la mêle avec des flux ou fondans capables de la fondre et de la réduire, et on emploie à cette opération un creuset et un feu suffisant : le métal se précipite au fond du creuset en un bouton ou *culot* qui fait connoître la quantité de métal que contient le minérai.

Ces flux doivent varier selon la nature des mines qu'on a à traiter. Ils doivent tous contenir le principe charbonneux pour dégager l'oxigène dont ces métaux se sont imprégnés par la calcination ; mais la nature du fondant doit varier selon la fusibilité des métaux. Les trois suivans peuvent remplir toutes ces indications.

1°. Le fondant qu'on appelle flux noir, est fait avec deux parties de tartre et une partie de nitre qu'on fait fuser ensemble ; on emploie le résidu charbonneux et alkalin pour réduire les mines de plomb, de cuivre, d'antimoine, etc.

2°. 200 grains de borax calciné, 100 grains de nitre, 20 grains de chaux éteinte, et 100 grains de la mine à essayer, forment le flux de *scopoli*, dont j'ai reconnu l'avantage dans l'essai des mines de fer.

Le flux vitreux de M. *de Morveau* fait avec 8 parties verre pilé, 1 borax, $\frac{1}{2}$ poussière de charbon peut servir au même objet.

3°. L'arsenic et le nitre employés à parties égales forment aussi un fondant très-actif.

Le sel neutre arsenical a été employé avec succès pour fondre le platine.

Une fois qu'on est assuré de l'existence d'une mine, de sa nature et de sa richesse, il faut encore s'assurer d'une abondance et continuité d'eau suffisante pour fournir aux usines ; il faut aussi s'assurer d'une suffisante quantité de bois ou de charbon ; il faut s'assurer sur-tout d'un bon directeur, car je préfere une mauvaise mine bien administrée à une riche mal conduite.

Ce préliminaire rempli, on emploie les procédés les plus simples et les moins dispendieux pour extraire le minérai du sein de la terre : pour cet effet, on pratique des puits ou des galeries, suivant la position du filon et la nature du local.

Lorsqu'on peut parvenir au flanc du filon et à une certaine profondeur par une galerie horizontale, alors les travaux deviennent plus simples et plus économiques ; la même ouverture sert d'écoulement aux eaux et d'extraction pour le minérai. On pousse alors des galeries à droite et à gauche ; on établit des puits qui vont au jour, et d'autres qui plongent dans le filon ; on construit des galeries les unes sur les autres , et on travaille par échellons. Lorque la roche est tendre et peu solide , on a soin d'étançonner avec des poutres assez fortes pour prévenir les éboulemens.

Pour détacher le minérai, on emploie des pics, des coins et des leviers , lorsque la roche est tendre ; mais le plus souvent on est obligé d'employer la poudre et de miner.

Le manque d'air et l'abondance d'eau nuisent et dérangent presque toujours les travaux : on se défait de l'eau par des pompes à feu, des machines à molettes et autres appareils.

En établissant des communications avec les galeries par des ouvertures qui viennent aboutir à l'horizon , on détermine des courans d'air. Des fourneaux qu'on établit sur le bord d'un puits , et auxquels on adapte, à la portière du cendrier, un long tuyau qui plonge dans le puits pour aller pomper l'air ; des ventilateurs placés au même endroit, remplissent la même indication. En rendant une lessive de cendres caustique , et aspergeant les souterrains avec cette liqueur, on détruit de suite le mauvais air ; la chaux vive fait aussi cet effet.

Une compagnie prudente doit extraire le plus de minérai possible , avant de se décider à construire les *usines* nécessaires pour les travaux ultérieurs. On ne voit point dans l'intérieur de la

terre; les apparences sont trop souvent trom-
peuses; et on a vu des compagnies ruinées ou
découragées, parce qu'elles avoient employé des
sommes immenses à construire les atteliers nécessaires pour travailler un minérai dont l'existence étoit douteuse. Quand on marchera avec
les précautions convenables, et qu'on ne dé-
pensera qu'autant que la matière extraite, dont
la richesse est connue, peut représenter de valeur, alors on ne s'expose qu'à de légères pertes,
même dans la plus mauvaise mine.

Les travaux doivent varier selon la nature et
l'état du minérai; on le trouve sous trois états:
1°. sous forme de métal natif, et alors on n'a
besoin que d'extraire, de trier et de fondre;
2°. sous forme de chaux ou oxide, et dans
cet état, il suffit de trier et de fondre; 3°. combiné avec le soufre ou l'arsenic, et dans ce
cas il faut lui faire éprouver quelques autres
opérations.

Quoique, dans ce dernier cas, les travaux
ultérieurs à l'extraction varient selon la nature
du minérai, il y a cependant des opérations
générales qu'on fait sur toutes sortes, et dont
nous parlerons ici.

Le métal est toujours mêlangé de substances
pierreuses qu'on appelle la *gangue*. Le prèmier
soin est de débarrasser le métal de cette substance étrangère: pour cet effet, lorsqu'on a extrait

le minérai, on le livre à des enfans qui le trient
et séparent la mine pure ou mine grasse d'avec
celle qui est mêlée avec la gangue. Comme dans
cette seconde qualité, la pierre est mélangée
avec le minérai, on pulvérise ce mélange par
le moyen du *bocard*. Le bocard est formé par
des pilons de bois terminés par une masse de
fer, et armés de mantonnets qui sont soulevés
par les *lèves* de l'axe d'une roue qui tourne sans
cesse ; par ce moyen le minérai est écrasé et
pulvérisé, et l'eau qu'on fait passer dessus entraîne le métal et les débris de pierre ; elle
dépose les parties métalliques dans les premières
caisses où on la fait circuler, et entraîne au loin
les portions de pierre comme plus légères.

Ce minérai pulvérisé est appelé *sclich*: et pour
en séparer toutes les portions terreuses, on le
lave sur des tables légérement inclinées, sur lesquelles on fait couler de l'eau sans interruption ;
on agite le sclich avec des balais, et l'eau entraîne tous les fragmens de pierre, et laisse la
mine pure sur la table.

La calcination du minérai succède au lavage :
dans cette opération, on lui enlève le minéralisateur qui lui est uni, le feu est toujours l'agent
qu'on emploie : quelquefois on dispose le minérai
concassé par piles sur des couches de bois ; on le
chauffe fortement, et le minéralisateur s'échappe.
Cette calcination a le double avantage de dis-

poser le métal à la fonte , et de le débarrasser de son minéralisateur. Lorsque la mine est plus tendre , alors on l'étend sur le fourneau de reverbère ; et la flamme du foyer qui reverbère dessus , la dépouille de son minéralisateur et la fond en partie.

M. *Exchaquet* a proposé de détruire le soufre par le nitre : ce procédé est excellent pour les mines de cuivre ; la quantité de nitre varie selon la quantité de soufre , mais on ne risque rien d'en mettre plus ; à cet effet , on jette le mêlange dans un creuset rougi , et on le tient à une chaleur modérée pendant quelques minutes.

La fusion se fait dans des fourneaux où le courant d'air est entretenu par le moyen de gros soufflets ou d'une trompe.

La trompe est formée par un arbre creux , qui repose sur un tonneau défoncé par le bas , lequel plonge dans l'eau par ses bords ; on fait tomber dans cet arbre un courant d'eau qui se précipite sur une pierre qui s'élève au milieu du tonneau , l'air se dégage et est obligé d'enfiler une ouverture collatérale qui , par le moyen d'un conduit , le porte au bas du fourneau : cet air est fourni , 1°. par celui que l'eau entraîne avec elle ; 2°. par un courant qui s'établit par les ouvertures qu'on pratique à six pieds du sommet de l'arbre , et qu'on appelle *trompilles*.

Les dimensions d'une bonne trompe sont les suivantes.

Longueur de l'arbre depuis le sommet jusqu'aux trompilles, six pieds.

Longueur de l'arbre depuis les trompilles jusqu'au tonneau, dix-huit pieds.

Hauteur du tonneau, cinq pieds.

Diamètre du tonneau, quatre pieds six pouces.

L'intérieur de la partie de l'arbre au-dessus des trompilles forme un entonnoir dont l'ouverture supérieure est de dix-huit pouces, et l'inférieure de cinq.

Le diamètre de la cavité de l'arbre au-dessous des trompilles est de huit pouces.

Le diamètre des trompilles est de six pouces.

La pierre sur laquelle l'eau se précipite a dix-huit pouces de diamètre.

Le minérai une fois débarrassé de sa gangue, de son minéralisateur et de toute autre matière étrangère, forme ce qu'on appelle *métal* ou *régule*.

Tout paroît démontrer que le métal est un être simple. Les diverses altérations qu'on lui fait éprouver sont des combinaisons du métal en nature avec d'autres substances ; aucune n'en dégage ou isole un des principes constituans, comme nous le verrons.

Tout métal entre en fusion à un degré de

chaleur plus ou moins fort ; ils présentent dans cet état une surface convexe.

MM. *Macquer* et *Lavoisier* , ayant exposé de l'or au foyer de la lentille de *Schirnausen*, ont vu ce métal s'exhaler en fumée sans être décomposé, puisqu'on peut le recueillir en nature en présentant à cette fumée une lame d'argent qui se dore. L'argent se volatilise de même sans se décomposer.

Les métaux fondus et refroidis lentement offrent des crystallisations assez bien prononcées. MM. l'Abbé *Monge*ᵹ et *Brongnart* sont parvenus à les faire crystalliser presque tous en variant le procédé par lequel le célèbre *Rouelle* faisoit chrystalliser le soufre.

La plupart des métaux tenus en fusion perdent leur éclat métallique, et se convertissent en une poudre opaque qu'on appelle *oxide* ou *chaux* métallique. Les oxides poussés à un feu plus vif se réduisent en une substance vitriforme qu'on connoît sous le nom de *verre métallique*. Les métaux passant à l'état d'oxide, acquièrent de la pesanteur, et c'est ce qui a induit en erreur plusieurs adeptes qui s'imaginent avoir augmenté le poids du métal.

Geber dit , *ubi vel minimum augmenti metallici inveneris , ibi te dicimus esse ante fores Philosophorum. Et sanè conveniens judicium*

est

est, ajoute *Becher*, *id enim per quod corpus homogeneum augmentum capit id ipsum est quod pro principio istius corporis haberi potest. Phys. subt.*

Stahl a prétendu que la calcination des métaux étoit due au dégagement du phlogistique ; et il regardoit leur chaux comme une terre ou base métallique.

Boyle a soutenu que l'accrétion en pesanteur des métaux étoit due à la combinaison du feu. Et *Boerhaave* a osé l'attribuer aux corps embians qui se déposoient sur le métal. De toutes les hypothèses créées à ce sujet, celle de *Stahl* a eu le plus de partisans ; et le zèle aveugle de ses sectateurs a été jusqu'à se déguiser une difficulté sans réplique, c'est ce qu'on ne concevra jamais que les métaux, en perdant un principe et n'en acquérant aucun, puissent augmenter en pesanteur. La réduction des oxides sans addition de charbon ne peut point s'expliquer dans cette hypothèse.

Il faut convenir que tous les Chimistes n'ont pas pensé de même, et nous trouvons, dans les écrits de *Jean Rey*, Médecin Périgourdin, qu'il attribuoit, en 1630, l'accrétion en pesanteur des métaux calcinés à la combinaison de l'air avec le métal ; il prétend que l'agitation facilite cette combinaison *non autrement que l'eau appesantit le sable que vous jetez et agitez dans icelle.*

N

Il raisonne en assez bon Chimiste pour prouver que l'accrétion ne peut plus augmenter après
un point de saturation ; et il finit par nous prévenir que pour parvenir à cette vérité, le *travail*
a été mien, le profit en soit au lecteur, et à
Dieu seul la gloire (1).

Tous ces apperçus n'ont jamais fait un ensemble de doctrine ; et c'étoit même complétement ignoré, lorsque M. *Lavoisier* nous a
démontré que la calcination des métaux n'étoit
due qu'à la fixation du gaz oxigène ; et la réduction, au dégagement de ce gaz opéré par la
simple chaleur, ou par sa combinaison avec
diverses bases lorsque son adhésion au métal
est trop forte pour que la seule chaleur puisse
la vaincre. Les preuves dont ce célèbre Chimiste
a étayé son opinion sont les suivantes.

1°. Les métaux ne s'oxident ni dans le vide
ni dans un air qui ne contient aucun atome de
gaz oxigène. MM. le Comte *Morozzo*, *Priestley*,
Lamétherie, *Pictet*, paroissent avoir oxidé le
plomb, l'étain, le mercure dans l'acide carbonique. (mémoire de M. *Sennebier*, journ. de
phys. Février 1787.) Mais cette prétendue

---

(1) C'est ce même *Jean Rey* qui, étant obligé de contredire
Libavius son ami sur la théorie de la calcination des métaux,
s'écrie : *ô vérité que tu m'es chère de me faire estriver contre un*
si cher ami !

oxidation n'est qu'un carbonate métallique, ou la combinaison d'un métal avec un acide, ce qui est bien éloigné de la calcination ou *oxidation*.

2°. Les métaux enfermés sous cloche et chauffés convenablement, ne s'oxident qu'en absorbant le gaz oxigène contenu dans la masse d'air qu'on a isolée ; et, lorsque cette absorption est faite, alors il est impossible de pousser plus loin l'oxidation.

3°. Les métaux oxidés dans une atmosphère de gaz oxigène l'absorbent jusqu'à la dernière goutte.

4°. Ceux des métaux oxidés qui peuvent être réduits dans des vaisseaux clos, rendent la même quantité de gaz oxigène qu'ils avoient absorbée, en repassant à leur état métallique.

Cette doctrine me paroît établie sur la suite de preuves la plus complète qu'on puisse desirer dans des matières susceptibles de démontration.

Le concours de l'air et de l'humidité favorise singuliérement l'altération des métaux. L'eau se décompose dans cette circonstance, et son hydrogène se dissipe, tandis que l'oxigène se combine avec le métal. Voilà sans doute la théorie des oxidations qui s'opèrent sous l'eau ; et, si nous trouvons des oxides dans l'intérieur de la terre et à l'abri du contact de l'air, on ne doit en rapporter la formation qu'à la décomposition de l'eau ou des acides qui ont pour base l'oxigène.

Il s'ensuit de-là que l'altération d'un métal sera d'autant plus prompte, 1°. que l'affinité du métal avec le gaz oxigène sera plus forte ; 2°. que la quantité de gaz oxigène sera plus grande ; 3°. que l'air sera plus humide, etc. Les métaux décomposent certaines substances pour s'unir à leur oxigène et passer par-là à l'état d'oxide ; c'est ce que nous voyons lorsque nous faisons digérer l'acide nitrique sur quelques-uns.

Les substances métalliques étant assez nombreuses, il est nécessaire de les classer, afin de rapprocher celles qui ont des propriétés analogues, et de séparer celles qui different les unes des autres.

La ductilité nous sert de premier caractère, et on peut les distinguer en métaux ductiles et métaux non ductiles : on a consacré le nom de *métaux* à ceux de la première division, et celui de *demi-métaux* à ceux de la seconde.

Parmi les métaux il en est qui sont altérables à l'air, tandis que les autres ne le sont pas sensiblement ; et cette différence les a fait subdiviser en *métaux parfaits* et *métaux imparfaits*.

Nous commencerons par traiter des demi-métaux, parce qu'ils se rapprochent, pour la plupart, des substances salines ou pierreuses ; et nous finirons par les métaux parfaits comme possédant à un plus haut degré les qualités métalliques.

CHAPITRE PREMIER.

De l'Arsenic.

Ce qu'on vend dans le commerce sous le nom d'arsenic, est un oxide métallique, d'une blancheur luisante, quelquefois vitreuse, excitant sur la langue une impression d'âcreté, et se volatilisant au feu, en répandant une fumée blanche et une odeur d'ail très-caractérisée.

Quoique l'arsenic se présente presque toujours sous cette forme, on peut le faire passer à l'état de métal, en le traitant, dans des vaisseaux fermés, avec des huiles, des savons ou du charbon en nature : le célèbre *Becher* avoit une connoissance exacte de ce procédé : *si oleum vel quodcumque pingue arsenico misceas et per retortam distilles urgente igne, sublimabitur in collum arsenicum, insigniter antimonii instar metallisatum.* L'arsenic qui se sublime est d'un gris brillant comme l'acier, mais il noircit promptement à l'air ; il forme des crystaux que M. *de Lisle* regarde comme des octaèdres aluminiformes.

L'arsenic est quelquefois natif, et il se renconcontre en stalactites ou par dépôts mamelonés formés de couches plus ou moins distinctes et concentriques qui se séparent comme celles d'un oignon ou les lames des coquilles , d'où est venu le nom d'*arsenic testacé.* D'autres fois les masses sont à très-petites écailles , ce qui rend la surface du morceau tantôt granuleuse et tantôt comme criblée de petits trous , on le nomme alors *arsenic écailleux ;* on le trouve aussi en masses friables et presque sans consistance. L'arsenic a été trouvé sous ces diverses formes , en Bohème , en Hongrie, en Saxe , à Sainte-Marie-aux-Mines , etc.

L'arsenic se volatilse au feu à une chaleur de 144 degrés de *Réaumur ;* pour enflammer ce métal il faut le jeter dans un creuset bien rougi, il donne alors une flamme bleue et se volatilise en oxide blanc.

Si on le sublime par une douce chaleur , il crystallise en pyramides trihèdres ou en octaèdres.

L'arsenic n'est point soluble dans l'eau , sa pesanteur spécifique est de 57633. V. *Brisson.* Sa cassure est comme celle de l'acier ; mais elle ternit facilement.

L'arsenic paroît être encore à l'état de métal dans ses combinaisons avec le cobalt dans le cobalt testacé , ou avec le fer dans le mispickel, d'après l'observation de *Bergmann.*

L'arsenic s'allie par la fusion avec la plupart des métaux ; mais ceux qui étoient ductiles devien-

nent cassans ; ceux qui fondent difficilement seuls
coulent plus aisément au feu , et ceux qui sont
très-fusibles deviennent refractaires , ceux qui
tirent au jaune ou au rouge blanchissent.

L'arsenic est souvent combiné dans les mines
avec divers métaux ; et c'est en calcinant ces
métaux qu'on le dégage. Dans plusieurs endroits
on a établi de longues cheminées tortueuses
qu'enfilent les vapeurs arsenicales et où elles s'attachent ; on enlève la croûte qui se forme avec
le temps sur les murs ou parois de ces cheminées , et c'est là ce qui est introduit dans le
commerce sous le nom d'arsenic : les mines de
cobalt de saxe , qu'on torréfie pour en séparer
ce demi-métal , fournissent presque tout celui
du commerce. Cet oxide d'arsenic est quelquefois
natif , on l'a trouvé en Saxe et en Bohème. Il est
très-abondant dans les endroits où il y a des feux
souterrains , tels que la solfatara ; il s'y trouve
souvent crystallisé en octaèdre. V. M. *Sage*.

Cet oxide est volatil , mais moins que le métal ;
il exhale une odeur d'ail très-caractérisée ; si on
le sublime à un feu plus fort dans des vaisseaux
fermés , il devient transparent comme du verre ,
mais sa surface redevient bientôt opaque à l'air.
Il n'est point rare de trouver du verre arsenical
dans l'arsenic du commerce , il est jaunâtre et
perd bientôt sa transparence à l'air ; ce verre

est même quelquefois natif sur les mines de Cobalt et les produits des volcans.

Il faut 80 parties d'eau distillée, à la température de 12 degrés, pour dissoudre une partie d'oxide d'arsenic, 15 suffisent à la chaleur de l'ébullition.

70 à 80 parties d'alkool en dissolvent une d'arsenic à la chaleur de l'ébullition.

L'oxide d'arsenic participe donc des propriétés des substances salines, et diffère des autres oxides métalliques ; 1°. en ce qu'il est parfaitement soluble dans l'eau ; 2°. en ce que les oxides métalliques sont inodores et fixes au feu ; 3°. en ce que les autres oxides métalliques ne contractent point d'union avec les métaux.

Il se rapproche des autres oxides métalliques ; 1°. en ce que poussé à un feu violent il se convertit en un verre métallique ; 2°. en ce que privé d'oxigène il forme une substance opaque insoluble et ayant le brillant métallique.

L'oxide d'arsenic est susceptible de se combiner avec le soufre, et il en résulte de l'*orpin* ou du *réalgar*, selon la manière d'opérer.

La plupart des Chimistes sont dans l'idée que le réalgar contient plus de soufre que l'*orpin* ; et ils ont prescrit des proportions différentes pour former ces deux substances ; mais il a été prouvé par M. *Bucquet*, que cette différence de

couleur ne provenoit que de la manière d'appli-
quer le feu ; il suffit d'exposer l'orpiment à une
chaleur vive pour le convertir en réalgar ; et
avec le même mélange on peut obtenir à volonté
l'un ou l'autre de ces produits, d'après la manière
d'y administrer le feu.

L'orpin et le réalgar se trouvent tous formés
dans certains endroits : *Linné* , *Wallerius*,
Bergmann , *Cronstedt* en ont donné la description.

On trouve des crystaux de réalgar à la Solfatara près de Naples , selon *Ferber* ; dans les
mines de Nagyag en Transilvanie , V. *Forster*
catal. ; dans les mines de Felsobanya en haute
Hongrie , dans celles de Joachimsthal en Bohème,
de Marienberg en Saxe.

Le réalgar est commun dans la Chine : on en
fait des vases , des pagodes et autres ouvrages
d'ornement. Les Indiens se servent de ces vases
pour se purger , en y laissant séjourner, pendant
quelques heures , du vinaigre ou du jus de limon
qu'ils boivent ensuite.

Le réalgar est commun dans les bouches volcaniques : je l'ai presque toujours observé en
prismes hexaèdres comprimés terminés par deux
sommets tetraèdres.

L'orpiment est moins rare que le réalgar ; il
accompagne presque toujours cette substance ;

mais celui du commerce nous est envoyé de diverses contrées du Levant, en masses irrégulières, solides ou lamelleuses d'un beau jaune citrin.

M. le *Baron de Born* nous dit qu'on en rencontre en crystaux polyèdres dans une argile bleuâtre des environs de Newsol en Hongrie.

La chaux et les alkalis décomposent ces deux substances, et dégagent l'oxide d'arsenic.

Les acides et les alkalis présentent des phénomènes intéressans avec l'arsenic.

L'acide sulfurique qu'on fait bouillir sur l'oxide d'arsenic l'attaque et le dissout ; mais cet oxide se précipite par le refroidissement : si on fait dissiper tout l'acide par un coup de feu violent, il reste de l'acide arsenique.

L'acide nitrique aidé de la chaleur dissout l'oxide d'arsenic, et forme un sel déliquescent dont nous parlerons dans le moment.

L'acide muriatique attaque bien foiblement l'arsenic : MM. *Bayen* et *Charlard* ont trouvé son action très-foible, soit à chaud, soit à froid.

Pour faire le muriate d'arsenic sublimé, ou *beurre d'arsenic*, on mêle ensemble parties égales d'orpiment et de mercure sublimé corrosif, on distille ce mélange à petit feu; on trouve dans le récipient une liqueur noirâtre corrosive qui forme le muriate d'arsenic sublimé. Il se sublime du cinabre si on augmente le feu, d'après l'observation de M. *Sage*.

Si l'on fait bouillir de la potasse pure sur de l'oxide d'arsenic, l'alkali brunit, il s'épaissit peu-à-peu et finit par former une masse dure et cassante. Ce sel arsenical de M. *Macquer* est déliquescent ; il est soluble dans l'eau qui en précipite des flocons bruns ; il se décompose au feu et l'arsenic s'échappe ; les acides lui enlèvent l'alkali, etc.

La soude présente des phénomènes à-peu-près semblables avec cet oxide, et M. *Macquer* prétend même avoir fait crystalliser ce sel.

J'ai prouvé que l'ammoniaque dissolvoit à chaud l'oxide d'arsenic, et j'ai obtenu plusieurs fois des crystaux d'arsenic par l'évaporation spontanée. Je crois même que dans ces circonstances l'alkali se décompose, et que le nitrogène se dissipe, tandis que l'hydrogène s'unit à l'oxigène de l'oxide et forme de l'eau.

L'oxide d'arsenic accélère la vitrification de toutes les terres ; mais les verres dans la composition desquels il entre ont la propriété de ternir facilement.

Parties égales de nitre et d'oxide d'arsenic distillées dans une cornue, donnent un acide nitrique très-rouge, presque incoërcible. *Stalh* et *Kunckel* l'obtenoient par un procédé à-peu-près semblable. *Macquer* ayant repris ce travail, a examiné avec soin le résidu de la cornue ; et il a vu qu'il y restoit un sel soluble dans l'eau, susceptible de crystalliser en prismes tetraèdres terminés par des pyramides à quatre pans , inaltérable à l'air , fusible à une chaleur médiocre, mais sans s'alkaliser. M. *Macquer* l'a appelé *sel neutre arsenical* : il avoit cru qu'aucun acide ne pouvoit le décomposer ; mais M. *Pelletier* a prouvé que l'acide sulfurique distillé dessus en dégageoit l'acide.

L'arseniate de soude differe peu de l'arseniate de potasse : M. *Pelletier* a obtenu celui-ci crystallisé en prismes hexaèdres , terminés par des plans perpendiculaires à leur axe.

Par ces diverses expériences M. *Macquer* avoit fait voir que l'arsenic servoit d'acide dans ces combinaisons ; il n'y avoit qu'un pas à faire pour démontrer que réellement il étoit métamorphosé en acide dans ces diverses opérations ; et c'est au célèbre *Schéele* que nous devons cette découverte. Ses superbes expériences sur le manganèse l'y ont conduit naturellement.

Il nous a donné deux procédés pour obtenir cet acide arsenique ; l'un par l'acide muriatique oxigéné , l'autre par l'acide nitrique : on distille ces acides sur l'oxide d'arsenic , l'acide muriatique abandonne son oxigène à l'oxide d'arsenic, et reprend les caractères de l'acide muriatique ordinaire; l'acide nitrique s'y décompose , et l'un de ses principes se dissipe , tandis que l'autre se fixe et se combine avec l'oxide arsenical.

On obtient aujourd'hui cet acide en distillant six parties d'acide nitrique sur une d'oxide d'arsenic.

M. *Pelletier* propose encore de décomposer le nitrate d'ammoniaque par l'oxide d'arsenic ; il reste dans la cornue de l'arseniate d'ammoniaque, dont on dégage l'alkali par un feu soutenu ; le résidu est une masse vitreuse , attirant fortement l'humidité , tombant en deliquium , et c'est l'acide *arsenique* pur.

M. *Pelletier* a aussi décomposé le sel neutre arsenical , en le mêlant avec demi-partie d'huile de vitriol , et poussant au feu jusqu'à faire rougir les vaisseaux , il reste au fond une masse blanche qui attire l'humidité , et c'est l'acide arsenique : on observe une poudre blanche qui n'est que le sulfate de potasse ou celui de soude , selon que le sel arsenical est à base de soude où de potasse.

D'après les divers procédés usités pour faire l'acide arsenique , il est évident que ce n'est que l'oxide arsenical saturé de l'oxigène qu'il prend aux diverses substances qu'on fait digérer dessus : l'acide nitrique ou les nitrates qu'on emploie s'y décomposent, le gaz nitreux passe très-abondant et l'oxigène reste mêlé et uni à l'oxide d'arsenic.

Cet acide est sous forme concrète ; mais il attire l'humidité de l'air et se résout en liqueur.

Il est fixe au feu ; mais , s'il a le contact d'un corps charbonneux , il se décompose et l'oxide s'exhale en fumée. En faisant passer du gaz hydrogène à travers , il le réduit en arsenic, selon M. *Pelletier*.

Cet acide n'exige , à une chaleur de 12 degrés du thermomètre de *Réaumur* , que les deux tiers de son poids d'eau pour la dissolution , tandis qu'à la même température une partie d'oxide d'arsenic en exige quatre-vingt.

Cet acide dissous dans l'eau peut être rapproché et poussé à l'état de verre transparent sans aucune altération , puisqu'il ne cesse pas d'attirer l'humidité de l'air.

Lorsqu'il est ainsi concentré , il agit fortement sur le creuset et dissout l'alumine , d'après l'expérience de M. *Berthollet*.

L'acide arsenique , saturé d'ammoniaque et évaporé convenablement , forme un sel crystallisé en rhomboïdes qui , poussé au feu , perd son eau de crystallisation , cède son alkali et se résout en une masse vitreuse.

La barite et la magnésie paroissent avoir aussi plus d'affinité avec cet acide que n'en ont les alkalis , d'après *Bergmann*. La chaux décompose les sels neutres à base d'alkali , d'après les expériences du même Chimiste.

L'arsenic est employé dans les teintures ; on s'en sert aussi comme d'un fondant dans les verreries et dans les travaux docimastiques ; on le fait entrer dans quelques vernis. L'orpin et le réalgar sont très-usités dans la peinture ; mais l'arsenic est une de ces productions dont les avantages ne rachetent point les mauvais effets ; ce métal, très-abondant et très-fréquent dans les mines, fait périr nombre d'Ouvriers destinés à les exploiter ; comme très-volatil il forme une poussière qui affecte et détruit les poumons ; et les malheureux Mineurs périssent tous au bout de quelques années, ou traînant une vie languissante. La propriété qu'il a de se dissoudre dans l'eau, multiplie et facilite ses vertus vénéneuses ; et la loi rigide, qui défend de livrer ce poison à des mains inconnues, devroit en proscrire le commerce. La scélératesse ou l'imprudence font journellement des victimes par ce poison : on le confond souvent avec le sucre, et ces méprises ont des suites affreuses. Lorsqu'on a la moindre méfiance, on peut s'éclairer en jetant un peu de la poudre suspecte sur les charbons, l'odeur d'ail et la fumée blanche dénotent l'arsenic. Les symptômes qui caractérisent ce poison sont un serrement de gosier considérable, un agacement des dents et l'ardeur dans la bouche, un crachement involontaire, des douleurs vives à l'estomac, des vomissemens de matières glaireuses et sanguinolentes, des sueurs froides et des convulsions.

On a donné pendant long-temps des boissons mucilagineuses aux personnes empoisonnées par l'arsenic ; le lait, l'huile douce, le beurre, etc. ont été employés successivement. M. *Navier* a proposé un contre-poison plus direct ; il prescrit un gros de sulfure de potasse dissous dans une peinte d'eau qu'il fait boire au malade à plusieurs reprises ; le soufre s'unit à l'arsenic, et en détruit la causticité et l'effet. Lorsque ces premiers symptômes sont dissipés, il conseille l'usage des eaux minérales sulfureuses ; il approuve aussi la boisson du lait, et condamne celle de l'huile. Le vinaigre qui dissout l'arsenic a été recommandé par M. *Sage*.

CHAPITRE II.

Du Cobalt.

Le cobalt étoit employé dans les atteliers à donner une couleur bleue au verre, long-temps avant qu'on soupçonnât que c'étoit un demi-métal particulier : c'est à *Brandt*, célèbre Minéralogiste Suédois, que nous devons la connoissance de ses propriétés et de son caractère métallique.

La pesanteur spécifique du cobalt fondu est de 78119. V. *Brisson.*

Le

Le cobalt est combiné, dans les entrailles de la terre, avec le soufre, l'arsenic, et autres substances métalliques.

1°. La mine de cobalt arsenicale est d'un gris plus ou moins foncé, mat dans sa cassure, noircissant à l'air par l'altération de l'arsenic.

Cette mine de cobalt crystallise en cubes lisses, et en affecte quelques variétés; j'en ai un morceau qui est en pyramides tétraèdres, adossées base à base. Cette espèce de cobalt affecte quelquefois une crystallisation confuse en dendrites, et on l'appelle alors *mine de cobalt tricotée :* quelquefois elle se présente en mammelons, en stalactites, etc.

2°. La mine de cobalt sulfureuse ressemble dans sa structure à la mine d'argent gris : elle contient du fer et de l'argent, elle effleurit en lilas mêlé d'un verd jaunâtre. V. M. *Sage*, analyse chim. t. 2.

M. *de Lisle* possède des échantillons de cette espèce qui viennent de la mine de Batnaés à Riddarhyttan.

3°. Le cobalt est minéralisé par le soufre et l'arsenic dans la mine de Tunaberg en Sudermanie.

La crystallisation de cette espèce est le cube strié sur les six faces, mais communément tronqué plus ou moins profondément dans ses bords.

Cette mine contient, suivant M. *Sage*, 55

O

livres arsenic, 8 livres de soufre , 2 livres de fer
et 35 de cobalt.

4°. Les mines de cobalt sont quelquefois en
efflorescence : et la mine sulfureuse forme par
sa décomposition du sulfate de cobalt.

Le sulfure de cobalt et le cobalt arsenical
en se décomposant passent à l'état d'oxide , et
la surface se recouvre d'une couleur fleurs de
pêcher plus ou moins intense ; elle est quelquefois
parsemée de fleurs en étoiles formées par des
rayons appliqués l'un à côté de l'autre , et tendant
tous vers un centre commun ; c'est une crystallisation mal prononcée , où M. *de Lisle* a cru
reconnoître des prismes tétraèdres terminés par
des sommets dihèdres : souvent les fleurs de cobalt
ne sont qu'une poussière plus ou moins colorée.
On appelle *mines de cobalt molles* ou *terreuses*,
celles qui sont dans un état de décomposition
complète.

Pour faire l'essai d'une mine de cobalt, on
commence par la torréfier : puis on en fond deux
cens grains avec une once et demie de flux noir.
M. *Sage* s'est assuré qu'on obtenoit plus de
métal en mêlant l'oxide de cobalt avec deux
parties de verre blanc et un peu de charbon.

Lorsque le cobalt est mêlé de bismuth et de fer,
il faut distiller son oxide avec parties égales de
muriate d'ammoniaque, jusqu'à ce que le sel
qui se sublime dans le col de la cornue ait pris

une teinte verte. M. *Sage* qui donne ce procédé observe qu'il faut quelquefois sept à huit sublimations pour enlever au cobalt tout le fer et le bismuth qu'il contient.

Le cobalt est d'un gris tendre, compacte et fragile; il entre en fusion difficilement, ne se volatilise point, résiste à la coupelle, et refuse de s'amalgamer avec le mercure.

Le travail des mines de cobalt est très-simple: il se borne à griller le minérai dans des fourneaux de reverbère terminés par une longue cheminée, dans laquelle les vapeurs sont reçues; ces vapeurs ou fumée arsenicale s'attachent sur les parois, et y forment une croûte qu'on fait détacher par des hommes qui ont mérité la mort; les mines de cobalt de Saxe fournissent tout l'arsenic du commerce. L'oxide de cobalt dépouillé d'arsenic est connu sous le nom de *saffre*; celui du commerce est mêlé avec trois quarts de sable. Cet oxide fondu avec trois parties de quartz et une de potasse forme un verre bleu qui, bocardé, tamisé dans des cribles et porphyrisé sous des meules renfermées dans des tonneaux, forme le *smalth*. Pour obtenir du bleu de divers degrés de finesse, on agite le smalth dans des tonneaux remplis d'eau et percés de trois ouvertures à différentes hauteurs, l'eau du robinet le plus élevé entraîne le bleu le plus léger, c'est l'*azur du premier feu*; les parties les plus pesantes se précipitent, et l'azur entraîné par l'eau des trois robinets forme divers degrés de finesse connus sous les noms d'*azur du premier*, *du second* et *du troisième feu*.

La Bohème et la Saxe ont été jusqu'ici en possession de nous fournir ces produits ; on peut consulter la description de ces superbes établissemens dans les voyages minéralogiques de MM. *Jars* : les Fabriques de Saxe ont été alimentées, pendant quelques années, par une mine de cobalt découverte dans les Pyrénées, dans la vallée de Gisten ; mais M. le Comte *de Beust* vient d'y former des établissemens qui nous approprient ce commerce ; il a été même assez heureux que de trouver, près du village de Juget, un quartz suffisamment chargé de cobalt pour pouvoir être fondu sans addition de matière colorante.

L'établissement de M. le Comte *de Beust* peut fabriquer six mille quintaux d'azur ou bleu d'émail ; et il est en état, non-seulement de fournir à nos besoins, mais de concourir avec avantage avec les fabriques de Saxe pour la consommation des pays étrangers (1).

Il a même trouvé, de concert avec M. le Baron *Dietrich*, le procédé pour faire la poudre

---

(1) On peut consulter la description de l'attelier de M. le Comte *de Beust* dans la description des gîtes des minérais, des forges et des salins des Pyrénées par M. le Baron de *Dietrich*.

bleue, dont le secret avoit appartenu exclusi-vement aux Hollandois jusqu'à nos jours.

Les smalths sont employés à donner l'apprêt aux toiles, batistes, linons, mousselines, fils, etc.

Les azurs se mêlent à l'amidon et forment l'empoix, dont les usages pour l'apprêt du linge blanc sont très-connus.

On l'emploie encore pour donner le bleu aux peintures sur la fayance, la porcelaine et autres poteries; on en colore en bleu des crystaux, des salières, des verres. L'azur est encore employé dans la peinture à fresque.

Les azurs les plus grossiers servent aux Con-fiseurs, aux Officiers pour sabler les plateaux. On les emploie en Allemagne pour poudrer les écritures.

On évalue la consommation des smalths, azurs, sables et saffres, pour le seul Royaume de France, à quatre mille quintaux, qui se vendent depuis 72 ju'qu'à 600 livres le cent.

Le cobalt est soluble dans les acides.

Une partie de ce métal distillé avec quatre parties acide sulfurique fournit de l'acide sul-fureux; ce qui reste dans la cornue est du sulfate de cobalt soluble dans l'eau et susceptible de crystalliser en prismes tétraèdres, rhomboïdaux, terminés par un sommet dihèdre.

La barite, la magnésie, la chaux, les alkalis dé-composent ce sel, et en précipitent le cobalt en oxide : cent grains de cobalt dissous dans l'acide sulfurique, précipités par la soude, fournissent 140 grains de précipité, et 160 par la craie.

L'acide nitrique dissout le cobalt avec effervescence : la dissolution fournit des crystaux en aiguilles qui n'ont pas été rigoureusement déterminés. Ce sel est déliquescent, il bouillonne sur les charbons sans détonner, et il laisse une chaux rouge foncée ; j'ai vu ce sel en beaux crystaux hexaèdres très-courts ; il décrépite et fuse sur les charbons.

L'acide muriatique ne dissout pas le cobalt à froid ; mais à l'aide de la chaleur, il en dissout une portion : cet acide agit mieux sur le saffre, et la dissolution est d'un verd magnifique. Cette dissolution étendue d'eau est une encre de *sympathie* très-singulière, puisqu'elle passe de la couleur lilas ou violette au pourpre, au verd et au noir.

L'acide nitro-muriatique dissout aussi le cobalt, et forme l'encre de sympathie qu'*Hellot* a appelée *encre de bismuth*.

L'ammoniaque dissout aussi le saffre, et il en résulte une liqueur d'un beau rouge.

CHAPITRE III.

Du Nickel.

Hyerne paroît être le premier qui ait parlé

du nickel sous le nom de kupfernickel, en 1694, dans un ouvrage sur les minéraux.

Henckel l'a regardé comme une espèce de cobalt ou d'arsenic mêlé de cuivre.

Cramer l'a aussi placé parmi les mines de cuivre ; et ce n'est qu'en 1751 que *Cronstedt* a retiré un nouveau demi-métal de ce prétendu mélange.

Le kupfernickel ne se trouve pas seulement dans les contrées d'Allemagne ; on l'a trouvé dans le Dauphiné et les Pyrénées. En arrachant de la pierre calcaire pour bâtir à Barèges et vis-à-vis St. Sauveur, on trouve de petits filons et de petits rognons de nickel dans le spath calcaire ; il y en a de réduit à l'état d'oxide verd. M. *Sage* qui a analysé celui de Biber en Hesse et celui d'Allemont, y a trouvé de l'or.

Pour obtenir le nickel, on torréfie le minérai, on en dégage l'arsenic par ce moyen, et on fond l'oxide qui s'est formé avec trois parties de flux noir et un peu de charbon. Ce métal est d'un gris rougeâtre.

La pesanteur spécifique du nickel fondu est 78070. V. *Brisson*.

Comme il est très-difficile d'enlever tout l'arsenic par une torréfaction préliminaire, le métal poussé à un feu violent laisse encore échapper de l'arsenic.

Les moyens indiqués par MM. *Bergmann* et

Arvidson pour purifier le nickel, consistent dans des calcinations et des réductions répétées; mais ces opérations n'en séparent que l'arsenic; et M. *Bergmann* convient n'avoir pas pu parvenir à le dépouiller complétement de son fer, quoiqu'il l'ait traité par toutes les méthodes convenables; et il est même tenté de le regarder comme une modification du fer.

On peut consulter sur la nature de ce métal la dissertation de BERGMANN. *De niccolo opuscul.* t. 2, l'analyse chimique de M. *Sage*, etc.

L'acide sulfurique distillé sur le nickel donne de l'acide sulfureux, et laisse un résidu grisâtre qui dissous dans l'eau lui communique une couleur verte.

Le sulfate de nickel effleurit à l'air.

Le nickel est attaqué très-vivement par l'acide nitrique; la dissolution évaporée fournit des crystaux d'un beau verd en cubes rhomboïdaux.

L'acide nitrique dissout également l'oxide de nickel, et forme avec lui des crystaux d'un beau verd d'émeraude, déliquescens, dont la forme est rhomboïdale selon *Bergmann.*

L'acide muriatique dissout à chaud le nickel; la dissolution produit des crystaux du plus beau verd émeraude en octaèdres rhomboïdaux alongés.

Cronstedt nous a appris que le nickel se combinoit avec le soufre par la fusion, et qu'il en résultoit un minéral dur, jaune et à petites facettes brillantes ; le même Chimiste a dissous ce dernier métal dans le sulfure de potasse, et formé un composé semblable aux mines de cuivre jaune.

Le nickel ne s'amalgame pas avec le mercure.

CHAPITRE IV.

Du Bismuth.

Le bismuth ou étain de glace est un demi-métal d'un blanc jaunâtre, brillant, disposé en feuilles et chatoyant. Il a de l'analogie avec le plomb : comme lui il passe à la coupelle et fournit le grain de fin.

La pesanteur spécifique du bismuth fondu est 98227. V. *Brisson*.

Le bismuth est de tous les demi-métaux, après l'étain, celui qui entre le plus facilement en fusion ; il n'exige que le deux-centième degré de chaleur.

Le Bismuth se trouve sous divers états dans le sein de la terre : il y est ou natif ou combiné avec le soufre, l'arsenic ou l'oxigène.

1°. Le bismuth natif est quelquefois crystallisé en cubes : MM. *Wallerius* et *Cronstedt* l'ont trouvé sous cette forme dans les mines de Schnéeberg en Saxe ; souvent ces crystaux se réunissent en façon de dendrites dans des gangues spathiques ou quartzeuses. On trouve du bismuth natif en masse mammelonnée à la manière des stalactites.

Le bismuth natif est souvent altéré par une légère décomposition de la surface métallique.

Le bismuth natif de Saxe est quelquefois irisé et mêlé d'arsenic. Il a pour gangue un jaspe rougeâtre.

2°. Le bismuth arsenical est d'un gris blanchâtre et brillant. Cette mine se recouvre quelquefois d'une ocre de bismuth, et contient souvent de cobalt : j'ai vu des morceaux de bismuth arsenical de Schnéeberg en forme de dendrites sur une gangue de jaspe.

3°. Nous devons à M. *Cronstedt* la connoissance de la mine de bismuth sulfureuse, celle qu'il a décrite est d'un gris bleuâtre et brillant.

Cette espèce a souvent le tissu lamelleux de la galène à grandes facettes ; ce qui lui a fait donner, par *Linné, Wallerius* et autres, le nom de *galène de bismuth*. On l'a trouvée à Batnaès, à Riddarrhitan en Westmanie. Elle décrépite sur les charbons, et il faut la pulvériser pour pouvoir la torréfier sans perte.

La galène de bismuth est quelquefois striée.

La mine de bismuth sulfureuse est quelquefois compacte, d'une couleur obscure et parsemée de petits points brillans : telle est celle de Schneeberg en Saxe.

M. *de Lapeyrouse* découvrit, en 1773, sur les montagnes de Melles en Cominges, au quartier appelé les *Raitz*, une mine de bismuth qui ressemble à une galène à petites écailles ; et elle n'en diffère extérieurement que par plus de légéreté. Cette mine est minéralisée par le soufre dans la proportion de 35 livres au quintal.

4°. *Cronstedt*, *Linné*, *Justi*, *de Born*, ont parlé d'une mine de bismuth d'un jaune verdâtre, trouvée en Saxe et en Suède. M. *Sage* a donné à l'Académie, le 17 Août 1780, l'analyse de la mine de bismuth terreuse, solide, d'un verd jaunâtre ; il en a retiré du quartz dans la proportion d'un tiers, de l'acide carbonique, 36 livres de bismuth par quintal, et 24 grains d'argent ; il n'y a trouvé ni cuivre ni fer. Outre cette mine verte, il en a analysé une jaune, solide, un peu brillante et quelquefois demi-transparente ; elle lui a fourni à peu près les mêmes résultats, mais 9 livres de plus de bismuth.

Cet oxide doit être fondu au fourneau à manche.

La fusibilité du bismuth rend l'exploitation de ses mines fort simple, et on peut varier l'appareil de bien des manières : il suffit de jetter le minérai sur le feu, et de pratiquer une caisse pour recevoir le demi-métal.

Le bismuth chauffé jusqu'à rougir brûle avec une flamme bleue peu sensible ; son oxide s'évapore sous la forme d'une fumée jaunâtre qui, condensée, forme les *fleurs de bismuth*. Il augmente de 12 livres par quintal en passant à l'état d'oxide.

M. *Darcet* a converti le bismuth en un verre d'un violet sale.

Le bismuth peut être substitué au plomb dans la coupellation, sa vitrification est même plus prompte.

L'acide sulfurique bouilli sur le bismuth laisse échapper de l'acide sulfureux et le dissout en partie; le sulfate de bismuth ne crystallise point et est trop déliquescent.

L'acide nitrique attaque le bismuth et s'y décompose très-promptement; le gaz nitreux se dégage, tandis que l'oxigène se fixe avec le métal. Il y en a cependant une portion dissoute qui peut former un sel en prismes tétraèdres rhomboïdaux terminés par une pyramide tétraèdre à faces inégales. Ce nitre détonne foiblement et par scintillations rougeâtres. Il se fond, se boursouffle et laisse un oxide d'un jaune verdâtre.

Ce sel perd sa transparence à l'air en même-temps que son eau de crystallisation.

L'acide muriatique n'agit qu'à la longue sur ce métal, et lorsqu'il est tres-concentré. Le muriate crystallise difficilement; il attire fortement l'humidité de l'air.

L'eau précipite ce demi-métal de toutes ses

dissolutions, et le précipité bien lavé est connu sous les noms de *blanc de fard*, *magistère de bismuth*. Ce blanc est employé à enduire et à peindre la peau des petites maîtresses ; mais le teint ne tarde pas à se plomber ; les vapeurs fortes, les sulfures, la seule transpiration animale, en altèrent la couleur. Les Perruquiers qui veulent noircir les cheveux, les enduisent d'une pommade préparée avec le *magistère de bismuth*.

Le bismuth est employé par les Potiers d'étain pour donner de la dureté à ce dernier métal.

M. *Pott* a publié une dissertation dans laquelle il avance que des Médecins ont employé quelques préparations de ce demi-métal ; mais il est prudent de le proscrire, parce qu'il retient presque toujours de l'arsenic, et qu'il partage les propriétés malfaisantes du plomb.

Le blanc de bismuth est très-employé comme fard. Ses diverses dissolutions forment des encres de sympathie plus ou moins curieuses par la facilité avec laquelle cet oxide s'altère et passe au noir.

Schluter, dans son traité sur la fonte des mines, prétend qu'on peut l'employer à faire le verre bleu d'azur ; mais il paroît, d'après ce qu'il dit, qu'on s'est servi dans ces circonstances d'une mine de bismuth très-riche en cobalt, puisqu'il ajoute qu'à un feu doux cette mine laisse suinter du bismuth, et que le résidu est une terre grise et fixe qui est employée avec avantage pour faire le bleu.

Ce demi-métal s'allie avec tous les métaux ; mais il ne s'unit que très-difficilement par la fusion avec les autres demi-métaux et oxides métalliques. L'antimoine, le zinc, le cobalt et l'arsenic se refusent à cette union.

Le bismuth fondu avec l'or le rend aigre et lui communique sa couleur ; il ne rend point l'argent si cassant que l'or ; il diminue le rouge du cuivre ; il perd lui-même sa couleur avec le plomb, et ils forment un alliage d'un gris sombre ; mêlé en petite quantité avec l'étain, il lui donne plus de brillant et de dureté ; il peut s'unir au fer par un feu violent.

Le bismuth s'amalgame avec le mercure et forme un alliage coulant ; c'est ce qui engage quelques Droguistes de mauvaise foi à le mêler avec ce métal. On peut reconnoître la fraude en ce que le mercure n'est plus aussi coulant ; et on n'a qu'à dissoudre cet alliage dans l'esprit de nitre, on en précipitera le bismuth par le moyen de l'eau.

Néanmoins cette propriété de s'amalgamer complétement avec le mercure, peut le faire servir avec avantage dans l'étamage des glaces ; en amalgamant l'étain, le bismuth et le mercure. C'est peut-être ce qui lui a mérité son nom d'*étain de glace*.

L'alliage fusible de M. *Darcet* est un mélange de huit parties de bismuth, cinq de plomb, trois d'étain. Il fond dans l'eau au soixante-treizième degré de *Réaumur*, et coule comme du mercure.

C H A P I T R E V.

De l'Antimoine.

L'antimoine est un demi-métal dont les Alchimistes se sont singulièrement occupés ; ils le regardoient comme la base du grand œuvre, et on le trouve désigné dans leurs écrits, sous les noms de *racine des métaux*, *de plomb sacré*, erc.

Ce demi-métal est fameux par les disputes qu'il suscita au commencement du seizième siècle : il fut prohibé par un Arrêt du Parlement, à la sollicitation de la Faculté de Paris : *Paumier* de Caen, Médecin et Chimiste habile, fut dégradé par le Corps de la Médecine pour l'avoir employé, en 1609.

Ce même métal proscrit fut rétabli en 1624, et fournit aujourd'hui les remèdes les plus héroïques à la Médécine.

Bazile Valentin, zélé partisan de l'antimoine, plaida sa cause avec chaleur et enthousiasme, dans un ouvrage intitulé *Currus trihomphalis antimonii*; et *Lemery* a employé un gros volume à décrire les préparations qu'on peut retirer de ce demi-métal.

Comme cette substance a long-temps occupé les Alchimistes, il n'en est point dont l'étude soit plus difficile, par rapport à la multiplicité des préparations, à la barbarie des noms qu'on leur a donnés et à la variété des procédés. Mais en confondant les préparations identiques, en rapprochant les analogues, élaguant cette foule de noms barbares qu'on a donnés à la même chose, et réduisant les procédés à la simplicité dont des préparations bien connues sont susceptibles, on peut se faire une idée bien nette et bien précise de la nature et des propriétés de ce métal.

L'antimoine se trouve sous quatre états dans le sein de la terre.

1°. Sous forme de métal.

2°. Combiné avec l'arsenic.

3°. Minéralisé par le soufre.

4°. A l'état d'oxide.

1°. Quelques Auteurs prétendent que l'antimoine, à l'état de métal, a été découvert en 1748 par M. *Ant. Swab* dans la mine de Sahlberg en Suède. *Swab* dit qu'il a la couleur de l'argent, qu'il a des facètes larges, brillantes, et qu'il s'amalgame facilement avec le mercure. *Cronstedt*, *Wallerius*, *Linné*, *Cartheuser*, n'hésitent point à admettre un antimoine natif; mais *Lehmann*, *Justi*, *Vogel*, nient son existence, et M. *de Lisle* pense que ce prétendu

régule

régule n'est que la mine d'antimoine blanche arsenicale ; M. l'Abbé *Mongez* prétend avoir trouvé à Allemont en Dauphiné de l'antimoine natif ; c'est le même minérai que M. *Sage* a fait connoître sous le nom de mine d'antimoine arsenicale.

Si cet antimoine natif existe , il crystallise probablement comme le métal qui nous est connu , dont les crystaux sont , ou des octaèdres implantés les uns dans les autres , ou des cubes posés en retrait les uns sur les autres.

2°. La mine d'antimoine arsenicale , doit être regardée comme un vrai régule par ceux qui , d'après *Bergmann* , ne veulent point que l'arsenic soit minéralisateur ; car alors cette mine est l'alliage de deux régules.

Cette mine est blanche comme l'argent , et offre de larges facètes comme l'antimoine. Cette espèce a été envoyée à M. *Sage* d'Allemont en Dauphiné ; le quartz lui sert de gangue ; on trouve quelquefois dans les cavités de cette pierre de petits faisceaux de mine d'antimoine gris et rouges , striés et radiés , qui ne contiennent point d'arsenic.

L'antimoine et l'arsenic sont à l'état de métal dans cette mine ; l'arsenic est si adhérant à l'antimoine , que les torréfactions ne peuvent point l'en dégager ; M. *Sage* a combiné la mine avec le soufre , et a obtenu de l'orpin et du

P

réalgar ; ce Minéralogiste a conclu, d'après ses analyses , que l'arsenic y étoit dans la proportion de 16 livres par quintal.

3°. L'antimoine est ordinairement minéralisé par le soufre , et alors il se présente sous trois ou quatre variétés bien distinctes , il est quel-quefois crystallisé , la couleur est grise et tire sur le bleuâtre ; les crystaux sont assez souvent des prismes minces ,· oblongs , hexaèdres , ter-minés par des pyramides tetraèdres ; les mines qu'on exploite en Auvergne nous ont fourni des prismes superbes de même forme géométrique, mais plus gros que ceux de l'antimoine de Hongrie ; ces crystaux se revêtent facilement d'une couleur irisée ; ceux des mines d'Auvergne s'altèrent plus difficilement que ceux de Hongrie : je possède un gros échantillon d'antimoine des environs d'Alais, qui est tout hérissé de crystaux parfaitement semblables à ceux de Hongrie ; il arrive souvent que ces crystaux sont confondus et mal prononcés , et alors la mine paroît for-mée par des prismes très-minces , couchés et réunis les uns aux autres. Ce qu'on appelle *anti-moine en plume* ne diffère de ces variétés , qu'en ce que les crystaux sont très-minces et détachés; ils sont ordinairement d'un gris noirâtre : on a rangé cette variété parmi les mines d'argent , parce qu'elle en contient le plus souvent.

On a trouvé des mines d'antimoine dans plusieurs endroits du Royaume ; mais notre Province de Languedoc en offre de très-intéressantes: nous en avons à Malbos , dans le Comté d'Alais ; on en exploite dans le Diocèse d'Uzès , et le manque de consommation a rallenti l'exploitation de ces mines. M. *de Genssanne* a observé dans le Vivarais , un gros filon de mine d'antimoine dans une couche de charbon de terre.

L'altération de l'antimoine sulfureux donne naissance à la mine rouge d'antimoine ; cette mine rouge accompagne sur - tout l'antimoine spéculaire de Toscane. Les surfaces paroissent cariées par la décomposition , et lorsqu'on en casse un morceau , il s'en exhale une poudre qui a les propriétés du *kermés*.

La décomposition de l'antimoine sulfureux produit aussi quelquefois du sulfate d'antimoine : on peut voir encore quelques variétés de ces décompositions antimoniales , dans *l'Analyse chimique de M. SAGE*.

On trouve l'antimoine sous deux états dans le commerce , sous forme d'antimoine crud et sous forme de métal.

L'antimoine crud n'est que l'antimoine sulfureux débarrassé de sa gangue ; pour cet effet , on met le minérai dans des pots percés d'un trou dans leur fond , et disposés sur d'autres pots enfouis dans la terre ; on chauffe les pots supérieurs qu'on a remplis de minérai, l'anti-

moine se fond , entraîne son soufre et se fige
dans les vases inférieurs , tandis que la gangue
reste dans le pot supérieur.

Comme le mélange d'antimoine et de soufre
est très-fusible , on peut varier le procédé de
mille manières ; et j'ai fait travailler moi-même
une mine d'antimoine avec la plus grande économie en la faisant fondre dans un fourneau, sur
la voûte duquel j'avois disposé le minérai concassé en morceaux de cinq à six livres ; la chaleur
étoit communiquée à toute la masse par cinq
ouvertures pratiquées à la voûte , et l'antimoine
qui fondoit venoit se rendre au dehors du four
par le moyen des rigoles qu'on avoit pratiquées
sur la naissance de la voûte. Cette méthode a
fourni 40 quintaux d'antimoine en 27 heures de
feu , et on n'a employé que 20 à 30 quintaux
de combustible.

Pour priver l'antimoine crud de son soufre ,
nous connoissons deux moyens , 1°. une calcination lente et graduée du minérai , ce qui donne
un oxide gris qui , poussé à un feu violent , se
convertit en verre d'antimoine rougeâtre et un
peu transparent ; il ne prend cette transparence
que lorsqu'il est bien fondu. Ce verre est un
violent corrosif ; mais il est susceptible d'être
corrigé en le mêlant, le pétrissant et le faisant
brûler avec de la cire jaune , ou bien en le triturant avec une huile volatile ; c'est alors l'*anti*-

moine ciré de *Pringle* , si vanté pour combattre
les dyssentéries ; 2°. en projetant dans un creuset rougi un mêlange de 8 parties d'antimoine
crud , 6 de tartre et 3 de nitrate , et tenant ce
mêlange en fusion pendant quelque temps , on
obtient l'antimoine à l'état de métal.

Dans les travaux en grand on torréfie l'antimoine dans un fourneau semblable à celui des
Boulangers ; on mêle 50 livres de lie de vin desséchée ou de tartre , avec 100 livres d'oxide
d'antimoine , et on fond ce mêlange dans des
creusets appropriés ; Le culot de métal conserve
la forme du creuset , et les pains d'antimoine
offrent une étoile à leur surface ; qui a été regardée comme *significative* ; mais ce n'est qu'une
crystallisation confuse , formée par des octaèdres
implantés les uns dans les autres.

Le cuivre , l'argent , le fer , fondus avec le
sulfure d'antimoine , s'emparent de son soufre,
et le réduisent à l'état de régule , qui porte le
nom du métal employé : on l'appelle *régule* de
Mars , de *Vénus* , etc.

L'antimoine fond difficilement ; mais , une
fois qu'il est en fusion , il laisse échapper une
fumée blanche , connue sous le nom de *neige
argentine d'antimoine* ; cette fumée recueillie
forme des crystaux très - brillans prismatiques
tétraèdres : M. *Pelletier* les a obtenus en octaèdres transparens. Les fleurs argentines d'anti-

moiné sont solubles dans l'eau qu'elles rendent émétique ; la volatilité et la solubilité de cet oxide sublimé le rapprochent de celui d'arsenic dont nous avons déjà parlé. C'est à *Rouelle* que nous devons ces observations sur les propriétés de cet oxide antimonial.

L'antimoine n'est que peu altéré par l'air, il conserve long-temps son éclat.

La pesanteur spécifique de l'antimoine fondu est de 67021. V. *Brisson*.

L'acide sulfurique qu'on fait bouillir lentement sur ce métal se décompose en partie, il s'échappe d'abord du gaz sulfureux ; et, sur la fin, il se sublime du soufre en nature. Quand on emploie quatre parties d'acide sur une d'antimoine, ce qui reste, après l'action de l'acide, est de l'oxide métallique mêlé d'une petite quantité de sulfate d'antimoine, qu'on peut en séparer par le moyen de l'eau distillée ; ce sulfate est très-déliquescent et se décompose facilement au feu.

L'acide nitrique se décompose aisément sur ce demi-métal ; il en oxide une grande partie, et en dissout une portion qui peut être entraînée par l'eau, et forme un sel très-déliquescent qui se décompose au feu ; l'oxide préparé par ce moyen est très-blanc et très-difficile à réduire ; cet oxide est un véritable *bezoard minéral*.

L'acide muriatique n'agit sur l'antimoine que par une longue digestion : M. *Fourcroy* a observé que cet acide , long-temps digéré sur ce métal le dissout , et que le muriate d'antimoine qu'on obtient par une forte évaporation en petites aiguilles est très-déliquescent ; il se fond au feu et se volatilise. M. *Monnet* a constaté que 12 grains d'oxide d'antimoine suffisent pour saturer demi-once d'acide muriatique ordinaire. MM. *Monnet* et de *Fourcroy* ont toujours vu que dans les muriates d'antimoine il y a une portion qui ne se volatilise pas par le feu ; cela dépend de ce qu'elle a été fortement oxidée.

Si on distille deux parties de muriate de mercure corrosif et une d'antimoine, il passe , au feu le plus léger , une matière butyreuse , qu'on appelle *beurre d'antimoine* , *muriate d'antimoine sublimé :* il est à présumer que dans cette composition ,l'acide y est à l'état d'acide muriatique oxigéné comme dans le sublimé corrosif.

Le muriate d'antimoine sublimé devient fluide à une très-légère chaleur , c'est ce qui permet de le transvaser commodément ; car il ne s'agit que de plonger dans l'eau chaude la bouteille qui le contient, alors on peut le transvaser comme un liquide.

J'ai observé plusieurs fois ce muriate d'antimoine crystallisé en prismes hexaèdres à sommet dihédre ; deux côtés du prisme sont inclinés et forment ce que l'ancienne chimie appeloit *crystaux en tombeau.* Ce muriate est employé comme

escarotique. Ce sel étendu d'eau , laisse précipiter une poudre blanche appelée *poudre d'algaroth* ou *mercure de vie*. Cette poudre ne retient
pas un atome d'acide muriatique , et n'est qu'un
oxide d'antimoine par l'acide muriatique.

L'eau simple a de l'action sur ce demi-métal,
puisqu'en séjournant dessus elle devient purga-
tive. Le vin et l'acide acéteux le dissolvent
complétement. Mais le vin émétique est un
remède suspect , puisqu'il est impossible d'en
déterminer irrévocablement et invariablement
le degré d'énergie , qui dépend de l'acidité
trop variable des vins employés : on ne doit
employer le vin émétique qu'en lavage ou en
lavemens.

Les liqueurs gastriques dissolvent aussi ce
demi-métal, comme le prouvent les fameuses
pilules perpétuelles; on a désigné ce purgatif
sous le nom de pilules perpétuelles , parce
qu'étant peu altérable, on pouvoit le transmettre
de génération à génération. L'acide du tartre
forme avec l'antimoine un sel très-connu , et
très-employé dans la médecine , sous les noms
de *tartre émétique* , de *tartre stibié* , ou simplement d'*émétique* ; c'est ce sel qu'on a appelé
dans la nouvelle nomenclature *tartrite de potasse
antimonié*.

En parcourant les divers auteurs qui ont parlé
des préparations de ce remède, et jettant un

coup-d'œil sur les plus célèbres dispensaires, nous n'en trouvons pas deux qui proposent un procédé uniforme, constant et invariable dans les effets.

Les uns prescrivent le *saffran des métaux* ou *oxide d'antimoine sulfuré demi-vitreux*; les autres le *verre d'antimoine*; quelques-uns, le *foie d'antimoine* ou *oxide d'antimoine sulfuré*; d'autres, l'*oxide sublimé*; et quelques-uns combinent plusieurs de ces substances; mais tous, en général, adoptent la *crême de tartre* ou *tartrite acidule de potasse* pour dissolvant.

Les procédés varient, non-seulement dans le choix des matières qu'on emploie, mais même dans les proportions dans lesquelles il convient de les employer. On trouve encore de la variété, dans la quantité d'eau employée comme véhicule, ce qui n'est pas indifférent; dans le temps prescrit pour faire digérer les substances, ce qu'il importe d'autant plus de fixer que la saturation de l'acide dépend absolument et essentiellement de cette circonstance. Le choix des vaisseaux doit encore influer sur l'effet du remède : *Hoffmann* a soutenu que l'émétique perdoit son effet par une longue ébullition; et M. *Baumé* a prouvé que le fer précipitoit l'antimoine à la longue; et conséquemment les vaisseux de fer prescrits par quelques Pharmacopées doivent être rejetés.

Cette variété dans les procédés doit néces-

sairement influer sur le résultat; et on doit être
peu surpris que *Géoffroi*, qui a fait l'analyse
de plusieurs tartrites de potasse antimoniés, ait
trouvé, depuis 30 grains jusqu'à 2 gros 10 grains
de métal par once de sel.

De quelle conséquence n'est-il donc pas de
prescrire un procédé uniforme dont le produit
soit invariable? Ces remèdes héroïques qui opèrent à petite dose, devroient avoir des effets
constans et invariables dans toute l'Europe; il
seroit bien plus avantageux qu'on procédât avec
solemnité à la préparation de ces remèdes actifs
qu'à la confection de la thériaque, vrai monstre
pharmaceutique, dont la dose peut varier impunément depuis quelques grains jusqu'à trois
cens. Il suit de la variété des effets de ces remèdes souverains, que les consultations deviennent presque nulles, puisqu'un Médecin prescrit
toujours d'après les effets des remèdes qu'il emploie journellement; et la médecine n'est plus
qu'une décourageante alternative de succès et
de revers. A Montpellier l'émétique agit à 1 ou
2 grains; ailleurs il n'opère qu'à 10 à 12; et
le tartre stibié, vendu par ces colpolteurs de
remèdes qui fournissent aux Apothicaires des
campagnes, n'est, pour l'ordinaire, que du sulfate de potasse arrosé d'une dissolution d'émétique. Il seroit bien à désirer que le gouverne-
ment, qui n'appose son sceau d'approbation à

des objets de luxe qu'après une inspection rigide, ne laissât pas circuler impunément des produits d'où dépend si essentiellement la santé des citoyens. Ce sont ces fraudes, ces malversations, qui m'ont engagé à former un établissement de produits chimiques où l'intelligence et la probité président à toutes les opérations : et j'ai réussi dans mes atteliers à porter assez d'économie dans les procédés pour pouvoir donner des produits fidèles et invariables au prix de ces drogues sophistiquées avec lesquelles on a empoisonné jusqu'ici le public.

Le procédé le plus exact pour faire de l'excellent émétique, consiste à prendre du verre d'antimoine bien trasparent ; on le porphyrise, et on le fait bouillir dans l'eau avec parties égales de crême de tartre jusqu'à ce que cette dernière soit saturée ; on filtre et on fait évaporer à une chaleur douce ; on obtient, par le repos et le refroidissement, des crystaux de *tartrite de potasse antimonié* dont les degrés d'éméticité paroissent assez constans. On peut obtenir des crystaux à plusieurs reprises par plusieurs évaporations successives.

Macquer proposa la poudre d'algaroth comme plus égale dans ses vertus : MM. *de Lassonne* et *Durande* ont adopté l'opinion de *Macquer* : Le célèbre *Bergmann* a suivi les idées des Chimistes François et n'y a apporté que quelques légères modifications.

Prenez cinq onces de crême de tartre réduite en poudre, et deux onces deux gros de poudre d'algaroth précipitée par l'eau chaude, lavée et séchée, ajoutez-y de l'eau, et faites bouillir doucement; on filtre, on évapore, et on obtient des crystaux de tartre émétique, qui peuvent être donnés à trois grains sans fatiguer l'estomac ni les intestins.

Le tartrite de potasse antimonié crystallise en pyramides trihèdres; il est plus transparent, il se décompose sur le feu en pétillant, et laisse un résidu charbonneux; il se dissout dans 60 parties d'eau, il effleurit à l'air et devient farineux. Les dissolutions de ce sel laissent précipiter un mucilage qui se fige et forme une peau assez épaisse; c'est le mucilage de la crême de tartre; il est insoluble dans l'eau, en partie soluble dans l'alkool, l'acide sulfurique le noircit, et ne se colore lui-même qu'à la longue; l'acide nitrique en dissout une partie et se décompose, il s'exhale beaucoup de gaz nitreux.

Les alkalis et la chaux décomposent le tartrite de potasse antimonié. L'antimoine mêlé convenablement avec le nitrate décompose complétement ce sel: en jettant dans un creuset rougi au feu parties égales de ce demi-métal et de nitrate de potasse, ce sel détonne, son acide se décompose; l'opération finie, on trouve dans le creuset l'alkali qui servoit de base au nitrate et l'antimoine réduit à l'état d'oxide blanc, c'est ce qu'on appelle *antimoine dia-phorétique*. On peut faire cette préparation en se servant du sulfure d'antimoine, et alors on emploie trois parties de nitrate contre une d'antimoine, ce qui reste dans le creuset, après la détonnation, est composé de l'oxide d'antimoine, d'alkali fixe, d'une portion de nitrate non décomposé et d'un peu de sulfate de potasse. Ce composé est encore connu sous le nom de *fondant de Rotrou*. On peut le dépouiller par l'eau de tous les sels qui y sont contenus ; il ne reste alors que l'oxide d'antimoine qu'on appelle *antimoine diaphorétique lavé*; si on verse un peu d'acide sur la liqueur qui tient ces sels en dissolution, on précipite un peu d'oxide d'antimoine dissous par l'alkali du nitrate, ce qui forme la *céruse d'antimoine*, *la matière perlée* de *Kerkringius*.

Parties égales de sulfure d'antimoine et de nitrate, qu'on fait détonner dans un creuset rougi, forment le *foie d'antimoine*, *oxide d'antimoine sulfuré* qui, réduit en poudre et lavé, produit le *saffran des métaux, crocus metallorum*.

On a regardé les oxides d'antimoine comme très-difficiles à être réduits, et j'ai été très-surpris de la facilité avec laquelle on peut les réduire tous par le seul secours du flux noir : ce préjugé s'étoit établi et propagé faute d'avoir fait des essais convenables.

Les alkalis n'agissent pas sensiblement sur l'antimoine : mais les sulfures d'alkali le dissolvent complétement ; et c'est sur ce principe qu'est fondée l'opération par laquelle on obtient un remède précieux connu sous le nom de *kermés minéral*, pour le distinguer du kermés végétal employé dans la teinture. Cette préparation n'est qu'un *oxide d'antimoine sulfuré rouge*. Ce remède, indiqué par *Glauber* qui le faisoit avec l'antimoine et la liqueur de nitre fixé par les charbons, ne doit sa célébrité qu'aux cures merveilleuses qu'il opéra entre les mains du frère *Simon*, Chartreux ; c'est ce qui l'a fait connoître sous le nom de *poudre des Chartreux :* ce Réligieux tenoit cette composition d'un Chirurgien nommé *la Ligerie*, à qui elle avoit été donnée par M. *Chastenay*, Lieutenant du Roi à Landau : M. *Dodart*, premier Médecin du Roi, fit acheter ce secret, en 1720 ; et M. *la Ligerie* le rendit public : on fait bouillir, d'après ce procédé, pendant deux heures, du sulfure d'antimoine concassé, dans le quart de son poids de liqueur de nitre fixé ou potasse avec le double de son poids d'eau très-pure, et on filtre ; le kermés se précipite par le refroidissement, et on le fait sécher. *La Ligerie* prescrit de faire digérer de la nouvelle liqueur de nitre fixé jusqu'à ce qu'elle ait complétement dissous le métal ; *la Ligerie* brûloit de l'esprit de vin ou de l'eau-de-vie dessus. La liqueur qui reste après que le kermés s'est précipité, contient encore du kermés, qu'on peut dégager par le moyen d'un acide ; ce kermés, plus pâle que le premier, est connu sous le nom de *soufre doré d'antimoine*, *oxide d'antimoine sulfuré orangé*.

Ce procédé n'est plus usité : celui qui me réussit le mieux, consiste à faire bouillir dix à douze livres d'alkali pur en liqueur, avec deux livres de sulfure d'antimoine ; on soutient l'ébullition pendant demi - heure, on filtre, et on obtient, par le simple refroidissement, beaucoup de kermés : je fais digérer du nouvel alkali sur l'antimoine jusqu'à ce qu'il soit épuisé ; le kermés que j'obtiens par ce moyen est d'un velouté superbe.

Géoffroy, qui a donné l'analise du kermés en 1734 et 35, a trouvé qu'un gros de kermés contenoit 16 à 17 grains d'antimoine, 13 à 14 d'alkali, 40 à 41 de soufre ; mais MM. *Baumé*, *Deyeux*, *de la Rochefoucauld* et de *Fourcroy*, se sont convaincus que le kermés lavé ne contient plus un atome d'alkali qui n'est pas nécessaire à ses vertus.

Le kermés est encore un de ces remèdes sur

la préparation desquels on devroit porter le plus
grand soin ; c'est néanmoins une substance dont
tous les Apothicaires de la campagne se pourvoient
en foire de Beaucaire ; et l'analyse que j'ai faite
plusieurs fois de ce kermés , m'a convaincu que
ce n'étoit le plus souvent que de la brique pilée ,
mêlée avec du kermés végétal et arrosée d'une
forte dissolution de tartre émétique ; j'en ai trouvé
qui n'étoit qu'un mélange de beau brun-rouge
et d'oxide d'antimoine.

La chaux et l'eau de chaux mises en digestion
sur l'antimoine en poudre , donnent , même à
froid , au bout de quelque temps , une espèce
de kermés ou de soufre doré , d'une belle
couleur rouge.

L'antimoine entre dans la composition des
caractères d'imprimerie. On le mêle encore à
l'étain pour lui donner de la dureté. On s'en
servoit autrefois pour se purger ; pour cet effet ,
on en faisoit des tasses , dans lesquelles on laissoit
séjourner de l'eau ou du vin pendant une nuit ,
et on prenoit cette boisson le lendemain.

On emploie encore le sulfure d'antimoine
comme sudorifique dans les maladies de la peau ;
pour cet effet , on le met dans un nouet et on
le fait digérer dans les tisanes appropriées à
ces maladies ; on l'administre en pilules pour le
même usage.

La

Le fondant de rotrou a été fort en usage pour dissiper les concrétions lymphatiques et les engorgemens pituiteux.

L'antimoine diaphorétique lavé est employé à assez haute dose pour exciter la transpiration: quelques Médecins l'ont mis dans la classe des médicamens sans effet ; et *Boërhaave* a soutenu qu'il n'avoit pas plus d'effet que la terre de Lemnos.

Le kermés minéral est un des remèdes les plus précieux que la médecine connoisse ; il est incisif et on peut l'administrer dans tous les embarras pituiteux, lorsque l'estomac languit, ou que le poumon est engorgé: à plus haute dose il est sudorifique, et à plus forte encore il est émétique; on l'emploie depuis demi-grain jusqu'à trois.

Le tartre émétique a reçu son nom de ses usages, on le fait dissoudre dans l'eau, et cette dissolution produit son effet.

Le foie d'antimoine, *l'antimoine* et le *crocus metallorum*, sont sur-tout employés dans la médecine vétérinaire comme purgatifs ; on les donne à la dose d'une once pour purger les chevaux.

CHAPITRE VI.

Du Zinc.

Le zinc est une substance métallique d'un blanc bleuâtre et brillant, très-difficile à réduire en

Q

poudre et susceptible de s'étendre en lames très-minces par la pression égale et graduée du laminoir : on pourroit, d'après cette dernière propriété constatée par M. *Sage*, regarder le zinc comme le passage des demi-métaux aux métaux.

Le zinc nous est offert sous divers états par la nature.

1°. *Cronstedt* dit avoir vu une crystallisation rayonnée d'apparence métallique qui se trouve à Schneeberg, où on lui donne le nom de *fleurs de bismuth*, mais qu'il a reconnue pour être du *régule de zinc*. Ce célèbre Minéralogiste n'ose point prononcer que ce soit du zinc natif.

M. *de Bomare* dit en avoir trouvé, par petits morceaux, dans les mines de pierre calaminaire du Duché de Limbourg, et dans les mines de zinc de Goslar ; ce régule peut provenir de scories de fourneaux ou d'anciens travaux, et l'existence du zinc natif est encore regardée comme très-douteuse par ces Minéralogistes.

2°. Le zinc est ordinairement minéralisé par le soufre, et ce minérai est connu sous le nom de *blende* qui, en allemand, signifie *qui aveugle* ou *qui trompe* ; et cela peut être, parce que les endroits où ce minérai abonde est stérile en autres mines.

La crystallisation déterminée de la blende paroît être l'octaèdre aluminiforme ; quelquefois le tétraèdre ; mais les modifications de ces formes primitives sont si nombreuses, que ces crystaux présentent une variété de formes étonnante. Ce sont presque toujours des crystaux polièdres dont la forme est indéterminée, ou à peine prononcée; c'est ce qui forme la blende à grandes ou à petites écailles, la blende striée, la blende compacte et autres espèces qu'on peut consulter dans les ouvrages de MM. *Sage*, *de Lisle*, etc.

La couleur varie à l'infini dans ces blendes; il s'en trouve de jaunes, de rouges, de noires, de demi-transparentes, etc.

Toutes les blendes répandent une odeur hépatique quand on les gratte ou qu'on les triture.

Parmi les blendes il en est qui laissent appercevoir une traînée d'une flamme phosphorique lorsqu'on les gratte avec un couteau et même avec un cure-dent : M. *de Bournon* a trouvé de cette blende jaunâtre, transparente et phosphorique, semblable à celle de scharffemberg, à Maronne dans les montagnes de l'Oisan à neuf lieues de Grenoble. La blende phosphorique ne contient presque point de fer.

Pour faire l'essai d'une blende, M. *Monnet* conseille de dissoudre les mines dans l'eau forte; elle s'unit au métal et en sépare le soufre; on obtient ensuite, par la distillation, l'oxide de zinc et on le réduit. *Bergmann* en retire une partie de soufre par la distillation; il dissout le résidu dans les acides et précipite le métal de ses

dissolutions. M. *Sage* distille la blende avec trois
parties d'acide sulfurique, le soufre se sublime
par cette opération ; ce qui reste dans la cornue
est un sulfate de zinc mêlé avec un peu de sulfate de fer et autres matières mélangées avec le
zinc. Je ne connois pas de pays où on exploite
la blende pour en retirer le zinc ; mais elle est
quelquefois mêlée avec le plomb, et en exploi-
tant celui-ci on retire par occasion le premier ;
telle est la mine qu'on exploite à Rammelsberg
près de Goslard dans le bas-Hartz. Une grande
partie du zinc se dissipe pendant la fonte de la
mine de plomb ; mais on en obtient une portion
en métal par un procédé très-ingénieux : on a
soin de rafraîchir la partie antérieure du fourneau sur laquelle on a disposé une pierre légérement inclinée ; les vapeurs de zinc qui sont por-
tées contre cette pierre s'y condensent et retom-
bent en grenaille dans la poussière de charbon
dont on a couvert une pierre placée dans le bas.
Le demi-métal est garanti de l'oxidation par le
moyen du charbon. On le fond de nouveau et
on le coule.

Ce zinc est toujours uni à un peu de plomb,
et il est moins pur que celui qui nous vient de
l'Inde sous le nom de *toutenague.*

J'ai calciné fortement de la blende de Saint-
Sauveur, et ai mêlé la poussière avec du charbon, j'ai mis le tout dans une cornue dont le

bec plongeoit dans l'eau, et ai entretenu un feu violent pendant deux heures ; par ce moyen, j'ai retiré beaucoup de zinc qui se précipite dans l'eau.

3°. La blende qui se décompose donne lieu à la formation du sulfate de zinc. L'opération de la nature est lente, mais l'art y a suppléé : à Rammelsberg on prépare tout le sulfate de zinc connu dans le commerce ; pour cet effet, après avoir grillé la galène mêlée de blende, on la jette encore rouge dans des cuves pleines d'eau, où on la laisse durant vingt-quatre heures ; on éteint à trois reprises ce minéral grillé dans la même eau, on fait ensuite évaporer la lessive, on la met dans des baquets ; et, au bout de quinze jours, on décante l'eau pour détacher les crystaux de sulfate de zinc ; on fond ensuite ces crystaux dans des vases de fer, on verse la liqueur dans des baquets, et on agite jusqu'à ce que la masse soit figée. Nous examinerons dans son temps les propriétés de ce sel.

4°. On trouve encore le zinc à l'état d'oxide : et il me paroît que la nature connoît deux moyens pour porter ce métal à cet état. 1°. Le soufre se dissipe quelquefois sans qu'il en résulte du sulfate, alors il est remplacé par le gaz oxigène, et il en résulte de l'oxide de zinc connu sous le nom de *pierre calaminaire* ; nous avons trouvé à Saint-Sauveur des couches de pierre calaminaire

entremêlées de couches de blende ; et on peut
suivre le passage de la blende à la pierre calaminaire de la manière la plus intéressante. 2°. Le
sulfate de zinc, produit par la décomposition de
la blende dans quelques circonstances, est lui-
même décomposé par les pierres calcaires : on
voit, dans les riches collections de MM. *Sage*,
de Lisle, etc. des crystaux de spath calcaires
convertis en calamine par un bout et calcaires
par l'autre.

La calamine crystallise en prismes tétraèdres
rhomboïdaux, ou en pyramides hexaèdres.

Elle est quelquefois mammelonnée, souvent
vermoulue, d'autrefois spongieuse ou compacte.

Elle varie beaucoup par la couleur : le Comté
de Sommerset en fournit de blanche, de verte, etc.

Pour bien analyser la calamine, *Bergmann*
conseille de la dissoudre dans l'acide sulfurique ;
il obtient des sulfates de fer et de zinc ; on
décompose celui de fer par un poids connu de
zinc, et on précipite ensuite par le carbonate
de soude : il a déterminé que 93 grains de ce précipité équivalent à 100 grains de zinc, il défalque
de ce poids celui du zinc employé pour précipiter
le fer.

On peut retirer le zinc de la calamine par la
distillation : j'ai employé, pour cet effet, le
même procédé que celui que j'ai mis en usage
pour la blende.

Le zinc céde sous le marteau sans s'étendre ; si on le coule en petites lames, on peut alors le passer au laminoir et le réduire en feuilles très-minces et très-flexibles.

La pesanteur spécifique du zinc fondu est 71908 V. *Brisson.*

Le zinc chauffé peut être pulvérisé facilement : sans cette précaution indiquée par M. *Macquer*, on est très-embarrassé ; car il use les limes et les détruit en peu de temps ; en outre elles ont peu d'action sur lui. On peut encore le mettre en fusion et le couler dans l'eau ; ce sont là les moyens les plus convenables pour le pulvériser.

Le zinc traité dans des vaisseaux clos se sublime sans se décomposer : mais lorsqu'on le calcine en plein air, alors il se recouvre d'une poudre grise qui est un véritable oxide ; et si on le chauffe jusqu'à le faire rougir, il s'enflamme, donne une flamme de couleur bleue et répand des flocons blancs, qu'on appelle *lana philosophica, pompholix, nihil album.* Cet oxide peut être fondu en verre par un feu des plus violens ; ce verre est d'un beau jaune. Le zinc laminé en feuilles très-minces, prend feu à la flamme d'une bougie et brûle en donnant une couleur d'un bleu mêlé de verd.

M. *de Lassonne*, qui a donné plusieurs excellens mémoires sur le zinc, le regarde comme une espèce de phosphore métallique.

L'eau paroît avoir de l'action sur le zinc ;
lorsque ce demi-métal commence à rougir, si
on verse de l'eau dessus, ce fluide se décompose et il se dégage beaucoup de gaz hydrogène : MM. *Lavoisier* et *Meusnier* se sont assurés
de ce fait dans leurs belles expériences sur la
décomposition de l'eau.

L'acide sulfurique le dissout à froid ; il se
produit beaucoup de gaz hydrogène ; et on peut
obtenir par l'évaporation un sel dont les crystaux
sont un prisme tetraèdre, terminé par une pyramide à quatre pans : M. *Bucquet* a observé que
ces prismes étoient rhomboïdaux. Ce sel est
connu sous le nom de *vitriol de zinc*, de *vitriol*
blanc, de *sulfate de zinc* ; il a une saveur styptique, assez forte ; il ne s'altère que peu à l'air
quand il est pur ; il laisse aller son oxide à un
degré de chaleur moindre que le sulfate de fer.

L'acide nitrique l'attaque avec véhémence,
même lorsqu'il est étendu d'eau : dans cette
opération, une grande partie de l'acide se décompose ; mais si on rapproche le résidu, on peut
obtenir, par une évaporation lente, des crystaux
en prismes tetraèdres comprimés et striés, terminés par des pyramides à quatre pans : M. *de*
Fourcroy, à qui nous devons cette observation,
ajoute que ce sel fond sur les charbons et fuse
en pétillant, qu'il répand, en détonnant, une
petite flamme rougeâtre : si on l'expose à la

chaleur dans un creuset , il laisse échapper des vapeurs rouges , il prend la consistance d'une gelée et conserve cette mollesse pendant quelque temps. Le nitrate de zinc est très-déliquescent.

L'acide muriatique attaque le zinc avec effervescence ; il se produit du gaz hydrogène et il se précipite des flocons noirs que les uns ont pris pour du soufre , d'autres pour du fer , et que M. *de Lassonne* regarde comme un oxide de zinc irréductible ; cette dissolution évaporée s'épaissit et refuse de crystalliser ; elle laisse échapper de l'acide très-concentré quand on la raproche , et il se sublime même du muriate par la distillation.

Les alkalis purs que l'on fait bouillir sur le zinc se colorent en jaune et en dissolvent une partie , comme l'a prouvé M. *de Lassonne* : l'ammoniaque mise en digestion à froid sur ce demi-métal , dégage du gaz hydrogène ; cela tient évidemment à la décomposition de l'eau qui , d'elle-même et sans mélange , se décompose sur le zinc rougi au feu , comme nous l'avons déjà observé.

Le zinc mêlé avec le nitrate de potasse , et jeté dans un creuset rougi , fait détonner ce sel avec vivacité.

Le zinc décompose le muriate d'ammoniaque par la simple trituration , d'après M. *Monnet.*

Pott a observé qu'une dissolution d'alun , que l'on fait bouillir avec de la limaille de zinc , se décompose et fournit du sulfate de zinc.

Le zinc fondu avec l'antimoine forme un alliage dur et cassant.

Il s'allie avec l'étain et le cuivre et forme le bronze ; combiné avec le cuivre seul il fournit le laiton.

On le mêle à la poudre pour produire les étoiles blanches et brillantes de l'artifice.

On a proposé de le substituer à l'étain pour l'étamage ; et il résulte , des travaux de M. *Malouin* , que cet étamage seroit plus également étendu sur le cuivre , qu'il seroit plus dur que l'étain. On a objecté que les acides végétaux pourroient le dissoudre , et que ces sels étoient dangereux : mais M. *de la Planche* a fait à ce sujet toutes les expériences qu'ont pu lui inspirer ses connoissances et son zèle pour le bien public, et il s'est convaincu que les sels de zinc , pris à plus haute dose que n'en pourroient contenir les alimens préparés dans des vaisseaux étamés avec ce demi-métal , n'étoient point dangereux.

L'oxide de zinc sublimé est très-employé par les Médecins allemands , sous le nom de *fleurs de zinc* , et on donne ce remède comme anti-spasmodique. On peut l'administrer en pilules à la dose d'un grain. On emploie la *tuthie* ou *pompholix* , qu'on mêle avec du beurre frais , comme un excellent remède dans les maladies des yeux.

M. *de Morveau* a substitué le précipité de zinc au blanc de plomb avec le plus grand avantage ; il remplit parfaitement l'intention de l'Artiste, et n'entraîne aucune suite fâcheuse dans son emploi.

CHAPITRE VII.

Du Manganèse.

On connoissoit depuis long-temps, dans le commerce, un minéral de couleur grise ou noire, salissant les doigts, et employé dans les verreries sous le nom de *savon des Verriers* : la plupart des Naturalistes, tels que *Henckel*, *Cramer*, *Gellert*, *Cartheuser*, *Wallerius* l'avoient rangé parmi les mines de fer : *Pott* et *Cronstedt* ne le regardoient point comme une substance ferrugineuse, ce dernier y trouva de l'étain ; et M. *Sage* a cru, pendant long-temps, que c'étoit un alliage intime de zinc et de cobalt.

Le célèbre *Bergmann* imprima, en 1764, que la magnésie noire devoit contenir un métal particulier, il essaya en vain de l'extraire ; mais M. *Gahn*, Médecin à Stockolm, parvint à en tirer un métal à l'aide du feu le plus violent. Nous ferons connoître son procédé, après avoir parlé de diverses formes sous lesquelles se présente le manganèse dans la terre.

Le manganèse paroît être toujours à l'état d'oxide , mais cet oxide présente plusieurs variétés.

1°. Il est quelquefois gris, brillant et crystallisé ; il est formé par des prismes très-fins, entrelassés confusément , et ressemble à de la mine d'antimoine , dont il est facile de la distinguer , en l'exposant sur un charbon ; l'antimoine se fond et donne des vapeurs , tandis que le manganèse n'y éprouve pas de changement.

Les crystaux de manganèse sont des prismes tetraèdres rhomboïdaux striés , et terminés par des pyramides à quatre pans ; ils partent souvent d'un centre et vont en divergeant vers la circonférence.

2°. Le manganèse est très-souvent noir et friable ; on en trouve de cette espèce dans les cavités des hématites brunes des pyrénées.

J'en ai découvert une mine à Saint-Jean-de-Gardonenque dans les Cevennes ; il est prodigieusement léger , il se présente par couches et en morceaux dont la forme est presque toujours celle d'un prisme hexaèdre de 18 lignes de long sur 13 à 14 de large.

Cette mine , sur laquelle j'ai fait les expériences dont je rendrai compte dans le moment, est la plus pure et la plus belle que je connoisse.

3°. Le manganèse est quelquefois d'un blanc rougeâtre, et composé de mammelons grouppés ; sa cassure est lamelleuse. Celle du Piémont a souvent une teinte d'un gris rougeâtre ; elle paroît composée de petits feuillets et fait feu avec le briquet.

Celle de Mâcon en Bourgogne est d'un gris plus foncé que celle du Piémont.

Celle de Périgueux est entremêlée d'ochre martiale jaune ; on la trouve en rognons et non en filons comme celle du Piémont.

4°. Presque toutes les mines de fer spathiques, blanches, contiennent du manganèse ; et on peut les considérer comme des mines de ce demi-métal. Le manganèse est encore mêlé avec le spath calcaire, le gypse, le jaspe, les hématites, etc. M. *de Lapeyrouse* a décrit treize variétés de manganèse crystallisé, trouvées dans les Pyrénées. *Voyez Journal de Physique, Janvier 1780, pag. 67.*

5°. *Schéele* a prouvé que la cendre des végétaux contenoit du manganèse ; et c'est à ce minéral qu'est due la couleur de la potasse calcinée : pour l'extraire il faut fondre ensemble trois parties d'alkali fixe, une de cendres tamisées et un huitième de nitrate ; on verse le mélange fondu dans un mortier de fer où il se fige en une masse verdâtre ; on le concasse, et on le fait bouillir dans de l'eau pure ; on filtre, on sature cette lessive d'acide sulfurique ; et, au bout de quelque temps, il se dépose une poudre brune qui a les propriétés du manganèse.

Pour réduire le manganèse à l'état de métal, on brasque un creuset, on met dans le trou de la brasque une boule de manganèse pétrie avec de l'huile ou de l'eau gommée, et on recouvre le tout d'une couche de poudre de charbon ; on adapte un autre creuset pardessus, et on donne un coup de feu violent pendant une heure ou une heure et demie : en suivant ce procédé, j'ai obtenu plusieurs fois le métal de l'oxide de manganèse des Cevennes : je suis même parvenu à le réduire en mettant simplement de la poudre de manganèse dans la brasque.

Le culot qui en résulte offre presque toujours des aspérités à la surface ; on y apperçoit des globules qui adhèrent à peine à la masse, et ces portions sont ordinairement d'un verd assez foncé, tandis que l'intérieur a un coup - d'œil bleuâtre.

Ce métal est plus infusible que le fer ; et il m'est arrivé plusieurs fois, lorsque le feu n'a pas été assez violent pour fondre le manganèse, de trouver plusieurs globules de fer dispersés dans l'oxide agglutiné.

Les fondans salins doivent être rejetés comme

insuffisans : la grande disposition qu'a ce demi-métal à se vitrifier , fait qu'il se disperse dans le flux et y reste suspendu. J'ai obtenu plusieurs fois , en me servant du fondant vitreux de M. *de Morveau* , des grains métalliques , formant un culot ou dispersés dans le flux , qui examinés de plus près ne se sont trouvés que du fer , du cobalt ou autres métaux , selon la nature du minérai de manganèse : j'ai même obtenu quelquefois des globules de plomb , parce que le verre le plus grossier , où on en soupçonne le moins , et qu'on fait entrer dans la composition du flux de M. *de Morveau* , en contient très-souvent.

La pesanteur spécifique du manganèse a été évaluée par *Bergmann* , par rapport à celle de l'eau , à-peu-près comme 6 , 850.

L'oxide de manganèse chauffé fortement dans des vaisseaux clos , donne une quantité prodigieuse de gaz oxigène , et commence à le fournir à un degré de chaleur moindre que celui qui est nécessaire pour le dégager des oxides de mercure : on a besoin d'un coup de feu violent pour dégager les dernières portions : quatre onces de manganèse des Cévennes m'ont donné neuf pintes de gaz oxigène ; ce qui a resté dans la cornue étoit un oxide gris , dont une partie étoit incrustée dans le verre fondu et lui avoit communiqué une couleur d'un violet superbe.

L'oxide de manganèse distillé avec du carbone donne de l'acide carbonique ; mais si on le calcine à vaisseau ouvert, il se réduit en une poudre grise qui diminue considérablement, lorsque le feu est très-fort, finit par s'agglutiner et former une masse verte.

Si on le mêle avec du charbon, il n'éprouve pas de changement sensible dans la couleur.

Le manganèse exposé à un feu très-violent se vitrifie, et donne un verre d'un jaune obscur, le fer qui lui est mêlé conserve sa forme métallique.

Le manganèse s'altère facilement à l'air et se résout en une poussière brune qui augmente en pesanteur, ce qui annonce une vraie oxidation.

Le manganèse se fond facilement avec tous les métaux, excepté avec le mercure pur. Le cuivre allié d'une certaine quantité de manganèse est encore très-malléable.

Si l'on met sur un charbon un mélange de phosphate de l'urine avec un peu d'oxide de manganèse, et qu'on le fasse couler, seulement pendant quelques instans, par le moyen de la flamme bleue intérieure du chalumeau, on aura un verre transparent d'un bleu tirant au rouge qui, étant chargé d'une plus grande quantité de sel, prend la couleur de rubis ; si on le remet en fusion, et qu'on l'y tienne plus long-temps,

on

on apperçoit une légère effervescence et toute la couleur disparoît ; si on ramollit à la flamme extérieure le globule transparent , la couleur revient bientôt , et on l'efface de nouveau en entretenant la fusion pendant un temps ; la plus petite partie de nitrate ajoutée au verre , restitue sur le champ la couleur rouge ; elle s'efface, au contraire , par l'addition des sels sulfuriques : ce globule de verre privé de couleur , enlevé de dessus le charbon et fondu dans la cuiller , redevient rouge et ne change plus ; ces expériences sont du célèbre *Bergmann.*

L'acide sulfurique attaque le manganèse et produit du gaz hydrogène : ce métal se dissout plus lentement que le fer ; il se dégage une odeur pareille à celle que donne la dissolution de fer par l'acide muriatique ; la dissolution est sans couleur et comme de l'eau pure ; elle fournit, par l'évaporation , des crystaux transparens , amers et sans couleur , en parallèlipipèdes : M. *Sage* les a obtenus en prismes tetraèdres , terminés par des pyramides à quatre pans. Ce sel effleurit à l'air.

Si on verse de l'acide sulfurique sur de l'oxide de manganèse , et qu'on aide son action par un feu très-doux , il se dégage une quantité étonnante de gaz oxigène. L'oxide de manganèse des Cevennes m'en fournit cinq pintes et demi par once : lorsque cet oxide est privé de son oxigène,

R

alors il reste une poudre blanche , soluble dans l'eau , qui fournit par évaporation le sulfate de manganèse décrit ci-dessus.

Le célèbre *Bergmann* a observé que l'addition des matières charbonneuses , telles que le sucre , le miel , la gomme , aidoit l'action de l'acide ; cela dépend de ce qu'alors l'oxigène se combine avec ces agens pour former de l'acide carbonique , et l'acide sulfurique agit plus facilement sur le métal.

Le manganèse est précipité de ses dissolutions par les alkalis sous forme d'une matière gélatineuse blanchâtre ; mais ce précipité perd bientôt sa couleur , et devient noir par le contact de l'air : témoin de ce phénomène , je ne pus l'attribuer qu'à l'absorption du gaz oxigène , et je me convainquis de cette vérité en agitant le précipité dans des bocaux remplis de ce gaz ; alors la couleur noire est décidée en une ou deux minutes , et une bonne partie du gaz est absorbée : j'en ai construit un eudiomètre , tout aussi sûr , tout aussi invariable que celui que nous a fourni le sulfure de potasse liquide ; mais il faut beaucoup de précipité et l'agiter sur les parois des vases afin qu'il présente plus de surface à l'air , et que l'absorption soit plus prompte ; je juge de l'absorption en faisant communiquer le vase , par un tube calibré , dans de l'eau stagnante ; l'ascension de cette eau dans le tube, est proportionnée au volume de gaz oxigène absorbé.

L'acide nitrique dissout le manganèse avec effervescence ; il reste toujours un corps noir spongieux et friable, qui a présenté à *Bergmann* tous les caractères du molybdène. Les autres dissolvans présentent un semblable résidu : la dissolution du nitrate de manganèse a souvent une couleur sombre, elle prend difficilement la couleur rouge ; cette dissolution ne donne point de crystaux solides, même par l'évaporation lente.

Les oxides de manganèse sont solubles dans l'acide nitrique ; et il est à observer que cet acide ne se décompose point sur eux, parce qu'il y trouve le métal oxidé : il en résulte de l'acide carbonique, quand on mêle des corps charbonneux qui aident la dissolution. Quand on emploie un acide nitreux, la dissolution se fait sans le secours de ces corps charbonneux, parce qu'alors le gaz nitreux excédent s'empare de l'oxigène de l'oxide : ces dissolutions ne crystallisent point.

L'acide muriatique dissout le manganèse ; mais lorsqu'on le fait digérer sur l'oxide, il se saisit de l'oxigène et passe en vapeurs à travers l'eau, c'est ce qu'on appelle *acide muriatique oxigéné*, dont nous avons déjà fait connoître les propriétés.

Ce qui reste dans la cornue est une portion d'acide combiné avec le manganèse : il en résulte, par l'évaporation, une masse saline qui attire l'humidité de l'air.

L'acide fluorique forme, avec le manganèse, un sel peu soluble, et cet acide en dissout peu ; mais, en décomposant le sulfate, le nitrate ou le muriate de manganèse par le fluate d'ammoniaque, il se précipite un fluate de manganèse. Le même phénomène a lieu avec l'acide phosphorique. L'acide acéteux n'a qu'une foible action sur cette substance : si on fait digérer cet acide sur l'oxide de manganèse, il acquiert la propriété de dissoudre le cuivre et de former du bel acétate de cuivre (*crystaux de Vénus*), tandis que le même acide digéré sur le cuivre forme du *verdet*, ou le corrode simplement ; ce qui prouve que l'acide acéteux se charge du gax oxigène, à l'aide duquel il dissout le cuivre.

L'acide oxalique dissout non - seulement le manganèse, mais aussi l'oxide noir de manganèse : la dissolution saturée laisse précipiter une poudre blanche, s'il n'y a pas excès d'acide ; ce sel noircit au feu et reprend ensuite facilement la couleur laiteuse dans le même acide ; l'acide oxalique le précipite sous forme de petits grains crystallins, dans les dissolutions faites par les acides sulfurique, nitrique et muriatique.

Le tartrite acidule de potasse dissout, même à froid, l'oxide noir : le tartrite de potasse ajouté à une dissolution quelconque de manganèse, y occasionne un précipité qui est un vrai tartrite de manganèse.

L'acide carbonique attaque le manganèse et l'oxide noir ; la dissolution se recouvre à l'air d'une pellicule qui n'est formée que par le manganèse qui se sépare et s'oxide ; elle est blanche quand il n'y a pas de fer.

Si on distille le muriate d'ammoniaque avec cet oxide de manganèse, il se dégage, d'après l'observation de *Schéele*, un fluide élastique qu'il regarde comme un des principes de l'ammoniaque sans en déterminer la nature. M. *Berthollet* a prouvé que, lorsqu'on dégageoit l'ammoniaque par un oxide métallique, il y en avoit alors une portion de décomposée : l'oxigène de l'oxide s'unit au gaz hydrogène de l'alkali pour former de l'eau et le gaz nitrogène s'échappe.

Huit parties de manganèse oxidé prennent, à un feu doux dans une cornue de verre, trois parties de soufre et produisent une masse d'un jaune verdâtre, que les acides attaquent avec effervescence et odeur hépatique.

Le manganèse paroît ne point se combiner avec le soufre.

Pour séparer le fer du manganèse, on dissout

l'alliage dans l'acide nitrique et on évapore à siccité : on calcine fortement le résidu, on fait digérer sur ce résidu de l'acide nitrique affoibli avec un peu de sucre, et on dissout le manganèse qu'on précipite par le carbonate de potasse.

On peut encore mettre l'alliage dans une dissolution de sulfate de fer; l'acide abandonne le fer pour s'unir au manganèse.

Le fer ayant moins d'affinité avec l'acide que n'en a le manganèse peut aussi être précipité par quelques gouttes d'alkali.

On emploie principalement l'oxide de manganèse dans les verreries, pour enlever au verre la teinte verte ou jaune que prennent ordinairement la soude et le sable fondus ensemble; c'est pour cela qu'on l'a appelé *savon des Verriers*. On l'emploie encore à colorer le verre et les porcelaines en violet.

La consommation est devenue plus considérable, depuis la découverte de l'acide muriatique oxigéné, qui l'a fait employer pour les blanchisseries de toile, de coton, etc.

CHAPITRE VIII.

Du Plomb.

Le plomb est le métal le plus mou, le moins tenace, le moins sonore, le moins élastique et un des plus pesans : un pied cube de plomb fondu pèse 794 livres 10 onces 4 gros 44 grains ; sa pesanteur spécifique est à celle de l'eau comme 115523 à 10000. V. *Brisson*. Sa cassure est d'un blanc bleuâtre , plus sombre que l'étain , se ternissant à l'air ; il a une odeur particulière qu'on développe par le frottement.

Il fond à une douce chaleur ; et M. l'Abbé *Mongez* l'a obtenu en crystaux qui représentent des pyramides quadrangulaires couchées sur le côté.

Quelques Auteurs assurent que le plomb est quelquefois natif : *Wallerius* cite trois morceaux de cette espèce. Des Minéralogistes allemands disent encore , qu'on en a trouvé de natif à Villach en Carinthie. M. *de Genssane* en a trouvé dans le Vivarais en quatre endroits : à Serremejanes , à Fayet près l'Argentière , à Saint-Étienne de Boulogne et près de Villeneuve de Berg. « Les grains de plomb natif , depuis la » grosseur d'un marron , jusqu'à une petitesse » presque imperceptible , sont tous renfermés » dans une terre métallique très-pesante , qui » est précisément de la couleur des cendres de » hêtre ou de la litharge réduite en poussière » impalpable. Cette terre se coupe avec le cou- » teau , mais il faut le marteau pour la casser. » Il en a trouvé des morceaux qui renfermoient dans leur intérieur une matière semblable à la litharge.

Linné parle aussi d'un plomb natif en crystaux : presque tous les Naturalistes s'accordent à regarder le plomb natif comme d'une existence très-problématique : les divers échantillons qu'on trouve dans les cabinets , sont dûs probablement à des travaux anciens ; le temps les a dénaturés , les a encroûtés de diverses matières qui paroissent attester qu'ils ne doivent point leur formation à l'action du feu , et c'est ce qui a pu en imposer à quelques Naturalistes.

1°. Le plomb est ordinairement minéralisé par le soufre , et ce minérai est connu sous le nom de *galène.*

Cette mine crystallise ordinairement en cubes, dont elle présente toutes les variétés.

On distingue la galène en plusieurs espèces, 1°. galène à larges facettes ; 2°. galène à petites facettes ; 3°. galène écailleuse ou feuilletée ; 4°. galène compacte à petits grains brillans comme l'acier , elle ne paroît point lamelleuse.

Ces distinctions sont d'autant plus nécessaires, que ces espèces sont très - différentes , par la richesse et l'alliage de l'argent qui est inséparable de la galène : en général la galène à grandes facettes est pauvre en argent ; et on l'emploie pour vernisser les poteries sous le nom d'*alquifoux ;* celle qui est à petits grains est plus riche, et on l'exploite comme mine de plomb tenant argent.

La galène est la seule espèce de mine de plomb qu'on exploite : et nous y rapporterons tout ce que nous avons à dire du travail et de l'essai des mines de plomb, après avoir parlé des autres espèces de mines.

2°. Le plomb a été trouvé minéralisé par l'acide sulfurique. M. *Monnet* a appelé cette mine *mine de plomb pyriteuse* ; elle est friable, terne, noire et presque toujours crystallisée en stries fort allongées ou en stalactites ; elle effleurit à l'air et donne un vrai sulfate de plomb ; celle-ci paroît de la nature de la galène. Comme le sulfate ne se développe que par l'efflorescence de la mine, on peut conclure que l'acide sulfurique n'existe point dans la mine vierge.

Le plomb mêlé au fer est quelquefois combiné avec l'acide sulfurique : il en existe une grande quantité dans l'isle Danglesey ; il ne peut pas être réduit sur le charbon avec le chalumeau, mais il se fond en un verre noir. M. *Wathering* a fait connoître cette mine.

3°. L'acide carbonique minéralise très-souvent le plomb, et nous présente quelques variétés que nous allons décrire.

A. *Mine de plomb blanche.* Elle se trouve presque toujours dans des cavités de galène décomposée, dans les filons de *roche pourrie* contenant de la galène ; elle est [pesante et souvent de couleur graisseuse ; elle décrépite au feu et se réduit aisément ; si on la distille , elle ne donne que de l'eau et de l'acide carbonique ; elle est presque toujours en crystaux , dont la forme varie prodigieusement : sa forme primitive paroît être un dodécaèdre à plans triangulaires isoscèles : j'ai vu des crystaux qui offroient exactement la forme d'un prisme hexaèdre , quelquefois terminé par une pyramide à six pans : les mines de Saint-Sauveur dans les Cevennes nous ont fourni cette variété. M. *Sage* possède du plomb blanc de Geroldseck crystallisé en cubes.

On a trouvé en Angleterre et en Sybérie du plomb blanc , transparent comme le flint-glass.

L'analyse du plomb blanc de Sybérie a fourni à M. *Macquart* , par quintal , plomb 67 , acide carbonique 24 , oxigène 6 , eau 3.

B. *Mine de plomb verte.* Celle-ci ne diffère de la précédente que par les modifications qu'y apporte le principe colorant , qui est dû au cuivre , selon *Spielmann* , et au fer , d'après le plus grand nombre de Chimistes. Sa forme est ordinairement celle d'un hexaèdre tronqué ; et cette mine se réduit moins facilement que la mine blanche.

C. *Mine de plomb noire.* Le plomb peut repasser à l'état de galène en reprenant le soufre qu'elle a perdu , et cette régénération n'est point rare : il suffit qu'une vapeur hépatique frappe sur cette mine pour opérer cette conversion. Les mines de Tschopau en Saxe, celles d'Huelgoët en basse Bretagne, nous présentent de beaux exemples de ce phénomène.

Les nuances de ces différentes mines établiroient un nombre infini d'espèces que le Naturaliste n'admettra jamais que comme des variétés : le passage du plomb blanc au plomb noir nous présente des nuances de couleur qu'il est très-superflu de décrire.

M. *Lehmann* a fait connoître, en 1766, une nouvelle espèce de mine de plomb, qu'on appelle *plomb rouge* : elle a été trouvée en Sybérie dans les environs de Catherine-bourg. Ses crystaux sont grouppés et adhèrent à du quartz, à des mines de cuivre ou de fer ; et quelquefois à de la galène avec des crystaux de plomb blanc et verd ; elle est souvent crystallisée en prismes tétrahèdres rhomboïdaux, courts et tronqués obliquement.

M. *Sage* a considéré ce plomb comme une variété des précédentes espèces, colorée par du fer, dont M. *Lehmann* a prouvé l'existence. M. l'Abbé *Mongez* pense qu'elle est minéralisée par l'acide arsenique.

M. *Macquart* nous a donné les plus précieux renseignemens sur le plomb rouge, et il a prouvé par une analyse rigoureuse qu'il contenoit, par quintal, plomb 36, oxigène 37, fer 25, alumine 2.

4°. On a encore trouvé l'acide phosphorique combiné naturellement avec le plomb. Cette mine découverte par *Gahn*, doit sa couleur verte au fer ; elle ne fait pas effervescence avec les acides ; pour en faire l'essai il faut la dissoudre à l'aide de la chaleur dans l'acide nitrique, on précipite le plomb de cette dissolution par l'acide sulfurique. La liqueur décantée et évaporée à siccité, donne de l'acide phosphorique.

Cette mine se fond au chalumeau, et donne une masse globuleuse opaque, mais sans se réduire. Avec le flux elle se comporte comme le plomb et ses oxides.

M. *de Lametherie* nous a dit que M. ***, Gentilhomme anglois, en traitant des mines de plomb au chalumeau, avoit observé qu'il y en avoit dont le globule crystallisoit par le refroidissement après avoir été en parfaite fusion, et que ces mines étoient irréductibles au chalumeau ; il soupçonnoit qu'elles étoient minéralisées par l'acide phosphorique. M. *de Lametherie* et lui, prirent sept onces de la mine de plomb verd d'Hoffsgruard, près de Fribourg en Brisgaw qui, traitées par le procédé ci-dessus, leur donnèrent de l'acide phosphorique. L'acide phosphorique combiné avec le minium, leur donna une matière verte.

5°. La décomposition des mines que nous venons de décrire, forme souvent des oxides de plomb.

Ces oxides donnent d'abord une poudre qui, charriée par les eaux, se mêle souvent avec de la terre argileuse, calcaire ou quartzeuse.

Ces oxides varient sur-tout par la couleur, qui les assimile plus ou moins parfaitement à la céruse, au massicot ou au minium.

Pour faire l'essai d'une galène, on la pile, on la torréfie, on mêle le minérai torréfié avec trois parties de flux noir, on fond et on obtient un culot métallique qui indique les proportions de plomb au quintal de minérai.

Bergmann propose de faire l'essai des mines de plomb sulfureuses par l'acide nitrique, qui dissout le plomb et non le soufre : on précipite par le carbonate de soude, et 132 équivalent à 100 de métal. Si la mine contient de l'argent, on fait digérer de l'ammoniaque sur le précipité, qui dissout l'oxide d'argent.

Les diverses opérations qu'on fait subir à la mine de plomb pour en obtenir le métal, consistent, 1°. à la trier pour séparer la mine grasse ou pure, de la mine de bocard, et de la gangue qui n'en contient point ; 2°. à bocarder le minérai, et à en dégager la gangue par le lavage ; 3°. à griller le minérai dans un fourneau de réverbère, où on l'agite pour qu'il présente toutes les surfaces ; et, lorsque la surface commence à devenir pâteuse, on la recouvre de charbon, on remue le mélange, on augmente le feu , le plomb ruisselle de tous côtés et se rend au fond du bassin du fourneau , on perce et on fait couler le plomb dans la *case* brasquée. Les scories qui retiennent encore beaucoup de plomb sont fondues au fourneau à manche. Le plomb se moule en *saumons*, et s'appelle *plomb d'œuvre*.

Pour dégager l'argent que contient le plomb, on le porte au fourneau de raffinage , où , par le concours du feu et du vent des soufflets qui y est dirigé sur le plomb fondu , on réduit le métal en un oxide jaune , écailleux , qu'on appelle *litharge* ; on fait couler cette litharge à mesure qu'elle se forme , et l'argent reste seul dans le milieu de la coupelle. La couleur fait distinguer la litharge en *litharge d'or* et *litharge d'argent.*

Cette litharge , fondue à travers les charbons , reprend son état de métal ; et le plomb est d'autant meilleur , qu'il a été mieux dépouillé de l'argent qu'il contenoit : le plus petit alliage de *fin* le rend aigre et cassant.

Le plomb se fond à une douce chaleur : si on le tient quelque temps en fusion , il se recouvre d'un oxide gris ; cet oxide exposé à un feu plus violent et capable de le tenir au rouge , prend une couleur d'un jaune foncé , on l'appelle alors *massicot*. Le massicot peut être porté à l'état d'oxide rouge ou de *minium* , par le procédé suivant : lorsque le plomb est converti en massicot, on le fait tomber du fourneau à terre, et l'on jette de l'eau dessus pour le refroidir : on le passe ensuite au moulin, et on le divise en poudre très-fine, on le lave dans l'eau ; les morceaux de plomb qui n'ont pas été divisés sous la meule, restent dans la bassine où se fait le lavage.

On étend cet oxide de plomb sur l'aire du fourneau où on le calcine, on trace des raies sur la surface, et l'on remue de temps en temps pour qu'il ne prenne pas corps : le feu est entretenu pendant quarante-huit heures. Lorsqu'on a retiré le minium du fourneau, on le met dans de grandes sebiles de bois, on le passe dans des tamis de fer très-fins posés sur des tonneaux où l'on reçoit le *minium*. Nous devons ces connoissances à MM. *Jars*, qui nous ont donné des détails très-curieux sur les fabriques de minium dans le Comté de Derby.

M. *Geoffroy* avoit cru que pour former le minium, il ne falloit pas que la chaleur excédât 120 degrés au thermomètre de *Réaumur* ; mais cette chaleur n'est point proportionnée à celle des fabriques en grand, où on entretient la voûte des fourneaux au rouge. Le plomb dans la calcination augmente de dix pour cent.

Tous ces oxides, poussés à un feu plus violent, se réduisent en un verre de couleur jaune ; ce verre est si fusible, qu'il pénètre et détruit les meilleurs creusets ; c'est sa fusibilité qui le fait employer dans les Verreries : outre qu'il facilite la fonte , il rend le verre plus doux , plus pesant , plus gras et plus susceptible d'être taillé et poli ; c'est pour cela qu'on le fait entrer dans la composition du flint-glass et du crystal.

Les oxides de plomb , distillés sans addition , donnent du gaz oxigène à un feu violent : *Priestley* en a retiré du minium , et a obtenu quelques globules de métal.

En fondant ces oxides avec des corps charbonneux , on révivifie le métal.

L'acide sulfurique bouilli sur le plomb , donne beaucoup d'acide sulfureux , et il se forme un oxide qui provient de la combinaison de l'oxigène de l'acide avec le plomb ; il y a néanmoins une portion de plomb qui est dissoute , car si on verse sur le résidu une suffisante quantité d'eau , on obtient , par l'évaporation , un sel en prismes tetraèdres très-caustique , soluble dans dix-huit parties d'eau ; ce sulfate est décomposé par le feu , la chaux , les alkalis , etc.

L'acide sulfurique très-chaud , versé dans un vase de plomb , le corrode et le détruit dans le moment.

L'acide nitrique concentré se décompose facilement sur le plomb et le convertit en oxide blanc ; mais lorsqu'il est foible il le dissout , et forme des crystaux d'un blanc mat , qui

représentent

représentent des segmens de prisme à trois côtés : j'ai du nitrate de plomb dans mon laboratoire, qui présente des prismes hexaèdres tronqués, dont trois côtés sont plus larges que les autres, exactement semblables à ceux que M. *de Fourcroy* a obtenus par une évaporation insensible.

Ce sel décrépite au feu, et fuse avec une flamme jaunâtre lorsqu'on le met sur un charbon : l'oxide de plomb devient jaune, et se réduit en globules de métal. L'acide sulfurique enlève le plomb à l'acide nitrique.

L'acide muriatique, aidé de la chaleur, oxide le plomb et en dissout une partie : ce sel crystallise en prismes hexaèdres striés.

Le muriate n'est que peu déliquescent : la chaux et les alkalis le décomposent.

Le même acide versé sur la litharge, la décompose sur le champ ; il se produit une chaleur de 50 à 60 degrés : cette dissolution donne de beaux crystaux octaèdres d'un blanc mat, d'une saveur styptique et d'une pesanteur très-considérable.

Ce sel décrépite sur les charbons ; et lorsqu'on le pousse au feu, il laisse échapper l'eau de crystallisation, et se réduit en une masse d'un beau jaune.

Trois parties d'eau à 15 degrés de température, en dissolvent une, et l'eau bouillante plus que son poids.   S

Les alkalis purs le précipitent en un *magma*, qui occasionne une espèce de *miraculum mundi*.

L'affinité de l'acide muriatique avec l'oxide de plomb est si forte, que c'est en vertu de cette force qu'elles décomposent toutes ses combinaisons : le minium ou la litharge décomposent le muriate d'ammoniaque ; les mêmes oxides, triturés avec le sel marin, en séparent la soude ; et c'est d'après ces faits que M. *Turner* et autres ont établi des fabriques où on se procure la soude par la décomposition du sel marin.

Les muriates de plomb calcinés ou fondus donnent une couleur jaune superbe ; les atteliers de soude en ont fourni une quantité très-considérable au commerce, et on en a remplacé le beau jaune de Naples.

4°. L'acide acéteux corrode le plomb, et il en résulte un oxide blanc, qu'on connoît sous le nom de *blanc de plomb*.

Pour préparer cette couleur, on coule le plomb en lames de l'épaisseur d'une demi-ligne sur quatre à cinq pouces de largeur et deux pieds de longueur ; on les roule en spirale, de façon qu'il y ait demi-pouce d'intervalle entre ces révolutions ; on les place dans des pots sur trois pointes saillantes qui sont pratiquées vers le tiers de la hauteur ; on met du vinaigre de bière dans ces pots, jusqu'à la hauteur du plomb, et on les enfouit sous des hangards dans du fumier ;

on en dispose plusieurs rangées à côté les unes
des autres, et on en forme plusieurs lits ; on a
la précaution de recouvrir chaque pot d'une lame
de plomb et de planches. Au bout d'un mois
ou de cinq semaines on les retire et on détache
la couche de blanc de plomb ; on divise ce blanc
sous des meules, et on le met ensuite dans un
cuvier d'où on le retire pour le faire sécher.
L'exsiccation se fait à l'ombre, le soleil le colore ;
on le met pour cet effet dans de petits pots de
terre coniques, d'où on le tire pour l'envelopper de papier et le répandre dans le commerce.

La céruse ne diffère du blanc de plomb,
qu'en ce qu'elle est altérée par son mélange
avec une quantité plus ou moins considérable
de craie.

Tous les oxides de plomb sont solubles dans
le vinaigre ; la dissolution d'acétite de plomb,
rapprochée convenablement, crystallise en prismes tétraèdres efflorescens, et forme le *sel de
saturne* ou *sucre de saturne*.

Les alkalis caustiques dissolvent les oxides de
plomb ; d'où on peut précipiter ce métal par les
acides ; en rapprochant la dissolution, on fait
reparoître le plomb presque sous forme métallique, et l'alkali prend une saveur fade très-
particulière.

Les usages de plomb sont très-multipliés dans

les arts. On l'emploie à faire des conduits, des chaudières, des couverts, des boîtes ; et on le rend propre à ces usages, en le laminant ou bien en le coulant sur une couche de sable fin bien tassé, ou sur une étoffe de coutil.

On l'emploie encore à faire des balles ou du plomb pour la chasse : les balles se coulent dans des moules ; le plomb en grenaille se prépare de la manière qui suit : on fait fondre le plomb avec un peu d'arsenic pour le rendre plus aigre : lorsqu'il est à un tel degré de chaleur qu'on puisse y plonger une carte sans la brûler, on le verse sur une cuiller percée de plusieurs trous, dans laquelle on entretient des charbons allumés ; on tient cette cuiller sur l'eau, le plomb s'arrondit en tombant dans ce liquide.

On fait entrer le plomb dans l'étamage, ce qui est une fraude pernicieuse, accréditée par l'usage et tolérée par le défaut de vigilance de la police. Cet usage est d'autant plus dangereux, que les graisses, les huiles, le vinaigre corrodent ou dissolvent le plomb, et que par là il se mêle à nos alimens.

La mine de plomb est encore employée à vernisser les poteries : pour cet effet on pulvérise la galène, on la délaie dans l'eau, on y trempe le vase qui a supporté un premier feu, il se revêt d'une couche de cette galène qui, exposée à un feu un peu violent, passe à l'état de verre, et forme un enduit de verre de plomb sur toute la surface : ce procédé a l'inconvénient d'introduire dans nos cuisines un poison dangereux, dont les effets ne peuvent qu'altérer sensiblement la santé.

On fait entrer le plomb oxidé dans la composition des verres, crystaux, émaux ; il a l'avantage de faciliter la fusion et de donner au verre un onctueux et une mollesse qui le rendent susceptible d'être taillé et poli.

On se sert du blanc de plomb et de la céruse dans la peinture ; ces oxides ont le rare avantage de n'être pas sensiblement altérés par leur mélange avec l'huile, et de former, par leur blancheur et leur poids, une base et un excipient très-convenable pour les diverses couleurs. Les personnes qui broient ces couleurs en sont incommodées, et sont tôt ou tard affectées de la *colique des Plombiers ou des Peintres.*

La litharge est employée aujourd'hui à décomposer le sel marin, et le muriate de plomb fondu forme un superbe jaune très-employé dans les vernis.

8°. La céruse est encore très-usitée pour dessécher les suintemens de la peau et les légères écorchures ; on en saupoudre la peau et on ne connoît pas de remède plus prompt.

Le sel de saturne se consomme presqu'en entier dans les fabriques d'indiennes.

Le vinaigre de saturne , ou l'eau *vegeto-minérale* de M. *Goulard* , est un astringent très - convenable dans les suites ou restes de maladies vénériennes ; on l'emploie aussi pour laver les écorchures , les plaies et faciliter les cicatrices.

On se sert encore de cet extrait pour clarifier les liqueurs , pour décolorer les eaux-de-vie ; ce procédé vicieux pratiqué à Sette , il y a quelques années , a été proscrit sous des peines graves. Les Marchands de vin n'abusent que trop souvent de cette composition , ou tout simplement de la litharge pour adoucir les vins aigres ; cette fraude s'étoit prodigieusement répandue à Paris en 1750 , et il fut prouvé que dans l'intervalle de trois années , trente mille muids de vinaigre avoient été adoucis et vendus comme vin.

On emploie encore les oxides de plomb à durcir les huiles ou à les rendre plus siccatives : dans cette opération l'oxigène de l'oxide se combine avec l'huile et la rapproche des résines. C'est encore une dissolution de plomb dans les huiles , qui sert de base aux emplâtres.

CHAPITRE IX.

De L'Étain.

L'étain a une blancheur qui tient le milieu entre celle du plomb et celle de l'argent ; il se plie facilement et laisse entendre un bruit qu'on appelle *le cri de l'étain* ; aucun autre métal ne possède cette propriété, à l'exception du zinc, où elle est même infiniment moins marquée.

Ce métal est très-mou, le plus léger de tous : la pesanteur spécifique de l'étain fondu est de 72914. V. *Brisson.* Un pied cube de ce métal pèse environ 510 livres ; il est très-ductile sous le marteau, et sa tenacité est telle qu'un fil d'$\frac{1}{10}$ de pouce de diamètre peut supporter 49 livres 8 onces sans se rompre. M. de la *Chenaye* a fait crystalliser l'étain en le faisant fondre à plusieurs reprises, il a obtenu par ce moyen un assemblage de prismes réunis en faisceaux.

L'étain a été trouvé à l'état de métal dans le sein de la terre : M. *Sage* en possède un échantillon des mines de Cornouailles ; et M. *de Lisle* en a aussi dans sa collection. Cet étain, loin de présenter aucune trace de fusion, à l'apparence extérieure du molibdène, il se brise facilement ; mais les molécules qu'on en détache, s'aplatissent sous le marteau.

La mine d'étain est ou blanche ou colorée.

1°. La blanche, qu'on a souvent confondue avec le tungstène, crystallise en octaèdres ; son tissu est lamelleux, elle renferme souvent des portions d'étain rougeâtre. Celle de Cornouailles a produit à M. *Sage* 64 livres d'étain au quintal.

2°. La mine d'étain colorée ne diffère de la précédente, qu'en ce qu'elle contient du fer et quelquefois du cobalt. Cette mine se présente ordinairement en polyèdres irréguliers.

Ces mines donnent de l'acide carbonique par la distillation : exposées au feu dans un creuset, elles y décrépitent, perdent un peu de leur couleur et diminuent d'un dixième.

Bergmann a trouvé de l'étain sulfureux parmi des minéraux qu'il avoit reçus de la Sybérie : il prétend que cette mine étoit dorée à l'extérieur comme de l'or mussif, et offroit à l'intérieur une masse en crystaux rayonnés, blanche, brillante, fragile, et prenant à l'air des couleurs changeantes.

Pour faire l'essai d'une mine d'étain, il ne s'agit que de la fondre à travers les charbons. La calcination à feu ouvert fait dissiper beaucoup de métal, selon l'observation de *Cramer*.

Pour exploiter la mine d'étain, il faut trier le minérai bien exactement, après quoi on le bocarde et on le lave sur des tables garnies de

toile ; on remue et on agite avec un rateau ,
par ce moyen la gangue est entraînée , et le
minérai d'étain reste pur.

Le fourneau qu'on emploie en Saxe pour la
fonte des mines d'étain est une variété du fourneau à manche , dans le sol duquel on pratique
une rigole qui reçoit le métal fondu , et le trans-
met dans un bassin , d'où il est tiré pour être
coulé sur des tables de cuivre ou de fer.

Les mines d'étain de Cornouailles sont souvent
mêlées avec du cuivre et de la pyrite arsenicale ,
le quartz qui leur sert de gangue est très-dur ,
et pour cet effet , on commence par torréfier la
mine avant de la bocarder ; lorsqu'on les lave ,
on promène dessus des pierres d'aimant pour en
séparer le fer. On fond ordinairement la mine
au fourneau de réverbère.

En Saxe , en Angleterre on fond à trois reprises les scories pour en séparer l'étain , on les
bocarde ensuite pour en séparer les dernières
portions de métal. Comme dans les mines de
Cornouailles , le filon d'étain est toujours mêlé
ou accompagné d'un filon de cuivre , l'étain doit
contenir de ce dernier métal , quelques précautions qu'on apporte dans les travaux de l'exploitation.

Nous connoissons dans le commerce trois
espèces d'étain , 1°. l'étain pur , tel que celui de
Malaca , celui de Banqua , et l'étain doux d'An-

gleterre. Celui de Malaca a été coulé dans des moules qui lui donnent la forme d'une pyramide quadrangulaire, tronquée, avec un rebord mince à la base; on l'appelle *étain en chapeau* ou en *écritoire*. Chaque lingot pèse une livre, l'étain de Banqua est en lingots oblongs de 40 à 45 livres.

2°. L'étain d'Angleterre en gros saumons est coulé en baguettes de dix à douze lignes de diamètre sur un pied et demi de longueur.

3°. L'étain des plombiers est déjà allié avec divers métaux : l'ordonnance leur permet d'y ajouter du cuivre et du bismuth; et eux, de leur autorité, y mêlent du zinc, du plomb et de l'antimoine.

L'étain, quel qu'il soit, entre en fusion avec assez de facilité; c'est le plus fusible des métaux; si on le tient en fonte pendant quelques momens exposé à l'action de l'air, la surface se ride et se couvre d'une pellicule grise; si on enlève cette première couche on découvre l'étain avec tout son brillant, mais il perd bientôt cet éclat et s'oxide de nouveau. L'étain augmente d'un dixième de son poids par cette calcination. Lorsque l'oxide est blanc, on l'appelle alors *potée d'étain*; c'est cet oxide d'étain que les Fondeurs qui courent les campagnes appellent *crasses de l'étain*; ils ont grand soin d'écumer le plus souvent possible pour *décrasser* le métal, et il ne rendent au Paysan que ce qu'ils ne peuvent pas lui enlever. Ils savent très-bien fondre ces prétendues crasses à travers le charbon, et en retirer du bon étain.

La potée d'étain est employée à polir des corps durs, et à rendre le verre opaque, ce qui forme l'émail. L'étain s'enflamme à un feu violent, selon *Geoffroi*, et il se sublime un oxide blanc, tandis qu'une partie de l'étain est convertie en un verre couleur d'hyacinthe.

Si on tient l'étain en fusion dans un creuset brasqué, et qu'on recouvre la surface avec une couche de charbon pour empêcher la calcination, ce métal y devient plus blanc, plus sonore et plus dur, pourvu qu'on entretienne le feu pendant huit à dix heures.

On peut encore donner à l'étain et à quelques autres métaux un éclat qu'ils n'ont pas ordinairement, en les coulant au moment qu'ils vont se figer dans le creuset; alors on les garantit de l'oxidation qu'ils éprouvent en se refroidissant lorsqu'on les coule trop chauds; par ce moyen, qui est bien simple, j'ai procuré à l'étain et au plomb un brillant dont on ne les croyoit pas susceptibles.

L'étain distillé dans les vaisseaux clos, forme un sublimé blanc au col de la cornue, que *Margraaf* a pris pour de l'arsenic; mais MM.

Bayen et *Charlard* ont prouvé que cela n'en étoit pas.

L'action des acides sur l'étain varie selon le degré de pureté du métal.

L'acide sulfurique du commerce dissout l'étain à l'aide de la chaleur ; mais une partie de l'acide est décomposée, et se dégage en gaz sulfureux, très-piquant. L'eau seule en précipite ce métal oxidé. M. *Monnet* a obtenu, par le refroidissement, des cristaux semblables à des aiguilles fines, entrelacées les unes dans les autres. L'acide sulfurique dissout beaucoup mieux l'oxide d'étain.

L'acide nitrique dévore l'étain ; la décomposition de ce dissolvant est si prompte, qu'on voit dans le moment se précipiter le métal en un oxide blanc ; si on charge cet acide de tout l'étain qu'il peut calciner, et qu'on lave cet oxide avec une quantité considerable d'eau distillée, l'évaporation fournit un sel qui détonne seul dans un creuset bien échauffé, et qui brûle avec une flamme blanche et épaisse comme celle du phosphore. Le nitrate d'étain distillé dans une cornue se boursouffle, bouillonne et remplit le récipient d'une vapeur blanche et épaisse, qui a l'odeur de l'acide nitrique.

M. *Baumé* prétend même que l'acide nitrique ne dissout pas l'étain, mais *Kunckel* et les fameux *Rouelles* ont soutenu le contraire ; MM. *Bayen* et *Charlard* en ont dissout 5 grains dans 2 gros d'acide nitrique pur affoibli par 4 gros d'eau distillée.

L'acide muriatique dissout l'étain à froid et à chaud : il se dégage pendant l'effervescence un gaz très-fétide; la dissolution est jaunâtre, et fournit, par l'évaporation, des cristaux en aiguilles qui attirent l'humidité de l'air. M. *Baumé* a préparé ce sel en grand pour les Fabriques de toile peinte. Sur 12 livres d'étain dissous dans 48 livres d'acide, il lui est resté 2 onces 69 gros d'une poudre grise insoluble, que *Margraaf* avoit prise pour de l'arsenic. M. *Baumé* a observé que les cristaux de muriate d'étain diffèrent selon l'état de l'acide : il en a obtenu en cristaux semblables à ceux du sulfate de soude, en aiguilles ou en écailles comme celles de l'acide boracique. M. *Monnet* dit avoir retiré, par la distillation du muriate d'étain, une matière grasse, un vrai *beurre d'étain* et une liqueur semblable à celle de *Libavius.*

L'acide muriatique oxigéné dissout l'étain promptement, et le sel qui en provient a tous les caractères du muriate ordinaire selon M. de *Fourcroy.*

Ce qui est connu sous le nom de *liqueur fumante de Libavius*, me paroît être un muriate d'étain ou l'acide est à l'état d'acide muriatique oxigéné : pour faire cette préparation on amalgame de l'étain avec un cinquième de mercure, et on mêle cet amalgame pulvérisé avec parties égales de sublimé corrosif, on introduit le tout dans une cornue, on lui adapte un récipient, et on distille à une chaleur douce : il passe une liqueur insipide, et puis une bouffée de vapeurs blanches qui se condensent en une liqueur transparente, qui répand une quantité considérable de vapeurs par la seule exposition à l'air : ce qui est resté dans la cornue, dont nous devons l'analyse à M. *Rouelle* le jeune, forme une couche legère au col qui contient un peu de liqueur fumante, du muriate d'étain, du muriate de mercure et du mercure coulant. Le fond du vaisseau contient une amalgame d'étain et de mercure, au-dessus de laquelle on trouve un muriate d'étain d'un gris-blanc, solide et compacte qui peut être volatilisé par une chaleur forte.

L'acide nitro-muriatique dissout l'étain avec véhémence ; il s'excite une chaleur violente, et il arrive souvent qu'on obtient un *magma* qui ressemble à de la poix-résine, et qui acquiert de la dureté par le temps ; cela vient de ce que l'acide très-concentré a dissout trop de métal : on obvie à ces inconvéniens en ajoutant de l'eau à mesure que la dissolution se fait.

La dissolution d'étain qui fait la *composition pour l'écarlate* est faite avec l'eau forte du commerce, préparée avec le salpêtre de la première cuite. C'est une espèce d'acide nitro-muriatique qui varie malheureusement selon les proportions trop variables du muriate de soude et du nitrate de potasse ; aussi les Teinturiers se plaignent-ils journellement, ou de ce que l'eau forte précipite ce qui provient de ce qu'elle contient trop peu d'acide muriatique, ou de ce qu'elle donne une couleur obscure, ce qui dépend d'un excès d'acide muriatique ; on remédie au premier inconvénient en dissolvant du sel marin ou du sel ammoniac dans l'eau forte, et au second, en y ajoutant du salpêtre.

Les proportions les plus exactes pour faire un bon dissolvant de l'étain, sont deux parties d'acide nitrique et une d'acide muriatique.

L'étain est également soluble dans les acides végétaux : M. *Schultz*, dans sa dissertation *de morte in olla*, a démontré la solubilité de ce métal dans les acides. Le vinaigre le corrode à un feu doux, d'après l'expérience de *Murgraaf*.

Presque tout l'étain du commerce est allié avec divers métaux : celui d'Angleterre est allié de cuivre et d'arsenic, artificiellement selon *Geoffroy*, et naturellement selon MM. le Baron de *Dietrich*, *Sage*, etc. L'étain des Plombiers contient divers métaux ; l'Ordonnance leur permet d'y mêler un peu de cuivre et de bismuth : le premier métal lui donne de la dureté, et le second fait reparoître le brillant altéré par le

cuivre et le rend plus sonore ; les Potiers prennent sur eux d'y mêler de l'antimoine , du zinc
et du plomb ; l'antimoine le durcit , le zinc le
blanchit et le plomb en diminue la valeur. Il étoit
intéressant de pouvoir reconnoître la nature et
les proportions de ces alliages , et nous devons
les procédés suivans à MM. *Bayen* et *Charlard*.

A. Lorsque l'étain contient de l'arsenic, la dissolution par l'acide muriatique laisse appercevoir
une poudre noire qui n'est que l'arsenic séparé de
l'étain : ce moyen rend sensible la $\frac{1}{2042}$ partie
d'alliage.

B. Si l'étain contient du cuivre, l'acide muriatique qui attaque l'étain avec facilité , précipite
le cuivre sous forme de poudre grise , pourvu
que l'acide ne soit pas excédent, et que la dissolution se fasse à froid ; le cuivre est également
précipité par une lame d'étain qu'on plonge dans
la dissolution.

C. Le bismuth se manifeste par le même procédé que le cuivre.

D. Pour reconnoître l'alliage du plomb, il
faut employer l'acide nitrique qui corrode l'étain
et dissout le plomb.

Les Potiers d'étain ont deux méthodes pour
essayer ce métal.

1°. *L'essai à la pierre* qui consiste à le couler
dans une cavité hémisphérique creusée dans une

pierre

pierre calcaire et terminée par une rigole, l'Ouvrier observe attentivement les phénomènes du refroidissement ; et il juge par-là de la pureté du métal, ou par le cri que fait la queue de l'essai lorsqu'il la plie.

2°. *L'essai à la balle* n'est que la comparaison des poids de l'étain pur et de l'étain allié coulés dans le même moule.

On sent au premier coup-d'œil que ces méthodes sont très-fautives.

Les divers métaux préjudiciables à la santé ne sont point alliés à l'étain à assez forte dose pour qu'ils soient dangereux : il paroît que *Margraaf* s'en est laissé imposer par quelque circonstance étrangère, lorsqu'il a avancé que l'étain de Morlaix contient 36 grains d'arsenic par demi-once, puisque cette quantité est plus que suffisante pour rendre ce métal aussi fragile que le zinc. MM. *Bayen* et *Charlard* n'ont point trouvé d'arsenic dans l'étain de Banqua ni de Malaca. L'étain d'Angleterre ne contient jamais au-delà de trois quarts de grains d'arsenic par once de métal ; et, en supposant ce *maximum*, l'usage journalier de l'étain ne peut pas être dangereux, puisqu'une assiette où l'arsenic étoit dans ces proportions n'a perdu que trois grains par mois à un service journalier ; ce qui fait la 5760e. partie d'un grain d'arsenic perdu par jour. Les expériences que ces deux habiles Chi-

T

mistes ont faites sur des animaux, en mêlangeant l'arsenic à l'étain à haute dose, doivent rassurer sur les craintes qui s'étoient répandues sur l'usage de ce métal.

Le plomb seul peut être dangereux, parce que les Potiers l'emploient à très-haute dose.

La combinaison de l'étain avec le soufre forme l'*aurum musivum*, *or mussif*, *or de mosaïque*. Le procédé qui m'a le mieux réussi pour le former, est celui qui a été décrit par M. le Marquis de *Bullion* : il consiste à former une amalgame de 8 onces d'étain et de 8 onces de mercure : pour cet effet, on fait chauffer un mortier de cuivre, on y met le mercure ; et lorsqu'il a acquis un certain degré de chaleur, on verse dessus l'étain fondu, on agite et on triture cet alliage jusqu'à ce qu'il soit froid, alors on le mêle avec 6 onces de soufre et 4 onces de sel ammoniac ; on met ce mélange dans un matras, on place le matras à un bain de sable qu'on chauffe de manière à faire rougir obscurément le fond du matras, on entretient le feu pendant trois heures. On retire ordinairement du bel or mussif ; mais, si au lieu de placer le matras sur le sable, on l'expose immédiatement sur les charbons, et qu'on donne un coup du feu violent, on enflammera le mélange, et il se formera un sublimé, au col du ballon, qui est de l'*aurum musivum* de la plus grande beauté. J'en ai obtenu, par ce procédé, d'une couleur éclatante en larges écailles hexagones.

Le mercure et le sel ammoniac ne sont pas strictement nécessaires à la confection de l'or mussif : 8 onces d'étain dissoutes dans l'acide muriatique, précipitées par le carbonate de soude et mêlées avec 4 onces de soufre, ont produit à M. le Marquis de *Bullion* du bel *aurum musivum* ; mais celui-ci n'est pas propre à augmenter les effets de la machine électrique, ce qui prouve que cette composition doit cette vertu au mercure, qui y est contenu dans le rapport de 6 à 1, lorsqu'on le prépare par le premier procédé. Cette préparation est usitée pour donner une belle couleur au bronze, et pour exciter les effets de la machine électrique en en frottant les coussinets.

M. le Baron de *Kien-mayer* a fait connoître l'amalgame suivante composée de 2 parties de mercure, une de zinc, une d'étain ; on fond le zinc et l'étain, on les mêle ensuite avec le mercure, on agite le mélange dans une boîte de bois enduite intérieurement de craie, et on le réduit en poudre fine, on l'emploie en poudre ou mêlé avec la graisse. L'effet en est surprenant, les machines électriques ont un effet inconcevable par ce moyen.

L'amalgame d'étain est susceptible de crystalliser : le procédé qu'indique M. *Sage* consiste

T 2

à verser deux onces d'étain fondu dans une livre de mercure ; après avoir introduit ce mélange dans une cornue, on lui fait éprouver un feu violent de cinq heures au bain de sable ; il ne se dégage point de mercure, l'étain se trouve crystallisé, et repose sur le mercure qui n'a pas été combiné ; la partie inférieure de cette amalgame est composée de crystaux gris, brillans, en lames quarrées, amincies vers leurs bords ; elles laissent entr'elles des cavités polygones. Chaque once d'étain retient, pour crystalliser, trois onces de mercure.

On emploie l'amalgame d'étain pour étamer les glaces ou pour les mettre au tain. Pour cet effet, on étend sur une table une feuille d'étain de la grandeur de la glace, on y verse dessus du mercure qu'on étend avec une brosse ; on répand alors beaucoup de mercure sur l'étain, il s'y établit, et forme une couche de plus d'une ligne d'épaisseur ; on glisse la glace sur cette couche en la présentant par un des côtés, et ayant l'attention de prendre le niveau sous celui du mercure pour chasser les impuretés qui empêcheroient le contact ; on charge alors la table avec des poids qu'on distribue également sur toute la surface, on exprime tout le mercure excédent qui coule par des rigoles pratiquées sur les bords de la table. L'air chassé par cette forte compression sert singuliérement à rendre l'amalgame adhérente. Il faut quelques jours pour qu'elle soit sèche, et qu'on puisse lever la glace.

L'étain allié au cuivre forme l'airain. 7 parties de bismuth, 5 de plomb et trois d'étain forment un alliage qui se liquéfie dans l'eau bouillante.

CHAPITRE X.

Du Fer.

Le fer est le métal le plus répandu dans la nature : presque toutes les substances minérales de ce globe en sont colorées ; et ses diverses altérations produisent cette variété vraiment étonnante de couleurs, qui comprend depuis le bleu jusqu'au rouge le plus foncé. Ce métal existe aussi dans le règne végétal ; il en est un principe presqu'inséparable ; il paroît même un des produits de l'organisation ou de la végétation, puisqu'on l'a trouvé dans les végétaux qui se nourrissent seulement d'air et d'eau. Il est contraire à la bonne physique de supposer que tout le fer dont les terres sont imprégnées provient du *detritus* des charrues : car, outre que la charrue n'a pas passé par-tout, nous voyons le fer se former journellement dans les végétaux. Il ne faut pas craindre pour cela que ce métal devienne trop abondant, párce qu'il se détruit à chaque moment en passant à l'état d'oxide.

Si, d'un autre côté, nous jettons un coup-d'œil sur les usages infinis auxquels on emploie ce métal dans la société, nous verrons que c'est peut-être le plus essentiel à connoitre, parce qu'il est le plus répandu, le plus utile et le plus employé.

Ce métal est d'une couleur blanche, livide, tirant sur le gris, attirable à l'aimant, donnant du feu avec le quartz; ce qu'on attribue à la fonte et combustion rapide des parcelles de ce métal détachées par le choc. Il est le plus léger des métaux, après l'étain; un pied cube de fer forgé pèse 545 livres; la pesanteur spécifique du fer fondu est 72070. V. *Brisson*.

Il est très-dur, susceptible d'un beau poli, très-difficile à fondre: on peut le tirer en fils très-fins dont on fait des cordes de clavessin; il s'écrouit à froid sous le marteau; mais, à l'aide de la chaleur, on peut lui donner toutes les formes imaginables.

Le fer est répandu par-tout; mais on est convenu de n'appeler *mines* de fer que ces endroits ou ces matrices où le fer est assez abondant pour permettre une exploitation.

On a trouvé le fer natif sans mélange dans plusieurs endroits. Nous ne parlerons point de ces assertions ridicules qui n'ont d'autre mérite que d'être autorisées par le suffrage de quelques hommes célèbres; *ALBERTUS MAGNUS*, de-

cidisse cœlo, imbre, massam ferri centum librarum. PETERMANNUS, *magná tempestate cum projectu multorum lapidum cœló molem ferri decidisse, quæ in longitudine sexdecim, in latitudine quindecim, in crassitie duos pedes habuerit.* Pesant 48000 livres, et ayant 480 pieds quarrés. V. BECHER, *supplém. in phys. subter. cap.* 3, *p.* 599.

Nous devons à *Lehmann* la description d'un morceau de fer natif que possédoit *Margraaf*, et qui venoit d'Eibenstock en Saxe; on y distinguoit les deux côtés du filon.

Henckel en possédoit un morceau encroûté de terre jaune; et le cabinet de l'école royale des mines en possède un qui est recouvert de fer spathique. *Adanson* et *Wallerius* assurent qu'on en a trouvé dans le Sénégal, et *Rouelle* en avoit reçu un morceau très-malléable. *Simon Pallas* parle d'une masse de fer natif trouvée près la grande rivière Jenisei en Sibérie; ce fer est spongieux, très-pur, parfaitement flexible, et propre à faire des instrumens à un feu modéré; il est naturellement incrusté d'une espèce de vernis qui le préserve de la rouille.

M. *Macquart* révoque en doute la légitimité du fer natif décrit par *Pallas*; il croit qu'on peut le considérer comme fer fondu; M. de *Morveau* ne croit pas à l'existence du fer natif.

Quoiqu'on puisse former quelque doute sur

la légitimité de ces morceaux, et qu'on soit autorisé à en regarder quelques-uns comme le fruit de l'action du feu, on ne peut pas cependant se refuser à admettre du fer natif d'après les dépositions, les faits et les témoignages qui se présentent de toutes parts pour affirmer cette vérité.

Le fer qu'on laisse refroidir lentement crystallise en octaèdres presque toujours implantés les uns dans les autres : c'est à M. de *Grignon* que nous devons cette observation. Je possède un morceau de fer tout hérissé de petites pyramides tétraèdres aplaties et tronquées : il y a des pyramides qui ont une ligne de base ; il provient des fonderies du Comté de Foix. On trouve très-rarement ce fer sans qu'il soit altéré par des mêlanges étrangers ; mais je crois qu'on peut considérer toutes les mines de fer attirables à l'aimant, comme contenant du métal natif dispersé dans une gangue quelconque ; et nous nous occuperons de ces espèces avant de parler des oxides et des sels martiaux.

ARTICLE PREMIER.

Des mines de fer attirables à l'aimant.

1°. *Mine de fer octaèdre.* Cette mine est en octaèdres isolés et dispersés dans une gangue de schiste ou de pierre calcaire ; les crystaux sont gris , très-réguliers dans leur forme , fortement enchassés dans la pierre ; ils ont depuis une demi-ligne jusqu'à six à sept de diamètre : la Corse et la Suède en fournissent.

M. *Sage* observe qu'on trouve quelquefois des crystaux de fer octaèdres dans le plus beau marbre blanc de Carrare. Le sable noir ferrugineux qui accompagne les hyacinthes dans le ruisseau d'Expailly , est de la mine de fer octaèdre attirable.

2°. *Mine de fer en petites écailles.* Les paillettes attirables à l'aimant , qu'on trouve dans presque toutes les rivières qui contiennent de l'or , sont une mine de fer presque à l'état de métal : le sable est ce qui reste après que , par l'amalgame , on s'est emparé des métaux précieux; il est mêlé de débris de quartz , de grénats ect. J'en ai trouvé beaucoup dans les sables de la rivière de Cèze ; il m'en a été envoyé des environs de Nantes ; j'en ai reçu d'Espagne : et ce sable m'a présenté quelques phénomènes , qui paroissent lui assigner un rang particulier parmi les métaux : les acides le dissolvent à chaud , et toujours sans effervescence et sans dégagement de gaz : il donne à l'acide nitro-muriatique la même couleur que le platine ; il est indécomposable au feu dans les vaisseaux clos ou fermés ; j'ai tenté de le réduire par tous les flux connus , mais toujours vainement ; il se précipite dans le flux , se mêle avec lui , et , en le pulvérisant, on lui rend et sa forme et sa vertu magnétique : il a plusieurs caractères de la sidérotete ou phosphate de fer.

3°. Le fer dispersé dans les roches les rend attirables à l'aimant : les ophites , les serpentines, les mica, les pierres ollaires, et quelques marbres sont dans ce cas : le fer disséminé dans une gangue de quartz ou de jaspe très-dur forme l'émeri qui , à raison de sa dureté, est employé à user le verre et à le polir : on le tire de Jersey et de Guernesey où il est très-abondant.

L'aimant lui même n'est autre chose que le fer dont nous parlons , modifié de manière à livrer passage au fluide magnétique , et à présenter les phénomènes connus : l'aimant présente quelquefois une forme régulière; M. *Sage* dit qu'il possède un morceau d'aimant de Saint-Domingue , où l'on distingue des octaèdres. On lit aussi dans l'Histoire générale des voyages, qu'à vingt lieues de Solikams-Kaia en Sibérie, on trouve de l'aimant cubique et verdâtre, dont les cubes sont d'un brillant vif, et qui se réduisent en paillettes brillantes quand on les pulvérise.

L'aimant varie par sa richesse : ceux de Suède et de Sibérie sont très-riches en fer; mais la force magnétique n'est point en raison du fer qui y est contenu.

Il y a lieu de présumer que l'agent magnétique est une modification de l'électrique, 1°. le
fer qui reste long-temps dans une position élevée
se magnétise; 2°. les instrumens de fer frappés
de la foudre sont ordinairement magnétisés;
3°. on magnétise deux morceaux de fer en les
frottant fortement l'un contre l'autre dans la
même direction.

4°. On trouve en Suède des mines de fer noires
attirables à l'aimant, dont les molécules métalliques sont quelquefois si foiblement liées qu'elles
se réduisent en poussière; nous avons dans le
Languedoc plusieurs espèces de ces mines.

Cette espèce est en général fort riche, et donne jusqu'à 80 livres de fer par quintal.

5°. Le fer paroît être à l'état métallique dans
quelques autres espèces, telles que les mines de
fer spéculaire : mais l'état métallique y est moins
prononcé, moins caractérisé; les qualités métalliques y sont plus altérées, et ces mines sont
moins attirables.

Souvent ces mines offrent des lames métalliques d'un brillant aussi vif que celui de l'acier,
et inaltèrables à l'air : la mine du Mont d'or,
celle de Framont dans la Principauté de Salm,
celles des montagnes des Vosges, nous ont fourni des échantillons très-curieux : ces lames sont
quelquefois hexagones, formées par deux pyramides hexaèdres tronquées près de leur base.

La mine de fer spéculaire de Framont a produit à M. *Sage* 52 livres de fer au quintal : le fer est très-ductile, et a beaucoup de nerf.

La fameuse mine de fer de l'Isle d'Elbe est dans ce genre : mais elle n'est point en lames, elle offre des crystaux lenticulaires à facettes brillantes, qui sont des dodécaèdres à plans triangulaires : ces beaux grouppes de crystaux sont quelquefois nuancés des couleurs les plus vives ; on y rencontre de l'argile blanche, des cristaux de roche, des pyrites cuivreuses. ect.

Les Lucquois exploitent cette mine à la Catalane, en stratifiant, couche par couche, du charbon et du minérai ; on entretient le feu par de bons soufflets ; lorsque tout le charbon est consommé, on trouve le fer réuni en une masse ou *loupe* qu'on porte sous le marteau.

L'eisen-mann est une mine spéculaire écailleuse : lorsqu'on la frotte, il s'en détache des parcelles brillantes, ce qui lui a fait donner le nom de *luisard* par les Mineurs du Dauphiné.

L'eisen-ram est une mine de fer rouge brillante, qui contient du plombagine et du fer.

ARTICLE II.

Des mines de fer sulfureuses, ou sulfures de fer.

L'union ou la combinaison du fer et du souffre, forme la *mine de fer sulfureuse*, *pyrite martiale*, *sulfure de fer* ect.

Ces sulfures sont très-abondans : ils se forment évidemment par la décomposition végétale, et j'ai trouvé plusieurs fois des échantillons de bois enfouis, parfaitement incrustés de pyrite. L'embrasement des feux souterrains n'est dû qu'au mélange de ces sulfures avec les débris des végétaux. Les charbons qui effleurissent à l'air ne doivent cette décomposition qu'à la pyrite dont ils sont pénétrés ; c'est aussi à la décomposition des pyrites que nous devons rapporter la chaleur de presque toutes les eaux minérales. Le sulfure de fer crystallise quelquefois en cubes, souvent en octaèdres ; la réunion de plusieurs pyramides octaèdres vers un centre commun, forme les *pyrites globuleuses.*

Lorsque le soufre se dissipe, il arrive quelquefois que la pyrite ne perd ni sa forme ni son poids ; elle brunit, et devient attirable, c'est ce qu'on appelle mine de fer brune ou *hépatique*; V. M. *de Lisle.*

Mais presque toujours la décomposition de la pyrite donne naissance à la formation de l'acide sulfurique, qui se porte sur le fer, le dissout, et forme une efflorescence à sa surface. On a même profité de cette propriété de la pyrite pour établir des Fabriques de sulfate de fer ou *couperose.* Les deux beaux établissemens qui existent dans ce genre, aux environs d'Alais, exploitent des couches d'une pyrite dure et pesante, dont on forme des tas sur des aires où le sol est légérement incliné ; on facilite l'efflorescence en arrosant les pyrites grossiérement concassées avec de l'eau ; ce fluide dissout tout le sel qui s'est formé, et le porte dans des reservoirs, où cette dissolution laisse précipiter les matières étrangères qui y ont été entraînées ; on le fait reposer dans ces reservoirs, où le soleil rapproche tant soit peu la dissolution ; et la dernière évaporation se fait dans des chaudières de plomb, où l'on met du vieux fer pour saturer l'acide de tout le fer possible. On fait crystalliser dans des bassins où l'on a disposé des morceaux de bois pour faciliter le dépôt des crystaux : ces deux attéliers de Languedoc pourroient fabriquer dans l'état actuel plus de 40000 quintaux de couperose si la consommation l'exigeoit.

Pour faciliter la vitriolisation, il faut donner accès à l'air, dont le concours est nécessaire pour former l'acide sulfurique.

Le sulfate de fer crystallise en rhombes.

Il effleurit à l'air, et y perd peu à peu sa belle couleur verte par la dissipation de l'eau de crystallisation.

Si on expose au feu dans un creuset du sulfate de fer, il se liquefie, bouillonne, s'épaissit, et se réduit en poudre : cette poudre mêlée avec de

la noix de galle pulvérisée , forme une encre
séche , que plusieurs vendent comme secret , et
qui n'a besoin que d'être humectée pour servir
aux usages ordinaires.

Cette même poudre poussée à un feu plus fort
laisse échaper son acide , il ne reste plus alors
qu'une terre martiale , ou oxide métallique connu sous le nom de *colchotar.*

C'est à une semblable décomposition de pyrite que j'attribue la formation de toutes les terres
jaunes ou rouges qu'on appelle communément
des *ochres.* La chaleur produite par la décomposition des pyrites a décidé de la couleur de
ces terres , et on peut les faire passer artificiellement par ces diverses nuances en les traitant à
divers degrés de feu ; j'ai trouvé, dans le Diocèse
d'Usez , des bancs d'ochre , d'une telle finesse et
d'une si grande pureté , que la calcination les
convertit en un brun-rouge , supérieur à tout ce
qui étoit connu dans le commerce ; l'établissement qui en a été formé par mes soins a acquis
cette célébrité , que la supériorité de ses produits
devoit nécessairement lui donner : on peut consulter mon travail , sur ces ochres et le parti qu'on
peut en tirer dans les arts , dans l'ouvrage que
j'ai publié à ce sujet , chez *Didot* l'aîné , à Paris.

J'ai trouvé *au Mas-Dieu* , près d'Alais , une
couche d'ochre rouge d'une si belle couleur , que
l'on pourroit à peine l'imiter.

ARTICLE III.

Des mines de fer spathiques, ou carbonates de fer.

L'acide carbonique est quelquefois combiné avec le fer dans les mines ; et la ressemblance de cette mine avec le spath lui a fait donner le nom de *mine de fer spathique*.

La formation de cette mine paroît due à la décomposition réciproque des carbonates de chaux et des sulfates de fer. Une dissolution de couperose dans laquelle on fait séjourner du spath calcaire produit cette mine, d'après les expériences de M. *Sage*.

Bergmann a retiré, des mines de cette nature qu'il a analysées, 38 onces oxide de fer, 24 onces oxide de manganèse, et 50 onces terre calcaire ; il paroît donc que cette mine contient deux métaux, liés et retenus par un ciment calcaire qui crystallise toujours à sa manière comme nous le voyons dans les pierres calaminaires, les grès calcaires etc.

On exploite des mines de fer spathiques à Cascastel, Diocèse de Narbonne, à Bendorf sur les bords du Rhin, à Eisenartz en styrie etc.

ARTICLE

ARTICLE IV.

Des mines de fer limoneuses ou argileuses.

Ces mines ne sont qu'un oxide martial, plus ou moins pur, mêlé avec des substances terreuses de la nature des argiles.

Ces mines paroissent avoir été déposées par les eaux; elles sont ordinairement disposées par couches; ces couches sont souvent cloisonnées et comme séparées en petits prismes, dont la formation n'est due qu'au retrait de l'argile.

1°. La pierre d'aigle ou *œtite* doit être rangée parmi les mines de fer limoneuses; ce sont des géodes de forme ronde ou ovale, dont l'écorce est dure, tandis que la cavité renferme un noyau détaché libre, et c'est à l'isolement de ce noyau qu'est dû le bruit qu'on entend lorsqu'on secoue une de ces pierres.

L'idée où l'on fut jadis que les aigles en mettoient dans leurs nids pour faciliter la ponte, lui a mérité son nom; et dans les temps de superstition, on lui a attribué des vertus merveilleuses pour faciliter les accouchemens.

2°. Nous connoissons une mine de fer en morceaux ronds comme des boules du diamètre de quelques lignes, et qui ne doit être regardée que comme une variété de la précédente, on

V

avoit commencé à exploiter une mine de cette nature à Fontanez près Sommières ; et nous trouvons dans nos terres rouges des environs de Montpellier , une quantité considérable de ces globules métalliques.

3°. L'oxide de fer le plus pur , charrié par l'eau et déposé convenablement , forme des couches qui affectent diverses formes , prennent diverses couleurs ; on les appelle *hématites*.

Les couleurs proviennent des divers degrés d'altération de l'oxide ; elles peuvent varier depuis le jaune jusqu'au rouge le plus foncé. L'hématite rouge est employée dans le commerce à brunir l'or ou l'argent : on la taille en crayons ; et lorsqu'elle est travaillée , on lui donne le nom de *brunissoir*. Cette *sanguine* est quelquefois assez molle pour permettre d'être employée comme *crayon* , et on la fait servir pour dessiner.

La forme varie aussi prodigieusement : elle paroît souvent composée de petits prismes adossés l'un à l'autre , et on l'appelle *hématite fibreuse* ; d'autrefois elle est mammelonée ; plus souvent elle est en masses compactes , irrégulières , telles que celles qui forment les mines du Comté de Foix : elle doit naturellement présenter les mêmes variétés de formes que les stalactites calcaires , puisque sa formation est à peu près la même.

ARTICLE V.

Du bleu de Prusse natif, ou prussiate de fer.

Becher parle d'une terre bleue qu'on tire de Turinge ; *Henckel* nous apprend qu'on trouve, à Schnéeberg et à Eibenstock, une terre bleue martiale : *Cronstedt* a décrit un bleu de Prusse natif : M. *Sage* en a trouvé dans la tourbe de Picardie ; on en trouve en Écosse, en Sibérie, etc. et je possède du sulfure de fer en décomposition qui présente du vrai prussiate de fer sur une de ses surfaces.

ARTICLE VI.

Du plombagine, ou carbure de fer.

On ne connoît aujourd'hui sous le nom de *plombagine* que cette substance luisante et d'un bleu noirâtre qui est employée à faire les crayons noirs : elle est grasse au toucher ; elle présente une cassure tuberculeuse ; elle tache les mains, et laisse sur le papier un trait noirâtre.

On trouve le plombagine dans beaucoup d'endroits : celui du commerce nous vient d'Allemagne ; il nous en vient aussi d'Espagne, d'Amérique , d'Angleterre ; nous en avons aussi en France.

Il est presque toujours disposé en rognons dans l'intérieur de la terre : c'est peut-être par rapport à cette forme que les anciens l'ont désigné par ces mots *glebæ plumbariæ*.

Le plombagine d'Angleterre diffère des autres en ce que celui-ci est d'une texture bien plus fine et d'un brillant plus éclatant ; les Anglois n'en retirent qu'à proportion du besoin , afin d'en maintenir le prix. La mine la plus abondante est dans le Duché de Cumberland.

Le plombagine d'Espagne est toujours accompagné de pyrites qui effleurissent à la surface des morceaux , soit en petits crystaux semblables à ceux du sulfate de fer, soit en une espèce de végétation soyeuse analogue à l'alun de plume. On l'exploite aux environs de la ville de Ronda, à quatre lieues de la méditerranée ; c'est la plus mauvaise espèce du commerce ; et on ne l'emploie que pour les ustensiles de **fer** qu'on veut plomber.

Le plombagine d'Amérique que M. *Woulf* procura à M. *Pelletier* , se brise facilement, et laisse voir dans son intérieur de petits grains quartzeux, ainsi que de légères traces d'une argile blanchâtre ; il est formé par rognons ; mais la masse paroît être la réunion d'une infinité de petits corps qui présentent des écailles qui , au premier coup-d'œil, la feroient prendre pour le molybdène.

La France possède aussi du plombagine, et M. le Chevalier *de Lamanon* en a vu dans la haute Provence : la mine est située près du *col de Bleoux*. Le crayon noir se trouve entre deux couches d'argile qui n'ont que quelques lignes d'épaisseur ; le crayon forme une couche de quatre pouces d'épaisseur, ou plutôt ce sont des rognons qui ont quelquefois plusieurs pieds de longueur. Il est accompagné d'un filon de pyrite. Les habitans de Bleoux vendent ce produit à Marseille à raison d'environ 15 livres le quintal.

M. *de Lapeyrouse* a trouvé du plombagine avec les tourmalines du Comté de Foix ; et M. *Darcet* en avoit porté des Pyrénées.

Le plombagine est indestructible par la chaleur sans le secours de l'air ; M. *Pelletier* l'a distillé à l'appareil pneumato-chimique, à un feu violent, pandant six heures, sans que le plombagine ait diminué de poids ni changé en aucune manière ; il en a exposé 200 grains dans un creuset de porcelaine bien bouché à un feu de la manufacture de Sèves, et il n'a perdu que dix grains.

Mais lorsqu'on le calcine avec le concours de l'air, alors il brûle, et ne laisse que peu de résidu : MM. *Quist*, *Gahn* et *Hielm* avoient observé que 100 grains traités dans une capsule sous la moufle ne laissoient que dix grains d'oxide de fer. M. *Fabroni* a fait dissiper en totalité du plombagine exposé sous la moufle. Cette calcination est une combustion lente, qu'on facilite en faisant présenter beaucoup de surface, et agitant la matière.

Si on chauffe dans une cornue, à l'appareil pneumato-chimique, une portion de plombagine et deux d'alkali bien caustique sec, on obtient du gaz hydrogène; l'alkali devient effervescent, et il ne reste plus de plombagine. Cette belle expérience annonce que le peu d'eau contenu dans le sel se décompose, et que son oxigène, en se combinant avec le carbone du plombagine, forme l'acide carbonique. L'expérience publiée par *Schéele* a été répétée et confirmée par M. *Pelletier*.

L'acide sulfurique n'agit point sur le plombagine suivant *Schéele*: M. *Pelletier* a observé que 100 grains de plombagine et quatre onces d'huile de vitriol digérés à froid pendant plusieurs mois, ont donné à cet acide une couleur verte et la propriété de se congéler à un très-léger degré de froid. L'acide sulfurique distillé sur le plombagine passe à l'état d'acide sulfureux, on retire en même temps de l'acide carbonique, et on trouve dans la cornue de l'oxide de fer.

L'acide nitrique n'a d'action sur le plombagine que lorsqu'il est impur: huit onces d'acide nitrique distillées sur demi-gros de plombagine purifié, n'en ont pas terni l'éclat, ni altéré l'onctuosité.

L'acide muriatique dissout le fer et l'argile qui salissent le plombagine. MM. *Berthollet* et *Schéele* se sont servis de ce moyen pour le purifier : on décante la liqueur qu'on a fait digérer sur le plombagine, on lave le résidu et on le soumet à la distillation pour en séparer le soufre. L'acide muriatique par lui-même n'a aucune action sur le plombagine ; mais l'acide muriatique oxigéné le dissout, et il en résulte une véritable combustion opérée par l'oxigène de l'acide et le carbonne du plombagine.

Si on fait fondre dix parties de nitrate de potasse dans un creuset, et qu'on y jette peu à peu une partie de plombagine, le sel fusera et le plombagine sera détruit ; il ne reste dans le creuset que de l'alkali très-effervescent et un peu d'ochre martiale.

Si on distille le plombagine avec du muriate d'ammoniaque, il se sublime du muriate coloré par le fer.

Tous ces faits prouvent que le plombagine est une substance combustible particulière, un vrai charbon combiné avec une base martiale : le plombagine est plus commun qu'on ne se l'imagine ; le charbon brillant de quelques substances végétales, sur-tout quand il est fait par la distillation dans des vaisseaux clos, a tous les caractètes du plombagine. Le charbon des substances animales en a les caractères plus particuliers : comme lui, ils sont difficiles à brûler ; ils laissent la même impression sur les mains et le papier, ils contiennent egalement du fer, ils se changent en acide carbonique par la combustion. Lorsqu'on distille des substances animales, il se sublime à un feu fort une poudre très-fine qui s'attache à la naissance du col de la cornue, avec laquelle on peut faire d'excellens crayons noirs, comme je l'ai fait exécuter moi-méme.

Le carbone peut se former dans la terre par la décomposition des bois pyritisés ; mais l'origine du plombagine me paroît due principalement à la portion ligneuse du bois, vraiment indécomposable, et qui résiste à l'action destructive de l'eau qui dénature les végétaux. Cette substance ligneuse dégagée de toutes les autres doit former des dépôts et des couches particulières ; et M. *Fabroni* m'a assuré que la formation du plombagine dans l'eau étoit un phénomène commun dont il avoit été témoin plusieurs fois : ce Chimiste, par sa lettre du 13 Janvier 1787, me marque que dans les États de Naples il y a des puits creusés exprès pour y ramasser une eau acidule, au fond desquels, tous les six mois, on fait une récolte de plombagine.

Il soupçonne que la boue noire qu'on trouve

sous les pavés de Paris est du plombagine formé par la voie humide.

Il y a des endroits en Toscane où le plombagine se forme par la voie humide.

Les usages du plombagine sont assez multipliés : on s'en est servi de tout temps pour faire des crayons, dont les plus estimés sont ceux qui viennent d'Angleterre ; on les prépare à Reswick dans le Duché du Cumberland. On scie le rognon de plombagine en tablettes très-minces, on adapte ces tablettes dans des rainures pratiquées dans des cylindres de bois, et on coupe la tablette de plombagine de manière que la cavité du petit cylindre se trouve bien remplie.

On emploie la sciure à graisser certains instrumens, où on en fait des crayons de qualité inférieure, en l'empâtant avec un mucilage ou la fondant avec du soufre. On reconnoît la fraude, à l'aide du feu qui brûle le soufre ; ou par le moyen de l'eau qui dissout le mucilage.

Le plombagine sert aussi pour garantir le fer de la rouille : les poëles, plaques de cheminée, etc. qui paroissent très-brillans doivent cette couleur au plombagine. *Homberg* a communiqué un procédé, en 1699, où il fait usage du plombagine : on prend huit livres de *panne de cochon*, on la fond avec un peu d'eau, on y ajoute quatre onces de camphre ; lorsque celui-ci est fondu, on retire du feu ; et, pendant que la dissolution

est chaude , on y ajoute la quantité de plom-
blagine nécessaire pour lui donner une couleur
plombée ; on fait chauffer les ustensiles au point
qu'on ait de la peine à les tenir entre les mains ,
et on les frotte avec cette composition , on essuie
lorsque la pièce est sèche.

Ceux qui préparent le plomb de chasse s'en
servent pour adoucir et brunir leur grain : on
roule ces grains dans le plombagine ; on en
couvre les cuirs à repasser les rasoirs, etc. Pétri
avec l'argile , il forme des creusets excellens qu'on
fabrique à Passaw en Saxe. Une partie de plombagine , trois de terre argileuse et un peu de
bourre de vache coupée très-finement , forment
un lut excellent pour les cornues ; M. *Pelletier*
s'en est servi avec avantage. Ce lut est très-refractaire , et le verre peut fondre sans que l'enveloppe change de forme.

Pour faire l'essai d'une mine de fer , je me
sers avec avantage du flux suivant : je mêle 400
grains de borax calciné , 40 grains de chaux
éteinte , 200 grains de nitrate et 200 de la mine
à essayer : je pulvérise ce mélange et le mets
dans un creuset brasqué que je recouvre de son
couvercle ; demi-heure de feu de forge suffit pour
opérer la réduction ; on trouve le bouton de
métal déposé dans le fond du flux vitrifié.

Le procédé pour exploiter les mines de fer
varie selon la nature du minérai : quelquefois ce

métal est si peu altéré et si abondant, qu'il ne s'agit que de le mêler avec les charbons, et de le fondre, ce procédé simple et économique fait la base de la *methode Catalane* : cette méthode peut être employée pour traiter les mines spathiques, celles D'elbe, les Hématites, et autres mines riches et pures; mais elle ne peut avoir lieu pour celles qui contiennent beaucoup de matières étrangères, susceptibles de se convertir en *laitier*; aussi les expériences qu'on a faites dans le Comté de Foix, sur des mines de divers pays et de diverses qualités, n'ont-elles pas réusssi. On peut consulter l'ouvrage de M. *de la Peyrouse*, et les Mémoires de M. *le Baron de Dietrich*.

Les fourneaux dans lesquels on fond le fer ont 12 à 18 pieds de hauteur; leur cavité représente deux pyramides à quatre pans jointes base à base; le seul fondant qu'on ajoute à la mine, c'est de la mêler avec de la pierre calcaire, qu'on nomme *castine*, si elle est argileuse; et si la gangue est calcaire, on emploie de la terre argileuse qu'on nomme *herbus*.

On charge le fourneau par le haut; il est alimenté par des soufflets ou des trompes; le minérai se fond en passant à travers le charbon; il se ramasse dans le fond où il est tenu au bain liquide; et on le fait couler, de huit en huit heures, dans le moule ou canal creusé dans le sable. La fonte coulée dans des moules convenables, forme des plaques de cheminée, des marmites, des chaudières, des tuyaux, et une infinité d'outils ou vases, qu'on n'obtiendroit que difficilement en malléant le fer lui-même. Les atteliers qu'on a établis au Creusot en Bourgogne surpassent tout ce qu'on pouvoit désirer dans ce genre d'industrie.

On appelle ce premier produit *fer de fonte* ou *de gueuse*. Il est cassant, et on le rend ductile en le refondant et le malléant : pour cet effet, on réduit la *gueuse* en fonte, on la pêtrit dans le creuset, et on la porte ensuite sous le marteau où on la forge. Le fer devient ductile, prend du nerf, on le forme en barres carrées ou plattes pour l'usage du commerce.

Le fer est encore susceptible d'un degré de supériorité qu'on lui donne en le mettant en contact avec des matières charbonneuses, et le ramollissant pour qu'il puisse s'en pénétrer : il est alors connu sous le nom *d'acier*. Nous devons à M. *Jars* des détails très-intéressans sur les Fabriques d'acier établies en Angleterre ; celle qu'on a formée à Amboise ne le cède point aux Angloises, d'après les expériences de comparaison qu'on a faites des produits des diverses Fabriques, au Luxembourg le Vendredi 7 Septembre 1786.

On peut donc diviser les divers états du fer, en *fer de fonte*, *fer proprement dit* et *acier* :

Il est bien clair que ces trois états ne sont que des modifications l'un de l'autre ; mais à quoi tiennent-elles ? Quel est le principe qui établit leur diffé-rence ? C'est ce qu'on avoit ignoré jusqu'ici.

Le cel. *Bergmann* a donné l'analyse des divers états du fer, et en a dressé le tableau suivant :

	FONTE.	ACIER.	FER.
Air inflammable . .	40.	48.	50.
Plombagine . . .	2-20.	0-50.	0-12.
Manganèse	15-25.	15-25.	15-25.
Terre silicée. . .	2-25.	0-60.	0-175.
Fer	80-30.	83-65.	84-45.

Ce cél. Chimiste confirme par les résultats de son analyse la belle conclusion de *Reaumur*, qui a toujours regardé l'acier comme un état moyen entre le fer et la fonte.

Nous devons à trois Chimistes François, MM. *Monge*, *Vandermonde* et *Berthollet* des con-noissances bien plus précises sur tous ces divers états.

On doit considérer les mines de fer comme des mélanges naturels de fer, d'oxigène, et de diverses matières étrangères. Quand on exploite une mine, on a pour but de débarrasser le fer de toutes ces matières. Pour opérer cette sépa-ration, on jete la mine dans de hauts fourneaux, avec différentes proportions de charbon ; ces matières s'échauffent ensemble jusqu'à ce qu'elles soient arrivées à la voûte, là le mélange tombe, éprouve un violent coup de feu, se précipite en fusion, et forme un bain à la base du fourneau; les terres, les pierres presque vitrifiées surnagent le bain, et l'oxigène chassé en partie reste aussi plus ou moins abondamment dans la fonte. La fonte est ou blanche, ou grise, ou noire, ce qui en établit trois qualités : quelle est la cause de cette variété? On ne peut la rapporter qu'aux proportions des principes étrangers, contenus dans cette fonte : ces principes sont le carbone et l'oxigène.

1°. *La fonte contient du carbone*. Les cuillers dont on se sert pour la manier, la puiser et verser se tapissent d'une couche de plombagine, qui contient $\frac{2}{10}$ de carbone; et la fonte, fortement chaussée en contact avec le charbon, en laisse échaper ou suinter une partie à sa surface, lorsque le refroidissement est lent. La fonte donne des étincelles quand on la chauffe; les acides qui la dissolvent, laissent toujours un résidu purement charboneux; le gaz hydrogène qu'on en retire produit de l'acide carbonique par la combustion.

2°. *La fonte contient de l'oxigène*. Plusieurs Minéralogistes attribuent la *fragilité* ou *l'aigreur* de la fonte à ce qu'elle contient encore du fer à l'état d'oxide; ce sentiment généralement adopté, suppose l'existence de l'oxigène. La fonte poussée à un feu violent dans des vaisseaux clos donne de l'acide carbonique, et passe à l'état de fer doux, parce qu'alors son oxigène s'unit au principe charbonneux, et constitue de l'acide carbonique, qui en s'exhalant débarrasse la fonte des deux principes qui altéroient la qualité du fer.

L'oxigène et le carbone existent donc dans la fonte ; mais ils peuvent y être sous trois états : 1°. beaucoup de carbone et peu d'oxigène ; 2°. une proportion exacte entre ces deux principes ; 3°. beaucop d'oxigène et peu de carbone : or, nous trouvons ces trois états, dans les trois états de fonte que nous avons distingués, comme on s'en est convaincu par l'analyse, et comme nous pouvons en juger par le procédé secondaire employé pour corriger les défauts, ou pour porter les fontes à l'état de fer ductile.

1°. Dans le premier cas, celui où il y a excès de carbone, on remue la fonte à mesure qu'elle coule ; on la tient le plus long-temps exposée à l'action du soufflet, et on emploie le moins de charbon possible. On voit que dans ce procédé, on met en usage les moyens les plus propres à faciliter la combustion de ce principe charbonneux excèdent.

2°. Dans le second cas, celui où les principes sont dans de justes proportions, la seule chaleur est nécessaire pour unir et volatiliser les deux principes étrangers. La fonte bouillonne par le dégagement de l'acide qui se forme et s'exhale.

3°. Dans le troisième, celui où l'oxigène est en excès, on fait aller les soufflets moins vite, et on pénètre le métal de charbon afin de le combiner avec l'oxigène : voilà donc la théorie d'accord avec la pratique ; cette première vient éclairer des manœuvres de routine, et nous donne des principes où trop souvent l'expérience ne suffit pas.

L'acier est un fer qui ne contient que du carbone : et on peut y constater son existence par toutes les preuves que nous avons fournies pour le démontrer dans la fonte.

Le carbone peut lui être fourni, 1°. dans la fonte de la mine, 2°. postérieurement par la cémentation du fer avec des corps charbonneux.

1°. Dans quelques parties de Hongrie, et dans le Comté de Foix, on exploite des mines où le fer est presque à nud, et la fonte convenablement mallée donne du fer et de l'acier, en plus ou moins grande quantité, en raison de la conduite du feu, de la quantité d'air fourni par la tuyère, de la quantité de charbon employé, et de la nature du minérai. Dans cette opération, le fer n'étant presque pas calciné dans la mine, ne se charge que de charbon, et il en résulte de l'acier.

2°. Si on combine le principe charbonneux
avec

avec le fer ductile, et privé de toute substance étrangère, par la cémentation ou autrement, le fer passera à l'état d'acier, et les qualités en varieront selon les proportions de carbone. La pureté du fer et les soins apportés à éviter l'oxidation du métal, établissent les diverses espèces d'acier du commerce.

La nature et les principes de l'acier une fois reconnus et établis, les faits suivans s'expliquent d'eux-mêmes.

1°. L'acier ne contenant que du carbone, il n'est pas surprenant qu'il ne se dénature pas par un feu violent dans les vaisseaux clos.

2°. L'acier chauffé à plusieurs reprises, et exposé chaud à un courant d'air, perd ses propriétés, et repasse à l'état de fer doux.

3°. L'acier trempé dans la fonte où l'oxigène domine s'y dénature.

4°. Le fer doux trempé dans la fonte où le carbone domine passe à l'état d'acier.

5°. Le fer en passant à l'état d'acier augmente de $\frac{1}{170}$.

Le fer ductile seroit un métal très-doux si on le dépouilloit de tous les principes étrangers.

On peut conclure de tout cela, 1°. que la fonte est un mélange de fer, de carbone et d'oxigène ; 2°. que les fontes sont blanches, grises ou noires selon les proportions de l'oxigène

X

et du carbone; 3°. que l'acier de cementation n'est qu'un mêlange de fer et de carbone; 4°. que l'acier trop cementé est un fer où il y a trop de carbone, 5°. que le fer seroit un métal très-doux s'il n'étoit pas mêlé plus ou moins avec l'oxigène et le carbone.

Le fer forgé se distingue en *fer doux* et *fer aigre* ou *rouvrain* : ce dernier a un grain plus gros; on le divise en *fer cassant à chaud* et *fer cassant à froid* : la cause de ce phénomène nous est connue; elle est due à un phosphate de fer qui a été découvert par *Bergmann.* Ce cél. Chimiste a vu constamment se précipiter, des dissolutions de fer cassant à froid dans l'acide sulfurique, une poudre blanche qu'on appelle *sidérite*; il avoit cru d'abord que c'étoit un métal particulier; mais M. *Meyer de Stetin* a prouvé que c'étoit un vrai phosphate de fer.

Les fers doux n'en fournissent point; ceux de Champagne en fournissent tous environ un gros par livre de fer.

Pour obtenir la sidérité, il faut que la dissolution soit saturée à une douce chaleur au bain de sable; si on hâte trop la dissolution, alors la sidérite se trouve mêlée avec de l'ochre qui en altère la pureté et la blancheur.

Il se forme un précipité, qui a lieu d'autant plus vite que la dissolution est plus étendue d'eau toute fois après l'avoir filtrée; le précipité se forme dans les trois ou quatre premiers jours ; il s'en forme un second vers le sixième jour ; ce qui se précipite ensuite est mêlé d'ochre.

On peut encore obtenir la sidérite en dissolvant le fer dans l'acide nitrique : on évapore à siccité ; le fer est oxidé par cette première opération. Du nouvel acide nitrique qu'on verse dessus, ne dissout que la sidérite sans toucher à l'oxide de fer ; on évapore de nouveau, on étend d'eau le résidu pour évaporer les dernières portions d'acide nitrique, et ce qui reste est la sidérite. Elle est soluble dans les acides sulfurique, nitrique et muriatique, dont on la précipite en ne versant dans la dissolution que ce qu'il faut d'alkali pour saturer l'acide dissolvant ; si on met de l'alkali en excès, alors on précipite de l'ochre, et on trouve du phosphate et un sel résultant de l'acide dissolvant et de l'alkali qui a servi à précipiter.

Les alkalis fixes et volatils, l'eau de chaux décomposent la sidérite ; on la décompose aussi en la jettant sur du nitrate fondu.

Lorsqu'on a précipité par l'ammoniaque, si on évapore, on obtient des crystaux qui, traités avec de la poussière de charbon, donnent du phosphore. Le précipité ochreux donne du fer par la réduction ; c'est donc une combinaison d'acide phosphorique et de fer.

X 2

Toute dissolution de fer est précipitée en sidérite par l'acide phosphorique.

L'effet de la *trempe de fer* mérite encore l'attention du Chimiste : je crois que la dureté et la fragilité qu'acquiert le fer par cette opération, proviennent de ce que les parties intégrantes écartées par la chaleur sont tenues et laissées à une certaine distance par le froid subit qui chasse la chaleur sans rapprocher les principes constituans de la masse ; alors le fer est plus cassant , puisque l'affinité d'aggrégation est moindre.

Le fer s'oxide facilement : une barre de fer qu'on chauffe à la forge pendant long-temps s'oxide à la surface ; et les couches de métal qui passent à l'état d'oxide se détachent de la masse sous le nom de *batitures*. Le métal plus dégradé , plus altéré , au point de n'être plus attirable , forme un oxide d'un brun rougeâtre connu sous le nom de *saffran de mars astrin- gent , oxide de fer brun.*

Cet oxide varie par la couleur , selon son degré d'oxidation ; il est jaune, couleur de marron , ou rouge : il se réduit facilement en une poudre noire quand on le chauffe avec des corps charbonneux.

L'action combinée de l'air et de l'eau constitue un oxide martial connu sous le nom de *saffran de mars apéritif;* cette composition n'est due qu'au gaz oxigène et à l'acide carbonique qui se combinent avec le fer. L'exposition du fer dans une atmosphère humide le rouille promptement; et le fait passer à l'état de *saffran de mars apéritif.* Cette préparation est un vrai carbonate de fer.

L'eau a aussi de l'action sur le fer : si on met de la limaille dans ce liquide et qu'on l'agite de temps en temps, elle se divise, noircit; et, en décantant l'eau un peu trouble, elle laisse déposer une poudre noire qu'on appelle *éthiops martial de* Lemery, *oxide de fer noir.* C'est un commencement de calcination opérée par l'air contenu dans l'eau, mais sur-tout par la décomposition de l'eau elle-même.

Les alkalis fixes et volatils en liqueur qu'on fait digérer sur le fer en oxident une légère portion qui se précipite en éthiops.

Les acides ont tous une action plus ou moins marquée sur le fer.

1°. Le sulfurique concentré qu'on fait bouillir sur ce métal se décompose; si on distille le mélange à siccité, on trouve dans la cornue, du soufre sublimé, et une masse blanche dissoluble en partie dans l'eau, mais qui ne peut pas crystalliser.

Mais si l'on verse de l'acide sulfurique étendu d'eau sur le fer, il en résulte une effervescence considérable produite par le dégagement du gaz hydrogène : dans cette opération l'eau se décompose, son oxigène est employé à calciner le métal, tandis que l'hydrogène se dégage, et l'acide agit et dissout le métal sans se dénaturer. Cette dissolution rapprochée fournit le sulfate de fer dont nous avons déjà parlé.

2°. L'acide nitrique se décompose rapidement sur le fer : la dissolution est d'un rouge brun, elle laisse déposer de l'oxide de fer au bout d'un certain temps ; si on y plonge du nouveau fer, l'acide le dissout, et laisse précipiter l'oxide qu'il tenoit en dissolution.

Si on rapproche les dissolutions, il se précipite de l'ochre martiale d'un rouge brun ; si on la rapproche plus fortement, elle forme une gelée rougeâtre qui n'est soluble dans l'eau qu'en partie.

Le fer précipité de sa dissolution par le carbonate de potasse est redissout avec facilité par l'alkali surabondant, et forme la *teinture martiale alkaline de Stahl*.

M. *Maret* a proposé de précipiter le fer par l'alkali caustique, pour faire de l'éthiops sur le champ. M. *Darcet*, en rendant compte à la société royale de Médecine du procédé de M. *Maret*, a proposé celui de M. *Croharé*, qui consiste à faire bouillir sur le fer de l'eau aiguisée d'acide nitrique.

M. de *Fourcroy* a fait un travail sur les précipités martiaux, qui répand beaucoup de jour sur
les causes des variétés étonnantes qu'on observe
dans ces précipités : il a prouvé que tout cela
tient, ou à la nature de l'acide, ou à la manière
d'opérer, ou au temps de faire ces précipités,
ou à la qualité du précipitant.

3°. L'acide muriatique affoibli attaque le fer
avec véhémence ; il s'en dégage du gaz hydrogène qui est dû à la décomposition de l'eau. Si
on rapproche la dissolution, et qu'on la laisse
refroidir lorsqu'elle est en masse syrupeuse, il
se forme un magma dans lequel on apperçoit
des crystaux minces et aplatis qui sont très-
déliquescens. Le muriate de fer, distillé à la
cornue par M. le Duc *Dayen*, a présenté des
phénomènes très-singuliers : il a d'abord donné
un phegme acide ; à une chaleur plus forte, il
s'est sublimé un muriate de fer non déliquescent,
et il s'est élevé en même-temps à la voûte
de la cornue des crystaux très-transparens et
en forme de lames de rasoir qui décomposoient
la lumière comme les meilleurs prismes. Il est
resté dans le fond de la cornue un sel styptique,
déliquescent, d'une couleur brillante, et d'une
forme feuilletée qui ressembloit parfaitement à
l'espèce de talc à grandes lames qu'on appelle im-
proprement *verre de Moscovie* : ce dernier sel exposé à un feu violent a fourni une sublimation plus

étonnante que les premiers produits, c'étoit une matière opaque vraiment métallique qui présentoit des tranches de prismes hexaèdres, d'un poli semblable à celui de l'acier ; c'étoit du fer réduit et sublimé.

4°. On sait depuis long-temps que le fer est précipité de ses dissolutions par les matières végétales astringentes ; et les teintures en noir, la fabrication de l'encre, sont fondées sur ce fait reconnu : mais ce n'est que de nos jours qu'on a prouvé qu'il existoit un acide dans ces substances, qui se combinoit avec le fer, et qu'on peut l'obtenir de tous ces végétaux astringens, par la simple distillation ou par une simple digestion dans l'eau à froid. Le procédé le plus simple est le suivant.

On fait infuser une livre de poudre de noix de galle dans deux pintes trois quarts d'eau pure, on laisse reposer pendant quatre jours, et on remue souvent cette infusion ; on filtre et on laisse la liqueur dans un vase simplement couvert de papier gris ; on apperçoit qu'elle se couvre d'une pellicule épaisse de moisissure ; il se forme un précipité à mesure que l'infusion s'évapore ; ces précipités ramassés et dissous dans l'eau bouillante forment une liqueur d'un brun jaune qui, évaporée à une chaleur douce, laisse précipiter 1°. un principe qui ressemble à du sable fin ; 2°. des crystaux disposés en soleil : Ce sel

est gris, et malgré les dissolutions et crystallisations répétées, il est impossible de l'obtenir
plus blanc.

Ce sel est acide, fait effervescence avec la craie,
et colore en rouge l'infusion du tournesol.

Une demi-once de ce sel se dissout dans une
once et demie d'eau bouillante et douze onces
d'eau froide.

L'esprit de vin bouillant en dissout parties
égales, l'esprit de vin froid en dissout le quart.

Ce sel s'enflamme au feu, se fond et laisse un
charbon difficile à être incinéré.

Ce sel, distillé à la cornue, devient d'abord
fluide, donne un phlegme acide, il ne passe
point d'huile ; mais à la fin il s'élève un sublimé
blanc qui s'attache au col de la cornue, et qui
y reste fluide aussi long-temps qu'il est chaud,
mais ensuite il se crystallise ; on trouve dans la
cornue beaucoup de charbon, le sublimé a
presque le goût et l'odeur de l'acide benzoïque,
il se dissout aussi bien dans l'eau que dans l'esprit
de vin, il rougit l'infusion de tournesol, et précipite les dissolutions métalliques avec leurs différentes couleurs et le fer en noir.

La dissolution de sel de noix de galle versée
dans la dissolution d'or la rend d'un verd sombre,
et il se précipite une poudre brune qui est de l'or
revivifié.

La dissolution d'argent devient brune, et dépose à la fin une poudre grise qui est de l'argent revivifié.

La dissolution de mercure est précipitée en jaune orangé.

La dissolution de cuivre donne un précipité brun.

La dissolution de fer devient noire.

La dissolution d'acétite de plomb est précipitée en blanc.

Ce sel se change en acide oxalique si on y distille dessus de l'acide nitrique.

La base de l'encre est la dissolution du fer par l'acide gallique. Pour faire de la bonne encre, prenez noix de galle une livre, gomme arabique six onces, couperose verte six onces, eau commune quatre pintes : on concasse la noix de galle, et on la fait infuser pendant quatre heures sans bouillir ; on ajoute la gomme concassée, et on la laisse dissoudre ; enfin on met la couperose, qui donne aussi-tôt la couleur noire. *Lewis*, de la société royale de Londres, a fait beaucoup de recherches sur cette matière ; mais il en revient toujours aux substances ci-dessus. On y ajoute quelquefois du sucre bien divisé pour la rendre luisante.

5°. L'acide végétal dissout aussi le fer avec facilité, c'est lui qui le tient suspendu dans les végétaux, et on peut le précipiter du vin sous forme d'*éthiops* par le moyen des alkalis.

La crême de tartre, ou *tartrite acidule de potasse* dissout aussi le fer ; et les divers degrés de rapprochement de cette dissolution forment le *tartre martial soluble*, *l'extrait de mars apéritif* et les *boules de Nancy*.

7°. La dissolution du fer par l'acide oxalique donne des crystaux prismatiques d'un jaune verdâtre et d'une saveur un peu astringente, solubles dans l'eau, et tombant en efflorescence par la chaleur.

8°. Le fer dissous par l'acide prussique forme le *bleu de Prusse*, *Prussiate de fer*.

Une méprise singulière donna lieu à la découverte de cette substance : *Diesbach*, Chimiste de Berlin, voulant précipiter la décoction de lacque de cochenille avec l'alkali fixe, emprunta de *Dippel* un alkali sur lequel il avoit distillé plusieurs fois l'huile animale ; et, comme il y avoit du sulfate de fer dans la décoction de lacque, la liqueur donna sur le champ un beau bleu ; l'expérience répétée, fut suivie de semblables résultats ; et cette couleur devint un objet de commerce sous le nom de *bleu de Prusse*.

Le bleu de Prusse fut annoncé dans les mémoires de l'Académie de Berlin en 1710, mais sans aucun détail sur le procédé, dont on fit un secret jusqu'à ce que les Chimistes l'eurent découvert. Le procédé fut rendu public, en 1724, dans les transactions philosophiques :

Woodward le fit connoître, en annonçant qu'il le tenoit d'un de ses amis d'Allemagne.

Pour faire le bleu de Prusse, on mêle quatre onces d'alkali avec autant de sang de bœuf desséché, on expose ce mélange dans un creuset qu'on recouvre d'un autre afin d'étouffer la flamme, et on entretient le feu jusqu'à ce que le mélange ne présente plus qu'un charbon rouge en poudre, on jete ce charbon dans de l'eau, on filtre et on concentre; cette liqueur est connue sous le nom *d'alkali phlogistiqué*. On fait dissoudre d'un autre coté deux onces de sulfate de fer, et quatre onces sulfate d'alumine dans une pinte d'eau; on mêle les deux dissolutions, et il se précipite un dépôt bleuâtre, qu'on avive encore en y passant de l'acide muriatique.

Tel est le procédé usité dans les laboratoires; mais dans les atteliers où l'on travaille en grand, on suit une autre marche : on prend parties égales de rapure de cornes, de rognures de cuirs, ou autres substances animales; on les réduit en charbon, on en mêle ensuite dix livres avec trente livres de potasse : on calcine ce mélange dans une chaudière de fer; après douze heures de feu, le mélange est en pâte molle; on le verse dans des cuves pleines d'eau, on filtre, et on mêle cette dissolution avec une autre faite avec trois parties d'alun et une de sulfate de fer.

Je fais aussi du bleu de Prusse, en calcinant et brûlant dans la même chaudière parties égales de raclures de corne et de tartre : je reçois l'huile animale, et l'ammoniaque fournies par la calcination de ces substances dans de grands tonneaux qui communiquent entr'eux et forment un appareil de *Woulf*.

On a aussi reconnu que les sommités de thym, les topinambours et quelques autres végétaux traités avec l'alkali lui communiquoient, à un certain point, la propriété de précipiter le fer en bleu.

On a beaucoup raisonné sur l'éthiologie de ce phénomène : MM. *Brown* et *Geoffroy* regardoient le bleu de Prusse comme le phlogistique du fer développé dans la lessive du sang. L'Abbé *Menon* imagina que la couleur du fer étoit bleue, et que l'alkali phlogistiqué le précipitoit sous sa couleur naturelle.

M. *Macquer* refuta l'opinion de ses prédécesseurs, en 1752 ; et proposa un système dans lequel il regarde le bleu de Prusse comme du fer surchargé de phlogistique : cet habile Chimiste prouva que ce bleu n'étoit soluble en aucune manière dans les acides, et que les alkalis peuvent dissoudre la matière colorante du bleu de Prusse, et s'en saturer au point de ne plus faire effervescence.

M. *Sage* avança que le fer y étoit saturé par

l'acide phosphorique ; et le cél. *Bergmann* y soupçonnoit aussi l'existence de quelque acide animal, comme le prouvent ses notes sur les leçons de chimie de *Scheffer* ; mais il étoit réservé au cél. *Schéele* de changer ces soupçons en réalité.

Il a prouvé que la lessive du sang exposée quelque temps à l'air, y perdoit la propriété de précipiter le fer en bleu, et il a fait voir que cela tenoit à l'acide carbonique de l'atmosphère, qui en dégageoit la partie colorante ; en ajoutant un peu de sulfate de fer à cette lessive, elle n'est plus altérée par son séjour dans l'acide carbonique. En faisant bouillir cette lessive sur un oxide de fer, elle n'éprouve non plus aucun changement dans l'acide carbonique : le fer a donc la propriété de fixer et de retenir le principe colorant ; mais il faut que le fer ne soit pas à l'état d'oxide.

Le bleu de Prusse traité à la distillation avec l'acide sulfurique, laisse échaper une liqueur qui tient l'acide prussique en dissolution, et on peut le précipiter sur le fer.

Le procédé qu'indique *Schéele* pour obtenir cet acide pur, consiste à mettre dans une cucurbite de verre deux onces de bleu de Prusse pulvérisé, une once de précipité rouge, et six onces d'eau : on fait bouillir ce mélange pendant quelques minutes en le remuant continuellément ;

il prend alors une couleur jaune, tirant au vert ; on filtre, et on jete sur le résidu deux onces d'eau bouillante ; cette liqueur est un prussiate de mercure, qui ne peut être décomposé ni par les alkalis ni par les acides : on verse cette dissolution dans un flacon, dans lequel on a mis une once de limaille de fer récente ; on y ajoute trois gros d'acide sulfurique concentré, et on agite fortement, pendant quelques minutes ; le mêlange devient tout noir par la réduction du mercure, la liqueur a perdu la saveur mercurielle, et manifeste celle de la lessive colorante ; après avoir laissé reposer, on la décante, on la met dans une cornue, et on la distille à un feu doux ; le principe colorant passe le premier comme plus volatil que l'eau ; on arrête l'opération lorsqu'il a passé le quart de la liqueur. Comme la liqueur qui passe contient un peu d'acide sulfurique, on l'en débarrasse en redistillant à un feu très-doux sur de la craie pulvérisée, et on a pour lors l'acide prussique dans sa plus grande pureté : *Schéele* recommande de bien lutter les vaisseaux, sans cela l'acide comme très-léger se dissipe ; il est même avantageux de mettre un peu d'eau dans les récipients pour absorber l'acide ; il seroit même très-convenable d'entourer les vaisseaux de glace.

Cet acide a une odeur particulière qui n'est pas désagreable ; la saveur en est douce.

Il ne rougit point le papier bleu, il trouble les dissolutions de savon et de sulfure d'alkali. M. *Westrumb* a prétendu que l'acide prussique étoit l'acide phosphorique : car il obtient la *sidérite* du bleu de Prusse, et forme la terre animale, en mélant la lessive du sang avec la terre calcaire dissoute.

La dissolution du fer par l'acide prussique, forme le bleu de Prusse : nous devons à M. *Berthollet* un travail très-intéressant sur l'acide prussique et ses combinaisons.

L'oxide de fer peut être dans deux états différens avec l'acide prussique. S'il domine, il est jaunâtre ; s'il se trouve dans une moindre proportion, il est bleu de Prusse. Tous les acides peuvent enlever cette partie d'oxide, qui est la différence de la première à la seconde combinaison.

Le prussiate de potasse contient de l'oxide de fer. Si on y verse un acide, cet oxide est dissous, et dès-lors par double affinité précipité en bleu de Prusse. Le prussiate de potasse fait à une légère chaleur, puis évaporé à siccité, puis redissous et filtré ne donne plus de bleu avec les acides. Il crystallise en lames quarrées, à bords taillés en biseau, formées d'octaèdres, dont les deux pyramides opposées sont tronquées. Cette solution de prussiate de potasse mêlée d'acide sulfurique, dépose du bleu ; si on l'expose à la lumière

solaire

solaire ou à une vive chaleur. Dans ces procédés,
le prussiate d'alkali peut être entiérement décomposé, le prussiate de fer en se précipitant par l'action du prussiate alkalin, entraîne avec lui une
notable portion d'alkali, dont on peut le débarrasser par des lavages, qui contiennent du
prussiate alkalin ; il en est de même des précipi-
tations par les prussiates de chaux et d'ammoniaque.

Le prussiate de mercure crystallise en prismes
tétraèdres terminés par des pyramides quadrangulaires dont les plans répondent aux arètes du
prisme. Le fer en état métallique décompose
le prussiate de mercure, et lui enlève l'oxigène
et l'acide. L'oxide de mercure décompose aussi
le prussiate de fer et lui enlève son acide. Le
prussiate de mercure n'est qu'imparfaitement
décomposé par les acides sulfurique et muriatique.
Ces acides forment avec lui des trisules. Le précipité de nitrate de baryte par l'acide prussique
n'est pas ce que *Bergmann* l'avoit cru, ce n'est
aussi qu'un trisule.

L'acide prussique précipite réellement l'alumine de sa dissolution nitrique : l'alumine cède
pourtant au fer l'acide prussique.

L'acide muriatique oxigéné mêlé à l'acide
prussique redevient acide muriatique ; le prussique
prend une odeur plus vive, plus de volatilité,
et perd de son affinité envers les alkalis et la

Y

chaux. Il précipite le fer en verd, et le verd devient bleu si on expose ce précipité à la lumière, ou si on le traite par l'acide sulfureux.

L'acide prussique imprégné d'acide muriatique oxigéné, et exposé à la lumière, prend une odeur d'huile aromatique, se rassemble au fond de l'eau sous la forme d'une huile qui n'est point inflammable et qu'une légère chaleur vaporise. On peut, en répétant ce procédé, le décomposer tout à fait ; et alors cette espèce d'huile devient concrète et se réduit en crystaux.

L'acide semble avoir éprouvé dans cette opération une combustion partielle. Au moins le fer et l'acide sulfureux ne le rétablissent-ils plus en lui enlevant l'oxigène. L'acide prussique oxigéné mêlé avec la chaux ou un alkali fixe se décompose tout à fait. L'alkali volatil se dégage ; et si l'alkali étoit très-caustique, tel que l'alkool de potasse, il devient effervescent.

L'acide prussique de *Sshéele* n'est qu'en partie décomposé par ce procédé, d'où M. *Berthollet* conclut qu'il est composé d'hydrogène, de nitrogène et de carbone.

Ces expériences ne prouvent pas que dans cet acide il y ait de l'oxigène. L'eau fournit celui qui entre dans l'acide carbonique produit dans la distillation de l'acide prussique. Le bleu de Prusse s'enflamme plus aisément que le soufre, et détonne fortement avec le muriate oxigéné de potasse; le prussiate de mercure détonne encore plus vivement avec le nitrate de mercure; le gaz de ces détonnations n'a pas été recueilli. L'acide prussique combiné avec l'alkali et l'oxide de fer ne peut être séparé par aucun acide sans l'intervention de la chaleur ou de la lumière; et, ainsi dégagé, il ne sépare plus le fer de l'acide le plus foible, si ce n'est par double affinité. M. *Berthollet* croit que l'état élastique de cet acide diminue son affinité, et qu'il importe, pour qu'il se combine aisément, qu'il ait perdu un peu de sa chaleur spécifique; c'est ce qui rend l'acide oxigéné si peu énergique.

Le bleu de Prusse distillé m'a fourni par once 1 gros 24 grains ammoniaque, 36 grains carbonate d'ammoniaque, 4 gros 12 grains oxide de fer ou alumine, et 164 pouces de gaz hydrogène brûlant avec une flamme bleue.

L'ammoniaque passe combinée avec un peu de principe colorant qu'elle enlève et tient en dissolution; l'acide sulfurique peut le rendre visible.

L'ammoniaque chauffée sur le bleu de Prusse le décompose en s'emparant de la matière colorante.

L'eau de chaux mise en digestion sur le bleu de Prusse dissout le principe colorant à l'aide d'un peu de chaleur; la combinaison est rapide, et l'eau se colore en jaune : on filtre , la liqueur passe d'une belle couleur jaune claire , elle ne verdit plus le syrop de violettes , elle n'est plus précipitée par l'acide carbonique , elle est complétement neutralisée , et elle donne un bleu superbe en la versant sur une dissolution de sulfate de fer ; le prussiate de chaux a été proposé par MM. de *Fourcroy* et *Schéele* comme le moyen le plus rigoureux pour reconnoître la présence du fer dans une eau minérale.

Les alkalis fixes purs décolorent à froid, et sur le champ le bleu de Prusse : cette combinaison se fait avec chaleur , et il faut les préférer aux carbonates d'alkali dans ces expériences.

La magnésie s'empare aussi de la partie colorante du bleu de Pruse ; mais beaucoup plus foiblement que l'eau de chaux.

Un mêlange des parties égales de limaille d'acier et de nitrate de potasse , qu'on jette dans un creuset bien rouge , détonne au bout de quelque temps , et il se dégage une quantité considérable d'étincelles très-brillantes. Le résidu lavé et filtré donne un oxide de fer jaunâtre connu sous le nom de *saffran de mars de* ZWELFER.

Le fer décompose très-bien le muriate d'ammoniaque : deux gros de limaille d'acier et un gros de ce sel ont donné à M. *Bucquet*, par la distillation à l'appareil pneumato-chimique au mercure, 54 pouces cubes d'un fluide aériforme dont moitié étoit du gaz alkalin, et l'autre moitié du gaz hydrogène.

Cette décomposition est fondée sur l'action marquée de l'acide muriatique sur le fer.

Une livre de muriate d'ammoniaque en poudre et une once de limaille d'acier sublimées ensemble forment les *fleurs martiales*, *ens martis*. Ces fleurs ne sont que du muriate d'ammoniaque coloré en jaune par un oxide de fer.

L'oxide de fer décompose beaucoup mieux le muriate d'ammoniaque ; et cela à raison des doubles affinités : l'ammoniaque qui passe est quelquefois effervescente.

Un mélange de bonne limaille d'acier et de soufre, humecté avec un peu d'eau, s'échauffe au bout de quelques heures ; l'eau se décompose, le fer se rouille, le soufre se convertit en acide, le gaz hydrogène de l'eau s'exhale, et la chaleur produite est quelquefois suffisante pour enflammer le mélange : c'est ce qu'on appelle le *volcan de* LEMERY. Il y a la plus grande analogie par les phénomènes et les effets entre l'inflammation de ce volcan et la décomposition des pyrites.

Le soufre se combine aisément avec le fer par la fusion, et on forme alors une vraie pyrite martiale.

Le fer peut s'allier avec plusieurs substances

métalliques, mais le seul alliage dont on tire parti dans les arts, c'est celui qu'il contracte avec l'étain pour former le *fer-blanc*.

Pour former les feuilles de fer-blanc, on fait choix du fer le plus doux, on le réduit en feuilles très-minces; et on a soin de bien polir ou décaper la surface, ce à quoi l'on parvient par plusieurs procédés. On racle avec du grès les diverses pièces, on les trempe ensuite dans de l'eau acidulée par la fermentation de la farine de seigle, et on les y laisse trois fois vingt-quatre heures, ayant soin de les retourner de temps en temps; on les nettoie de nouveau, on les essuye, et alors on peut les étamer. On emploie aussi quelquefois le sel ammoniac; pour cela on dispose les feuilles dans une chambre, dans laquelle on fait volatiliser une certaine quantité de sel ammoniac; ce sel forme une couche sur toutes les surfaces de la feuille, et a le double avantage et de décaper et de fournir le principe charbonneux nécessaire pour empêcher la calcination du métal.

Lorsque le fer est bien décapé, on plonge les plaques verticalement dans un bain d'étain dont la surface est recouverte de poix ou de suif; on les retourne dans le bain, et en les retirant on les essuye avec de la sciure de bois ou avec du son.

Les usages du fer sont si étendus qu'il est peu d'arts qui puissent s'en passer; et c'est avec raison qu'on peut le regarder comme l'ame de tous. Quelques-unes de ses mines sont employées en nature telles que les hématites dont on fait des *brunissoirs*.

Le sulfate de fer est la base de toutes les couleurs noires, de l'encre, etc.

Les ochres sont employées par les Peintres, sous le nom de *terre d'ombre* ; et le *brun-rouge* est d'un usage très-étendu, on s'en sert pour passer les pavés de nos appartemens en couleur, pour peindre nos portes et fenêtres, barbouiller les futailles, et les garantir de la corruption et des insectes dans les trajets sur mer.

La fonte sert à former des chaudières, des plaques de cheminée, des marmites, etc.

Les instrumens du labourage sont faits avec ce métal.

L'acier sert non-seulement comme acier, mais sa dureté le rend propre à entamer et à travailler les autres métaux.

La propriété qu'a le fer de s'aimanter a fait découvrir la boussole : et ce métal, n'eût-il que cet avantage, mériteroit la reconnoissance du genre humain.

Le bleu de Prusse est une couleur très-estimée, très-agréable et très-employée.

Le fer fournit aussi des remèdes à la médecine : c'est le seul métal qui ne soit pas nuisible; il a une telle analogie avec nos organes, qu'il en paroît un des élémens. Ses effets sont en général de fortifier , et il paroît qu'il a la propriété de passer dans le torrent de la circulation sous forme d'éthiops : les belles expériences de M. *Menghini* , publiées dans les mémoires de l'institut de Bologne , ont prouvé que le sang des personnes qui prenent des martiaux étoit plus noir et contenoit plus de fer. M. *Lorry* a vu les urines d'un malade , auquel il administroit le fer très-divisé , se colorer manifestement avec la noix de galle.

CHAPITRE XI.

Du Cuivre.

Le cuivre est un métal rougeâtre , dur , élastique et sonore dont on développe une odeur désagréable par le frottement : il a une saveur stiptique et nauséabonde. Un pied cube de cuivre rouge pèse 545. La pesanteur spécifique du cuivre rouge fondu et non forgé est de 77880. V. *Brisson.*

Les Alchimistes le désignent sous le nom de *Vénus* par rapport à la facilité avec laquelle il s'unit et s'allie aux autres métaux.

On le réduit en lames très-minces , et on le tire en filets très-étroits. La tenacité de ce métal est telle qu'un fil de cuivre d'un dixième de pouce de diamètre peut soutenir un poids de 299 livres 4 onces avant de se rompre.

Ce métal est susceptible d'affecter une forme régulière : M. l'Abbé *Mongez* en a vu des crystaux en pyramides quadrangulaires solides, quelquefois implantées les unes dans les autres.

Le cuivre se trouve sous diverses formes dans le sein de la terre.

1°. *Cuivre natif.* Ce cuivre est quelquefois en feuillets et a pour gangue du quartz. On le trouve aussi en masses compactes au Japon. Le cabinet du Roi possède un de ces morceaux pesant dix ou douze livres.

Le cuivre natif est ordinairement disséminé dans une terre martiale brunâtre , susceptible du poli ; lorsqu'on frotte cette mine avec un caillou , les traits paroissent d'un beau rouge de cuivre ; on en trouve de semblables à Kaumsdorf en Thuringe V. M. *Sage* , analyse chimique , t. 3 , p. 205.

Nous avons trouvé également du cuivre natif à St. Sauveur , il est en grappes ressemblant à des stalactites.

Presque tout le cuivre natif paroît formé par cémentation ou par la précipitation de ce métal dissous dans un acide , opérée par des sels martiaux.

M. *Sage* croit que ce métal peut aussi être précipité de ses dissolutions par le phosphore :

pour opérer, dit-il, la réduction du cuivre par le phosphore, il faut dissoudre 12 grains de ce métal dans demi-gros d'acide nitrique ; on verse cette dissolution dans une chopine d'eau distillée, dans laquelle on met un cilindre de phosphore de deux pouces pesant 48 grains, la surface noircit presque aussi-tôt, et se couvre de parcelles de cuivre rouge et brillant ; au bout de quelques jours on apperçoit des crystaux octaèdres dont les implantations donnent naissance à des dendrites élégantes ; et, au bout de dix jours, les douze grains de cuivre sont réduits complétement, ce qu'on reconnoît en versant de l'ammoniaque dans l'eau ; si elle ne lui donne pas une teinte bleue, c'est une preuve qu'elle ne contient plus de cuivre.

2°. Le cuivre minéralisé par le soufre, forme la *mine jaune de cuivre.*

Cette mine est couleur d'or ; et le peuple est souvent trompé par cette couleur séduisante. Elle contient d'autant plus de cuivre qu'elle contient moins de soufre, et fait moins de feu avec le briquet. Elle crystallise quelquefois en beaux octaèdres. J'en possède deux morceaux hérissés de pyramides trihèdres de près d'un pouce de long sur 4 à 5 lignes de base.

Lorsque le soufre y est si abondant que les proportions de cuivre ne permettent plus l'exploi-

tation, on appelle la mine *marcassite* : les mar-
cassites crystallisent en cubes ou en octaèdres et
effleurissent facilement.

La mine jaune de cuivre présente divers états
dans sa décomposition : la première impression
des vapeurs hépatiques en colore la surface de
mille manières, et elle est connue alors sous le
nom de *queue de paon*, *gorge de pigeon* etc.

Le dernier degré d'altération de cette mine
opérée par le simple dégagement du soufre, forme la *mine de cuivre hépatique* : alors la couleur
jaune a été convertie en une couleur d'un brun
obscur ; cette mine ne paroît plus contenir que
de l'eau, du cuivre et du fer qui est toujours plus
ou moins abondant dans ces mines.

La mine jaune de cuivre forme quelquefois du
sulfate de cuivre dans sa décomposition : ce sel
se dissout dans l'eau, et y forme des sources plus
ou moins chargées, d'où on peut retirer le cuivre par cementation : on se contente de mettre
de la ferraille dans cette eau, le cuivre se précipite, et le fer prend sa place : on le retire de
cette manière en Hongrie. Et on pourroit employer ce procédé si économique dans plusieurs
endroits de notre Province : j'ai dans mon cabinet des stalactites, qui m'ont été envoyées des
Cevènes, et qui sont colorées en bleu par une
quantité très-considérable de cuivre : dans le
Gévaudan, à demi-quart de lieue de St. Léger

de Peyre, on trouve plusieurs sources d'eau cuivreuse, qui coulent dans un vallon; les habitans de ce canton boivent un verre de cette eau pour se purger.

On trouve quelquefois dans les mines de cuivre des parties de squelettes d'animaux pénétrés de ce métal : *Swedenborg* a fait graver la figure d'un squelette de quadrupède, retiré d'une mine de cuivre, et coloré par ce métal. Il y a dans le cabinet du Roi une main verte à l'extrêmité des doigts, dont les muscles sont desséchés, et verdâtres. Suivant le rapport de M. *Leyel*, Conseiller des mines, on a trouvé à Falhun en Suède dans la grande mine de cuivre, un cadavre humain, qui y étoit resté 40 ans en chair et en os sans se corrompre et sans répandre d'odeur, il étoit tout habillé, et entiérement incrusté de vitriol, *Acta litterar. suec.* tri. 1, ann. 1722, p. 250.

Les turquoises ne sont que des ossemens colorés par des oxides de cuivre : M. de *Réaumur* a donné à l'Académie, en 1725, l'histoire des turquoises qu'on trouve dans le bas Languedoc. La couleur de la turquoise passe souvent au vert, cela dépend de l'altération de l'oxide métallique; la turquoise du bas Languedoc répand une odeur fétide par l'action du feu, elle est décomposée par les acides; la turquoise de Perse ne donne point d'odeur, et n'est point attaquable par les acides : M. *Sage* soupçonne que dans ces dernières la partie osseuse est agatisée.

3°. *Mine de cuivre grise.* Le cuivre y est minéralisé par l'arsenic : elle a une couleur grise presque vitreuse ; elle contient ordinairement de l'argent, et lorsqu'on l'exploite pour en extraire ce métal précieux, on l'appelle *mine d'argent gris*, elle affecte une forme tétraèdre ; l'arsenic y domine.

4°. *Mine de cuivre grise antimoniale.* Celle-ci diffère de la précédente en ce qu'elle contient du soufre et de l'antimoine, et qu'elle est bien plus difficile à exploiter. Lorsqu'on l'expose au feu, elle devient fluide comme de l'eau, le soufre se volatilise avec l'antimoine et l'arsenic. Le résidu de la torréfaction est un mélange d'antimoine et de cuivre, et quelquefois il contient aussi de l'argent.

5°. Les mines de cuivre dans leurs décompositions se réduisent à l'état d'un oxide plus ou moins parfait : l'acide carbonique s'unit souvent au métal, et en devient le minéralisateur, c'est ce qu'on appelle *bleu de montagne*, *azur de cuivre*, *vert de montagne*, *malachite*.

A. L'azur de cuivre crystallise en prismes tétraèdres rhomboïdaux un peu comprimés, terminés par des sommets dihèdres : ces crystaux sont du plus beau bleu, ils s'altèrent souvent à l'air, et deviennent malachite.

M. *Sage* a imité l'azur de cuivre, dans la forme et la couleur, en dissolvant à froid du cuivre dans de l'eau saturée de carbonate d'ammoniaque. Lorsque l'azur de cuivre est d'une couleur moins brillante, et sous forme pulvérulente, on l'appelle *bleu de montagne.*

B La malachite crystallise en octaèdres, on l'a trouvée sous cette forme en Sibérie.

La malachite est souvent striée, formée en petites houppes soyeuses, ou en fibres parallèles très-serrées ; le plus souvent la malachite est mamélonée, cette forme paroît annoncer qu'elle a été formée comme les stalactites.

Le vert de montagne ne diffère de la malachite, que par sa forme pulvérulente et ses mélanges qui l'altèrent. Les altérations des mines de cuivre et du cuivre natif produisent encore un oxide cuivreux, qui porte le nom de *mine rouge de cuivre* : la mine de Predanah dans la Province de Cornouailles a produit les plus beaux morceaux de cuivre rouge : ce métal y est presque à l'état métallique ; elle crystallise en octaèdres. La mine rouge de cuivre granuleuse ne diffère de celle-ci que par la forme, elle a quelquefois pour gangue de la terre martiale brune.

L'azur, la malachite et la mine rouge de cuivre n'ont besoin que d'être fondus avec du charbon pour fournir leur cuivre.

Les autres espèces demandent à être débarrassées de leur minéralisateur par la torréfaction, et ensuite fondues avec trois parties de flux noir.

Pour essayer une mine de cuivre sulfureuse, M. *Exchaquet* propose de prendre deux gros de la mine crue, et une once de nitrate de potasse, on broye et on fait détonner le mélange dans un creuset rougi, la matière durcit après la détonnation, on augmente le feu, et on l'entretient rouge pour que tout le soufre se dissipe; après cela, on augmente le feu jusqu'à ce que la mine entre en fusion, et on ajoute par portions égales un mélange de demi-once de tartre, d'un quart d'once de sel, et d'un peu de charbon; il se fait à chaque fois une effervescence; on augmente ensuite le feu, on couvre le creuset, et on entretient le feu pendant demi-heure pour faire entrer le cuivre en fonte; on obtient un bouton de cuivre rouge bien malléable.

Le travail des mines de cuivre varie selon leur nature : mais, comme on exploite sur-tout les mines sulfureuses, nous nous attacherons à faire connoître le procédé qui leur convient.

Le métal est d'abord trié; on le bocarde ensuite; on le lave pour séparer la gangue et les

autres matières étrangères ; on le grille pour
lui enlever son minéralisateur , et on le fond
au fourneau à manche ; le résultat de cette
première fonte est le cuivre noir, qu'on fait re-
fondre au fourneau d'affinage pour dissiper tout
le soufre qui a résisté à ces premières opérations. Lorsqu'il est bien pur , on le coule dans la
casse , et on y verse un peu d'eau dessus pour
en raffraîchir la surface qu'on enlève, c'est alors le
cuivre en rosette qu'on porte sous le marteau pour
lui donner les formes convenables. Ces diverses
opérations varient dans les divers lieux : il est
des pays où l'on fait subir jusqu'à huit grillages,
il en est d'autres où deux suffisent, il en est
même où l'on ne grille point. Cette variété dépend
1°. de l'habitude : ceux qui grillent peu emploient plus de temps et plus de précautions dans
la fonte, et le raffinage. 2°. De la nature de la
mine : lorsqu'elle est riche en fer , les grillages
sont nécessaires pour disposer ce métal à la fonte.

La manière de griller varie aussi prodigieusement : on entasse quelquefois les morceaux de
minérai sur une couche de combustible, et on
calcine de cette manière ; mais lorsque la mine
abonde en soufre, on peut l'en extraire par le
procédé ingénieux usité à St. Bel, et dont MM.
Jars ont donné la description dans leur excellent ouvrage.

La fonte se fait en général dans le fourneau à
manche

manche : mais, à Bristol en Angleterre, on grille la mine dans le fourneau de réverbère, et on l'y fond en cuivre noir.

Le fourneau de raffinage construit à St. Bel par MM. *Jars*, me paroît le mieux entendu ; ils en ont publié une excellente description, qu'on peut consulter dans leurs voyages métallurgiques. Raffiner le cuivre, c'est en extraire ce qu'il retient encore de soufre et de fer : on dissipe le soufre par le feu et les soufflets, dont on a soin de bien diriger le vent ; et on scorifie le fer, à la faveur de quelques livres de plomb qu'on fond avec le cuivre ; les habiles Minéralogistes que je viens de citer, se servent d'un fourneau de réverbère brasqué, et fondent et écument le cuivre sans employer le plomb.

Lorsque le cuivre contient une suffisante quantité d'argent pour en permettre l'extraction, on y procède de la manière suivante : 1°. on fait fondre 75 livres de cuivre avec 275 de plomb, on appelle cette première opération *raffraîchir le cuivre* ; on coule cet alliage en gateaux, qu'on appelle *pains de liquation* ; 2°. on expose ces pains à une chaleur suffisante pour fondre le plomb, qui entraîne l'argent et laisse le cuivre comme plus difficile à fondre, il conserve la forme qu'avoient les pains, et est tout criblé par les vides qu'à laissés le métal fondu ; ce sont là les *pains de liquation desséchés* ; 3°. ces pains

Z

sont portés dans un second fourneau, où on leur fait subir une chaleur plus-forte pour leur enlever le peu de plomb qui leur est uni, c'est là le *ressuage du cuivre*; 4°. le plomb est ensuite porté à la coupelle pour y être fondu et séparé de tout l'argent qu'il a entraîné.

Le cuivre est à la longue altéré par l'air : la surface se couvre d'un enduit verdâtre, très-dur, qui est connu par les antiquaires sous le nom de *patine*. C'est le cachet qui atteste l'antiquité des statues et des médailles qui en sont couvertes.

Le cuivre exposé au feu devient bleu, jaune, et enfin violet; il ne se fond que lorsqu'il est bien rouge; il donne, dès qu'il est sur les charbons, une teinte d'un bleu verdâtre à la flamme; et si on le tient en fusion, il se volatilise en partie.

Le cuivre chauffé avec le concours de l'air, brûle à la surface, et se change en un oxide d'un rouge noirâtre; on peut détacher cet oxide, en frappant une lame qu'on a faite rougir, ou en la trempant dans l'eau. Cet oxide broyé et mieux calciné prend une couleur d'un rouge brun, et peut être converti en un verre de couleur brune par un feu plus violent.

1°. L'acide sulfurique n'agit sur le cuivre que lorsqu'il est concentré et très-chaud; alors il le dissout, et forme facilement des crystaux bleus de forme rhomboïdale. Le sulfate de cuivre est connu dans le commerce sous le nom de *vitriol bleu*, *vitriol de chipre*, *couperose bleue*, etc.

Pour faire tout le sulfate de cuivre connu dans le commerce, on a deux moyens : le premier consiste à calciner la pyrite de cuivre et à la faire effleurir pour y développer ce sel qu'on extrait par la lessive ; le second à former artificiellement cette pyrite, à la brûler et à la lessiver pour en tirer le sel qui s'y forme.

Ce sel a une saveur styptique très-forte ; la chaleur le fait fondre aisément, l'eau de crystallisation se dissipe, et il devient d'un blanc bleuâtre ; on peut en extraire l'acide sulfurique par un feu très-fort. La chaux et la magnésie décomposent ce sel, et le précipité est d'un blanc bleuâtre ; si on le sèche à l'air, il devient vert : l'ammoniaque précipite aussi le cuivre en un bleu blanchâtre ; mais le précipité est dissous presque dans le moment qu'il se forme, et il en résulte une dissolution d'un bleu superbe, c'est ce qu'on appelle *eau céleste*.

Ce sel contient, par quintal, 30 livres acide, 43 eau, et 27 cuivre.

2°. L'acide nitrique attaque le cuivre avec effervescence ; il s'y décompose, et son gaz nitreux peut être recueilli abondamment : lorsqu'on veut retirer ce gaz par l'action de l'acide sur le cuivre, il faut avoir la précaution d'affoiblir l'acide, et de ne lui présenter que des morceaux de cuivre assez gros ; sans cela, l'acide se porte avec violence sur le métal , donne une bouffée prodigieuse de gaz , il y a absorption dans le moment , et l'eau de la cuve passe dans le flacon : il se forme dans ce cas de l'ammoniaque. L'acide nitrique foible dissout parfaitement le cuivre : la dissolution est bleue ; si on la rapproche promptement , on n'obtient qu'un *magma* sans crystaux ; mais si on l'abandonne à l'air , il s'y forme des crystaux en parallélogrames alongés ; j'ai obtenu , d'une semblable dissolution abandonnée à elle-même , des crystaux rhomboïdaux qui , au lieu d'être bleus comme on les décrit ordinairement , sont blancs ; ils décrépitent sur les charbons , lâchent du gaz rutilant par la simple chaleur , et il ne reste plus qu'un oxide gris.

3°. L'acide muriatique ne dissout le cuivre que lorsqu'il est bouillant et concentré : la dissolution est verte , et produit des crystaux prismatiques assez réguliers , lorsque l'évaporation est lente : ce muriate est d'un vert de pré agréable , sa saveur est caustique et très-astringente , il se fond à une chaleur douce , et se fige en une masse où l'acide est si adhérent , qu'il faut un feu violent pour le dégager , il est très-déliquescent. L'ammoniaque ne dissout point l'oxide de ce muriate avec la même facilité que celui des autres sels cuivreux ; c'est une observation de M. de

Fourcroy, que je crois devoir rapporter à ce que l'acide muriatique laisse précipiter le cuivre en métal, plutôt que de lui céder une portion de son oxigène, ce qui faciliteroit l'action de l'alkali.

4°. L'acide acéteux qu'on fait agir à chaud ou à froid sur le cuivre ne fait que le corroder, et il en résulte ce qu'on connoît dans le commerce sous le nom de *verdet* ou *verd-de-gris*. Le verd-de-gris très-employé dans les arts, s'est fabriqué long-temps à Montpellier, exclusivement à tout autre pays ; le préjugé où l'on étoit que les seules caves de cette Ville étoient propres à cette opération, lui avoit conservé jusqu'ici ce commerce ; mais le progrés des lumières nous a fait successivement partager cette fabrication avec d'autres pays.

Le procédé qu'on suit à Montpellier, consiste à faire fermenter des raffes de raisin avec de la vinasse ; on met ensuite ces raffes couche par couche avec des lames de cuivre de six pouces de long sur cinq de large, on les laisse là quelque temps, on les retire, on les met au *relai* dans un coin de la cave, où on les asperge encore de vinasse ; là le verdet se gonfle, et on le racle ensuite, le verdet est mis dans des sacs de peau, dans lesquels on l'expédie pour l'étranger.

A Grenoble on emploie le vinaigre tout fait, et on en arrose les lames de cuivre.

Z 3

Le verdet de Grenoble contient un sixième de moins de cuivre, le vinaigre qu'on en retire est plus fort et plus abondant ; il n'a point d'odeur empireumatique comme celui de Montpellier ; le cuivre est donc dissous en partie dans le verdet de Grenoble , parce que par la première impression du vinaigre , le cuivre a été réduit en oxide, et qu'ensuite il est attaqué par l'affusion ultérieure de cet acide : c'est donc un *acétate de cuivre*.

Les oxides de cuivre dissous dans le vinaigre forment un sel connu sous le nom de *verdet crystallisé* , de *crystaux de Vénus* , *d'acétate de cuivre*.

Pour l'obtenir , on distille la vinasse , et on fait bouillir ce vinaigre foible sur le verdet , on porte ensuite la dissolution dans une chaudière , où l'on rapproche jusqu'à pellicule ; on plonge alors des bâtons dans le bain , et au bout de quelques jours on retire ces bâtons encroutés d'une couche de crystaux rhomboïdaux de couleur bleue ; ces grapes, du poids de quatre à six livres , sont enveloppées dans du papier , et distribuées dans le commerce.

On peut dégager le vinaigre par la distillation de ces crystaux : ce qui reste est un oxide cuivreux qui a les caractères du *pyrophore*.

Le vinaigre distillé sur le manganèse dissout le cuivre , ce qui prouve qu'il y a pris de l'oxigène. L'acide acétique ou *vinaigre radical* diffère du vinaigre ordinaire, en ce qu'il contient plus d'oxigène, et c'est cet excès d'oxigène qui le rend propre à dissoudre le cuivre en état de métal. On peut encore former de l'acétate de cuivre en décomposant le sel de saturne par le sulfate de cuivre : le sulfate de plomb se précipite, et la dissolution rapprochée donne de l'acétate cuivreux.

5°. Les alkalis fixes purs mis en digestion à froid avec la limaille de cuivre se colorent en bleu ; mais l'ammoniaque le dissout beaucoup plus rapidement. J'ai mis de la limaille de cuivre dans un flacon avec de l'ammoniaque bien caustique, et ai tenu le flacon bouché pendant deux ans ; le cuivre a perdu sa couleur, et est devenu semblable à de l'argile grise délayée ; tandis qu'un semblable flacon dans lequel j'avois mis le même mélange, et que j'ai laissé ouvert, m'a produit d'abord des crystaux bleus très-petits, et le tout a fini par ne donner qu'une forte couche de verd semblable à de la malachite.

Le cuivre est précipité de ses dissolutions par le fer : il suffit pour cela de le laisser séjourner dans une de ces dissolutions même peu chargée. On peut rendre le phénomène très-étonnant en versant de là dissolution de sulfate de cuivre sur du fer décapé, dans le moment la surface est recouverte de cuivre. Le cuivre obtenu par ce moyen est connu sous le nom de *cuivre de cé-mentation*.

Cette précipitation d'un métal par un autre a fait croire à la conversion du fer en cuivre, et je pourrois nommer des particuliers dupes de ce phénomène.

Le cuivre s'allie avec la plupart des métaux, et forme,

1°. Avec l'arsenic, *le tombac blanc*.

2°. Avec le bismuth, un alliage d'un blanc rougeâtre à facettes cubiques.

3°. Avec l'antimoine, un alliage violet.

4°. On peut le combiner avec le zinc par la fusion, ou par sa cementation avec la pierre calaminaire : par le premier procédé, on obtient le *similor* ou *or de Manheim* ; par le second, on obtient le *laiton*.

5°. Le cuivre plongé dans une dissolution de mercure, prend une couleur blanche qui n'est due qu'au mercure déplacé par le cuivre.

6°. Le cuivre s'allie aisément à l'étain, ce qui forme l'*étamage*. Pour étamer il faut décaper ou mettre le métal bien à nud, car les oxides ne s'allient pas avec les métaux : on remplit ce premier objet en frottant, avec du muriate d'ammoniaque, le métal qu'on veut étamer, ou en le raclant fortement, ou bien en passant un acide foible sur toute la surface ; après cela on aplique l'étain : et pour cet effet, on le fait fondre dans le vaisseau qu'on veut étamer, on l'étend avec des étoupes ou du vieux linge, et on empêche l'oxidation de ces métaux par le moyen de la poix-résine.

Le cuivre fondu avec l'étain forme le *bronze* ou *airain*. Cet alliage est d'autant plus cassant, plus blanc et plus sonore qu'on a fait entrer plus d'étain dans la composition; il est alors employé pour faire des cloches. Lorsqu'on veut le faire servir pour couler des statues ou former des pièces d'artillerie, alors on y ajoute plus de cuivre, parce que dans ce cas la solidité doit être un des premiers objets qu'on doit avoir pour but.

7°. Le cuivre et le fer contractent peu d'union.

8°. Le cuivre allié à l'argent le rend plus fusible, et on combine ces deux métaux pour former les soudures; de-là vient que le *verdet* se forme dans les pièces d'argent aux endroits qu'on a unis par la soudure.

Le cuivre précipite l'argent de sa dissolution dans l'acide nitrique, et ce moyen est usité dans les monnoies pour séparer l'argent de cet acide lorsqu'on a fait le départ.

Le cuivre est prodigieusement employé dans les arts : dans les atteliers de teinture on en fait toutes les chaudières qui doivent contenir des compositions qui n'attaquent pas ce métal.

On le fait servir aujourd'hui au doublage des

vaisseaux. Toutes nos ustensiles de cuisine en sont fabriquées ; et malgré le danger où nous sommes journellement d'être empoisonnés , malgré l'impression délétère et lente que doit opérer ce métal sur nos individus, il n'est que peu de maisons d'où l'on ait banni ce métal. Il seroit à désirer qu'une loi en défendît l'usage parmi nous , comme on a fait en Suède, à la sollicitation de M. le Baron de *Schoëffer* , auquel la reconnoissance publique a élevé une statue de ce même métal. Il est permis au ministère de violenter le citoyen lorsqu'il est question de son propre intérêt ; il n'y a pas d'année où plusieurs personnes ne soient empoisonnées par des jambons ou autres viandes qu'on laisse séjourner dans des marmites de cuivre.

L'étamage ne remédie pas complétement au danger ; il laisse une infinité de points où le cuivre ést à découvert.

Le sulfate de cuivre est très-employé dans la teinture. Les crystaux de Vénus et le verdet servent aussi dans la peinture , ils entrent dans la composition des couleurs , des vernis , etc.

Les divers alliages du cuivre avec les métaux le rendent précieux dans les arts : le laiton , le bronze , l'airain sont d'un usage très-étendu.

CHAPITRE XII.

Du Mercure.

Le mercure diffère de tous les autres métaux par la propriété qu'il a de conserver sa fluidité à la température ordinaire de l'atmosphère.

Il a l'opacité et le brillant métalliques, et acquiert même la malléabilité lorsqu'on lui fait perdre la fluidité par un froid convenable : l'expérience la mieux constatée que nous ayons sur ce phénomène a été faite par l'académie de Pétersbourg, en 1759 : on augmenta le froid naturel par un mélange de neige et d'acide nitrique très-concentré, et on fit descendre le thermomètre de *Delile* à 213 degrés qui correspondent au 46 sous O de *Réaumur* ; alors le mercure ne parut plus descendre. On cassa la boule, on trouva le métal figé, et on le vit s'étendre et s'aplatir sous le marteau. M. *Pallas* a fait congeler le mercure, en 1772, à Krasnejark par le froid naturel ; il a vu qu'alors il ressembloit à de l'étain mou. En Angleterre on a déterminé que le degré de congélation étoit le 32e. de *Réaumur*. M. *Mathieu Gutrhie*, Conseiller de Cour de l'Impératrice de Russie, a prouvé que le degré de froid par la congélation étoit le 32e. degré sous O de *Réaumur*, que lorsqu'il est purifié par l'antimoine il se fige à deux degrés plus bas. V. journal encyclopédique Septembre 1785.

Le mercure est aussi indestructible au feu que l'or et l'argent, et ses propriétés réunies l'ont fait ranger parmi les métaux parfaits.

Un pied cube de ce métal pèse 949 livres ; sa pesanteur spécifique est de 135681. V. *Brisson.*

On a trouvé le mercure sous cinq états différens dans les entrailles de la terre.

1°. On observe du mercure vierge dans presque toutes les mines de ce métal ; la chaleur seule et la division du minérai le font paroître sous la forme métallique.

On a trouvé du mercure natif en creusant les fondemens de quelques édifices à Montpellier ; et ce métal a été constamment mêlé et confondu avec une argile grise ou rouge, qui forme un lit presque continu à quelques pieds sous le sol de cette Ville.

Les observations que j'ai eu occasion de faire à ce sujet m'ont fait reconnoître que le mercure existoit dans une couche de grès décomposé, très-argileux, ferrugineux et ochracé, de couleur d'un rouge brun ou gris, dans lequel on pouvoit aisément distinguer des globules de mercure assez abondans, et qui existent sur des plaques grisâtres ; on y voit des traces qui ressemblent à des dendrites, et ses empreintes sont figurées par des couches d'oxide de mercure.

On a trouvé également quelques livres de mercure dans un puits, à Vienne en Dauphiné; et M. *Thouvenel* nous indique trois mines de ce métal dans la seule Province du Dauphiné, d'après les indications de *Bleton*.

2°. M. *Sage* a lu à l'Académie, le 11 Mai 1782, l'analyse d'une mine de mercure sous forme d'un oxide solide venant d'Idria dans le Frioul: elle est d'un rouge brun, et sa cassure est grenue; elle se réduit par la simple chaleur et donne du gaz oxigène; elle en fournit deux fois moins que le *précipité rouge*, parce que cet oxide contient du mercure solide; elle a donné 91 livres de mercure au quintal et un peu d'argent.

3°. On a trouvé du muriate de mercure ou *mercure corné* natif dans la mine de Muschel-Lamberg dans le Duché des deux Ponts; M. *Sage* en a retiré 86 livres de mercure au quintal.

M. *Woulf* a également découvert, en 1776, une mine de mercure crystallisée, très-pesante, blanche, verte ou jaune, dans laquelle il a démontré l'existence des acides sulfurique et muriatique.

4°. Le mercure est quelquefois naturellement amalgamé avec d'autres métaux, tels que l'or, l'argent, l'arsenic, le cuivre, etc.

5°. Le mercure est ordinairement minéralisé

par le soufre , et il en résulte du *cinabre* ou de *l'éthiops* suivant la couleur.

On trouve le cinabre sous diverses formes.

1°. En crystaux rouges formés par deux pyra-mides triangulaires tronquées , jointes base à base, ou séparées par un prisme intermédiaire très-court. On trouve aussi du cinabre crystallisé en lames transparentes.

2°. Le cinabre est presque toujours en masse plus ou moins compacte ; la couleur varie depuis le noir foncé jusqu'au rouge le plus vif ; on lui donne le nom de *vermillon* dans ce dernier état.

Le cinabre a pour gangue le quartz , l'argile , la terre calcaire , le spath pesant , même le charbon : la mine que les Allemands appellent *brandertz* a pour gangue une matière bitumi-neuse qui brûle parfaitement , et on n'en retire que 6 livres de mercure par quintal.

Les principales mines de cinabre qu'on exploite en Europe sont celles du Palatinat et celles d'Es-pagne. M. *Sage* nous a fait connoître , en 1776 , le procédé usité dans le Palatinat. Nous devons à M. de *Jussieu* la description de celui qui est employé en Espagne.

Dans le Palatinat , on mêle la mine bocardée et tamisée avec un tiers de chaux ; on introduit ce mélange dans des cucurbites de fer , épaisses d'un pouce , longues de trois pieds neuf pouces , larges d'un pied , et dont l'ouverture est de cinq pouces : on les dispose sur une galère et sur deux rangées parallèles 48 de ces cornues ; on en place un second rang par-dessus le premier , on adapte au col de chaque cucurbite un pot de terre cuite dans lequel on met de l'eau jusqu'au tiers , on lutte exactement , et on chauffe la galère par les deux extrémités. Quelques trous pratiqués dans le dome servent de cheminée ; la distillation se termine par un feu soutenu dix à douze heures.

Ce procédé a été suivi à Almaden jusqu'en 1647 ; alors on adopta le suivant comme plus simple et plus économique. Le fourneau a 12 pieds de hauteur sur quatre et demi de diamètre intérieur : à cinq pieds et demi du sol est une voûte sur laquelle on dispose la mine et on donne le feu par le cendrier ; le mercure sublimé s'échappe par douze ouvertures qui sont pratiquées au haut du laboratoire, à ces ouvertures sont ajustées des files d'aludels emboîtés les uns dans les autres , disposés parallélement sur une terrasse , et qui vont se terminer dans un petit bâtiment séparé en autant de chambres qu'il y a des files d'aludels. Chaque chambre a une cavité dans le milieu , pour y recevoir le peu de mercure qui parvient jusques-là.

Chaque fourneau contient 200 quintaux de cinabre : on y entretient le feu pendant trois jours ; le soufre qui brûle se dégage en acide

sulfureux, et va s'échapper par les petites cheminées pratiquées à chaque chambre. Chaque
cuite donne depuis 25 jusqu'à 60 quintaux de
mercure.

On exploite la mine d'Almaden depuis un
temps immémorial, ses filons ont depuis trois
jusqu'à quatorze pieds de largeur ; on les a même
trouvés plus larges lorsqu'ils se joignent.

Jusqu'ici on n'a trouvé le moyen de fixer le
mercure que par un froid violent. Cette substance métallique, naturellement fluide, est susceptible de se volatiliser par un feu même médiocre,
comme il est prouvé par une expérience de M.
Achard qui, ayant laissé sur un fourneau qu'on
chauffoit journellement une assiette contenant
20 livres de mercure, éprouva au bout de quelques jours une salivation, de même que deux
personnes qui n'avoient pas quitté la chambre :
il estime cette chaleur environ le 18e. degré de
Réaumur. J^{al}. de phys. Octobre 1782.

Il est dangereux de s'opposer à l'évaporation
ou à la dilatation de ce métal déterminée par la
chaleur. En 1732, un Alchimiste se présenta à
M. *Geoffroi*, prétendant avoir trouvé le moyen
de fixer le mercure : il enferma ce métal dans
une boîte de fer, et celle-ci dans cinq autres ; on
les mit dans un fourneau ; l'explosion fut si forte,
que les planchers furent percés. M. *Hellot* a rapporté une observation semblable à l'académie.

Le

Le mercure bout à la manière des autres liquides lorsqu'il est échauffé ; il ne demande même pas une chaleur bien forte. Cette ébullition n'est que son passage à l'état des vapeurs. On peut le distiller comme les autres liquides, et le débarrasser par ce moyen de ses impuretés. *Boërhaave* a eu la patience de distiller le même mercure cinq cens fois de suite ; ce métal n'a éprouvé d'autre changement que de fournir une petite quantité de poudre grise, qui n'avoit besoin que d'être broyée pour reprendre la forme de mercure coulant.

Le mercure s'altère difficilement à l'air ; mais si on aide l'action de l'air par le moyen de la chaleur, le mercure perd peu-à-peu sa fluidité, et forme, au bout de quelques mois, un oxide rouge, que les Alchimistes ont désigné sous le nom de *précipité per se* : l'appareil usité pour cette opération, est un flacon très-large, très-plat, fermé par un bouchon percé d'un trou capillaire ; le mercure qu'on y met dedans a, par ce moyen, le contact de l'air ; et en disposant cet appareil sur un bain de sable, et entretenant le mercure à l'ébullition, on peut, en quelques mois, obtenir l'oxide.

Cet oxide fournit son oxigène par la simple chaleur, sans aucun intermède ; et le mercure reprend sa forme métallique. Une once en fournit environ une pinte. Un quintal de mercure prend environ huit livres d'oxigène. L'oxide rougé de mercure par le feu , sublimé dans des vaisseaux clos , peut se convertir en un verre d'un rouge magnifique ; je l'ai observé toutes les fois que j'ai fait de l'oxide rouge par l'acide nitrique , d'après le procédé que je détaillerai dans le moment.

Il est de fait que le mercure sur lequel on fait bouillir de l'eau , communique à ce liquide la vertu vermifuge ; néanmoins l'expérience la plus rigoureuse a prouvé à *Lemery* que ce métal ne perdoit pas sensiblement de son poids , ce qui prouve que le principe que prend l'eau est très-fugace et si léger , qu'il ne forme pas une différence sensible dans le poids. L'eau qui a séjourné quelque temps sur le mercure , y contracte une saveur métallique assez marquée.

1°. L'acide sulfurique n'agit sur le mercure que lorsqu'il est aidé par la chaleur , alors il se dégage du gaz sulfureux , et il se précipite une poudre blanche dont la quantité augmente à mesure que l'acide se décompose ; cet oxide pèse un tiers de plus que le mercure employé. Il est caustique ; si on verse de l'eau chaude sur cet oxide il devient jaune ; et si on le pousse à un feu violent il fournit du gaz oxigène , et le mercure reprend sa forme naturelle. Cet oxide jaune par l'acide sulfurique , est connu sous le nom de *turbith minéral* ; on l'a long-temps regardé comme un sulfate de mercure ; M. *Baumé* a prouvé qu'il ne contenoit pas un atome d'acide, et il paroît que l'eau qui développe la couleur jaune, s'empare du peu d'acide non décomposé qui étoit mêlé avec l'oxide : si on évapore l'eau qu'on a jetée dessus, on obtient même un sel en petites aiguilles molles et déliquescentes, dont on peut dégager l'acide par la simple affusion de l'eau, et alors on précipite le mercure sous forme de *turbith*.

2°. L'acide nitrique du commerce, à 35 degrés, dissout le mercure avec violence, même sans le secours de la chaleur ; cette dissolution est accompagnée du dégagement d'une quantité considérable de gaz nitreux, parce que, pour que l'acide morde sur un métal, il est nécessaire qu'il le réduise à l'état d'oxide ; ainsi, une partie de l'acide est employée à disposer le métal à être dissous, et l'autre le dissout à mesure qu'il est oxidé. C'est ce qui arrive aussi lorsqu'on fait digérer l'acide sulfurique sur un métal ; une portion est décomposée et réduit le métal en oxide, tandis que l'autre le dissout.

La manière d'opérer la dissolution du mercure par l'acide nitrique, influe sur les propriétés du nitrate mercuriel : *Bergmann* a observé que la dissolution qui s'est faite lentement et posément, sans dégagement de gaz nitreux, ne précipite point par l'eau, tandis que celle qui s'est faite à l'aide de la chaleur et avec perte de gaz nitreux, forme un précipité. Il paroît qu'à l'aide de la chaleur, l'acide nitrique peut se charger d'un excès d'oxide mercuriel, qu'il laisse aller lorsqu'on l'étend d'eau.

La manière d'opérer la dissolution et le procédé mis en usage pour faire crystalliser, influe également sur la forme des crystaux; 1°. la dissolution faite à froid et abandonnée à une évaporation spontanée, fournit des crystaux qui ont paru être à M. *de Lisle* des pyramides tétraèdres tronquées près de leur base, et dont les quatre angles résultant de la jonction des bases des pyramides sont tronqués; 2°. si on évapore la même dissolution, on obtient des lames longues et aiguës posées les unes sur les autres; elles sont striées obliquement sur leur largeur; 3°. la dissolution du mercure, opérée par la chaleur, présente des aiguilles plattes et aiguës, striées sur la longueur.

Le nitrate de mercure est corrosif, il détonne sur les charbons lorsqu'il est bien sec, et il s'en échape une flamme blanchâtre assez vive.

Le nitrate mercuriel chauffé dans un creuset se fond, et laisse échaper une quantité considérable de gaz nitreux en même temps que son eau de crystallisation; l'oxide qui reste devient jaune, et finit par prendre une couleur d'un rouge vif, c'est ce qu'on appelle *précipité rouge* : pour faire du superbe précipité rouge, il faut mettre la dissolution mercurielle dans une cornue, et distiller jusqu'à ce qu'il ne passe plus de vapeurs; on verse sur ce qui reste une nouvelle quantité d'acide nitrique, et on distille de même. Après trois ou quatre distillations répétées, on obtient un précipité magnifique en petits crystaux d'un rouge superbe.

La dissolution du nitrate mercuriel forme l'*eau mercurielle*; elle sert à reconnoître la présence des sels sulfuriques et muriatiques dans les eaux minérales.

Les acides, les alkalis, les terres et quelques métaux, précipitent aussi le mercure de sa dissolution dans l'acide nitrique : ces précipités sont toujours des oxides de mercure plus ou moins parfaits; c'est ce qui les fait varier dans la couleur : on peut consulter là-dessus *Lemery*, *Baumé*, etc.

M. *Bayen* a découvert que quelques-uns de ces précipités avoient la propriété de fulminer en les mêlant à une petite quantité de soufre sublimé : M. *Bayen* nous en désigne trois, 1°. le précipité de mercure de sa dissolution par l'acide nitrique à l'aide du carbonate d'ammoniaque; 2°. le précipité de la même liqueur par l'eau de chaud; 3°. le précipité de sa dissolution du sublimé corrosif par l'eau de chaux. On en triture demi-gros avec six grains de soufre sublimé; il reste après la détonation une poudre violette, qui peut donner du beau cinabre par la sublimation.

3°. L'acide muriatique n'agit pas sensiblement sur le mercure ; mais si on le fait digérer pendant long-temps sur le métal il l'oxide, et finit par dissoudre cet oxide ; c'est ce qu'on peut conclure de l'expérience d'*Homberg*, insérée dans le vol. de l'Académie des Sciences pour l'année 1700.

L'acide muriatique dissout complétement les oxides mercuriels. Lorsque ces oxides sont presque à l'état métallique ou chargés d'une petite quantité d'oxigène, il se forme du muriate de mercure ; lorsqu'au contraire l'oxide de mercure est saturé d'oxigène, il se forme du muriate de mercure oxigéné ou *mercure sublimé corrosif.*

On peut former le sublimé corrosif de deux manières, par la voie sèche et par la voie humide.

1°. Pour faire ce sel par la voie sèche on peut procéder de plusieurs manières ; 1°. on mêle ensemble parties égales de nitrate de mercure desséché, de muriate de soude décrépité, et de sulfate de fer calciné à blanc : on sublime ce mêlange, et le sel qui se sublime est connu sous le nom de *sublimé corrosif.*

2°. En Hollande on emploie du mercure cou-

lant au lieu de nitrate de mercure ; on peut
obtenir les mêmes résultats en se servant d'un
oxide de mercure quelconque.

3°. Parties égales de sulfure de mercure
et de muriate de soude décrépité, sublimées,
donnent le même sel. Ce procédé de *Kunckel*
a été renouvelé par *Boulduc*.

4°. M. *Monnet* assure avoir obtenu du sublimé,
en traitant à la cornue du muriate de soude sec
et un oxide mercuriel.

Si on fait dissoudre le mercure par l'acide
muriatique oxigéné, la dissolution rapprochée
fournit du superbe sublimé corrosif. On peut
également l'obtenir en précipitant le mercure de
l'eau mercurielle par le même acide, et évapo-
rant la dissolution.

J'en ai obtenu de superbe en présentant à
l'acide muriatique ordinaire, un oxide mercuriel
assez pourvu d'oxigène. Une livre acide muriatique à 25 degrés, versée sur une livre d'oxide
rouge par l'acide nitrique, le décolore en peu
de temps, le dissout avec une chaleur violente,
et cette dissolution étendue d'eau et convenablement évaporée, fournit de douze à quatorze
onces de crystaux de sublimé corrosif.

Le muriate de mercure corrosif a une saveur
styptique, suivie d'un arrière-goût métallique
des plus désagréables ; mis sur les charbons, il se
dissipe en fumée ; chauffé lentement dans des

vaisseaux sublimatoires, il se sublime en crystaux prismatiques si comprimés, qu'on ne peut
pas en distinguer les faces ; leur assemblage les
a fait comparer à des lames de couteau jetées
les unes sur les autres.

Ce sel se dissout dans dix-neuf parties d'eau ;
et en rapprochant la dissolution, on forme des
crystaux semblables à ceux qu'on obtient par
la sublimation.

La barite, la magnésie, la chaux décomposent ce sel : demi-gros de sublimé en poudre,
jeté dans une pinte d'eau de chaux, forme un
précipité jaune. Cette liqueur est connue sous
le nom d'*eau phagédenique.*

L'alkali fixe en précipite le mercure en un
oxide orangé ; et le volatil, en une poudre
blanche qui brunit en peu de temps.

Le même acide muriatique combiné avec un
oxide de mercure moins fait, forme le muriate
de mercure doux, *mercure doux :* on peut procéder à cette combinaison de deux manières,
par la voie sèche ou par la voie humide.

1°. Par la voie sèche, on triture dans un
mortier quatre parties de muriate de mercure
corrosif avec trois de mercure : lorsque le mercure est éteint, on met ce mélange dans des
fioles à médecine, et on procède à la sublimation trois fois de suite, afin que la combinaison
soit plus exacte. Ce sublimé differe du corrosif

par son insolubilité dans l'eau , son insipidité et
la forme de ses crystaux qui sont des prismes
tétraèdres , terminés par des pyramides à quatre pans. Pour obtenir cette forme régulière ,
il faut que la sublimation se fasse à une chaleur modérée ; car si la chaleur est suffisante
pour liquéfier le sel , il n'en résulte qu'une
croûte qui n'a nulle apparence de crystaux. Comme
la trituration du sublimé est dangereuse par la
poussière qui s'en élève , M. *Baumé* verse un
peu d'eau sur le mélange ; ce liquide accélère
la trituration et s'oppose à la volatilisation de
cette vapeur meurtrière.

M. *Bailleau* a aussi proposé de pêtrir le
sublimé avec l'eau et de triturer avec le mercure coulant ; on achève la combinaison en
faisant digérer ce mélange sur un bain de sable
à une chaleur douce , la matière devient blanche
et n'a besoin que d'une seule sublimation. Au
reste , lorsqu'on soupçonne que le mercure doux
retient encore du sublimé en nature , il n'y a
qu'à le triturer et y passer dessus de l'eau bouillante ; on enlève par ce moyen tout le sel soluble
qui peut y être resté.

M. *Baumé* a prouvé qu'il n'y avoit pas d'état
moyen entre celui du mercure doux et du sublimé ; si on ajoute moins de mercure , il ne
se sublime qu'une quantité proportionnée de
mercure doux , le reste monte en sublimé cor-

rosif ; si on ajoute plus de mercure l'excédent reste en mercure coulant.

Le même Chimiste a encore prouvé qu'il se perd toujours une portion de mercure à chaque sublimation, et qu'il se forme un peu de sublimé corrosif, qui provient de l'altération du mercure. Ainsi la *panacée mercurielle* qu'on fait en sublimant le mercure doux huit à neuf fois, est un remède plus suspect que le mercure doux lui-même.

2°. On peut faire du mercure doux en décomposant l'eau mercurielle par une dissolution de muriate de soude ; le précipité blanc qu'on obtient peut être sublimé et former un excellent mercure doux ; j'en ai décrit et donné le procédé à la Société des Sciences de Montpellier, deux ans avant que M. *Schéele* le fît connoître.

Le muriate de mercure corrosif diffère donc du mercure doux par l'état de l'acide.

Les oxides mercuriels sont également solubles dans d'autres acides.

3°. Une dissolution de borax, mêlée avec de l'eau mercurielle, forme un précipité jaune très-abondant, qui n'est que la combinaison de l'acide boracique et du mercure ; il reste un peu de ce sel en dissolution, qu'on peut obtenir par évaporation en crystaux brillans.

4°. L'acide acéteux dissout aussi l'oxide de

mercure : on obtient des crystaux blancs et feuilletés.

Le mercure précipité de sa dissolution d'acétrite de mercure, se combine avec le tartrite acidule de potasse, et forme l'eau *vegeto-mercurielle de* PRESSAVIN.

L'acétite de mercure est la base des pilules de *Keiser*.

5°. Le mercure mêlé artificiellement avec le soufre, forme des sulfures rouges ou noirs, connus à raison de la couleur sous les noms d'*éthiops* ou de *cinabre*.

Pour former l'éthiops ou l'oxide de mercure sulfuré noir, on peut procéder de trois manières.

1°. On triture dans un mortier de verre quatre onces de mercure avec douze onces de soufre sublimé, il en résulte une poudre noire appelée *éthiops minéral.*

2°. On fait fondre quatre onces de soufre dans un creuset et on y éteint une once de mercure ; le mélange s'enflamme avec facilité, on s'oppose à l'inflammation, on broye le résidu noirâtre et on a une poudre grisâtre qui est un véritable *éthiops*.

3°. On peut faire l'éthiops en versant du sulfure de potasse sur l'eau mercurielle.

Ces éthiops sublimés donnent le cinabre ou oxide sulfuré rouge ; mais pour le faire avec plus d'exactitude, on fait fondre dans un pot de terre non vernissé quatre onces soufre sublimé, on ajoute une livre de mercure ; on agite le mélange pour mêler ces deux substances ; lorsqu'elles sont parvenues à un certain degré de combinaison, le mélange s'enflamme tout seul, on le laisse brûler environ une minute, ensuite on étouffe la flamme, on pulvérise le résidu, qui forme une poudre violette, il s'en trouve ordinairement 17 onces 5 gros ; on sublime cette poudre, et il en résulte un sublimé d'un rouge livide qui, broyé, développe une belle couleur rouge, connue sous le nom de *vermillon*.

Trois parties de cinabre mêlées avec deux onces de limaille d'acier, et distillées donnent du mercure très-pur, qu'on appelle *mercure revivifié du cinabre* ; la chaux, les alkalis, la plupart des métaux peuvent être substitués au fer.

Le mercure s'amalgame avec presque tous les métaux, et c'est sur cette propriété qu'est fondé l'art des Doreurs sur métaux, de l'étameur des glaces, de l'exploitation des mines d'or ou d'argent, etc.

Le mercure est encore employé pour les instrumens météorologiques ; il a l'avantage sur les autres liqueurs ; 1°. de ne pas se geler si facilement ; 2°. d'être plus également et plus graduellement dilatable, selon les belles expériences de MM. *Bucquet* et *Lavoisier* ; 3°. d'être à-peu-près de qualité égale.

Le mercure a été employé en nature contre le *volvulus*, et on n'en a jamais observé de mauvais effets ; on le mêle aux graisses pour en former des onguents très-usités pour combattre les maladies vénériennes ; on les prépare au tiers ou par moitié de mercure, selon l'exigence des cas.

L'eau mercurielle sert comme *escarotique*.

Les oxides rouges remplissent le même objet.

Le muriate mercuriel doux est employé comme purgatif, on le fait entrer dans la composition des pilules pour pousser par la peau et attaquer des vices vénériens.

Le muriate de mercure corrosif est d'un usage très-étendu, sur-tout contre les maladies vénériennes. Ce remède demande de l'habileté et de la prudence ; mais j'ai entendu dire à tous les Médecins de réputation, que c'étoit le remède le plus héroïque et le plus sûr qu'eût la médecine ; à haute dose il irrite, porte à la poitrine, occasionne des spasmes dans le bas - ventre, et laisse des impressions qu'il est difficile de guérir.

Le cinabre est employé en fumigations pour détruire certains insectes qui s'attachent à la peau : on se sert du vermillon dans la peinture.

CHAPITRE XIII.

De l'Argent.

L'argent est un métal d'une couleur blanche, qui n'a ni odeur ni couleur, presqu'inaltérable par le feu, très-ductile, fort tenace ; un pied cube de ce métal fondu pèse 712 livres. La pesanteur spécifique de l'argent fondu est de 101752. V. *Brisson*.

Il se présente sous cinq états dans la terre ; et nous allons le considérer sous tous ses rapports.

1°. *Argent vierge ou natif.* L'argent natif offre diverses formes ; 1°. on le trouve en rameaux composés d'octaèdres implantés les uns dans les autres ; cette variété est connue, par la plupart des Minéralogistes, sous le nom d'*argent vierge en végétation*. On connoît quatre procédés indiqués par M. *Sage* pour opérer la crystallisation de l'argent, l'amalgame, la réduction par le phosphore, la réduction par le cuivre, la fusion : on peut voir dans l'*analyse chimique* le détail de ces quatre procédés, pag. 238 et suivantes, liv. III.

On trouve encore l'argent natif en filéts minces, capillaires, flexibles, contournés. La décomposition des mines d'argent rouges ou vitreuses donne lieu à cette espèce ; on peut même la

produire en calcinant lentement une de ces espèces de mines.

L'argent se présente aussi sous forme irrégulière ; il est alors, en lames minces dispersées
dans des gangues, ou bien en masse : *Albinus*
rapporte, dans la chronique des mines de Misnie,
qu'on trouva, en 1478, à Scheneeberg, un
bloc d'argent natif pesant quatre cens quintaux.
Le Duc *Albert* de Saxe descendit dans la mine
pour voir ce morceau surprenant, et se fit servir
à dîner sur cette masse d'argent.

2°. *Argent vitreux ou minéralisé par le soufre.*
Cette mine est de couleur grise, elle se laisse
couper comme le plomb ; cette mine crystallise
en octaèdres ou en cubes tronqués, elle est le
plus souvent sans forme déterminée ; on peut
en extraire le soufre par la chaleur, elle en
fournit environ 16 livres au quintal.

Lorsque le soufre est contenu en plus grande
quantité dans la mine, elle devient noire, poreuse, friable.

3°. *Mine d'argent rouge, minéralisé par le*
soufre et l'arsenic. Cette espèce crystallise en
prismes hexaèdres, terminés par une pyramide
trièdre obtuse à plans rhombes ; elle se trouve
assez souvent en masses irrégulières sans forme
déterminée ; elle a la couleur et la transparence
du rubis.

M. *Sage* a retiré de cette mine, par la distillation , de l'eau , de l'acide carbonique et des oxides d'arsenic sulfurés jaunes et rouges. Si on calcine cette mine dans un têt , et qu'on en fasse exhaler le minéralisateur , on trouve le résidu à l'état métallique , offrant à sa surface de filéts d'argent contournés ; dans cette opération une partie de l'argent passe à l'état d'oxide gris.

4°. *Mine d'argent blanche antimoniale : argent et antimoine minéralisés par le soufre.* Cette mine est blanche comme l'argent , elle est fragile , sa cassure est granuleuse ; elle est quelquefois en prismes hexaèdres tronqués-net aux deux bouts ; on en trouve de semblables dans la Principauté de Furstenberg. Cette mine , exposée au feu , y devient fluide comme l'eau , il s'en exhale de l'antimoine et du soufre ; il reste de l'argent et un oxide d'antimoine ; on la débarrasse de ce demi-métal par la fonte , à l'aide des fondans et de la coupellation.

5°. *Mine d'argent corné , muriate d'argent.* Cette espèce est d'un gris jaunâtre sale : elle est molle , s'écrase et se coupe facilement. On la fond à une douce chaleur , elle se sublime sans se décomposer , elle est crystallisée en cubes , et plus souvent elle n'offre aucune forme régulière. Elle est minéralisée par l'acide muriatique : M. *Woulf* y a même démontré un peu d'acide sulfurique.

6°.

6°. L'argent est encore fort souvent allié avec divers métaux, tels que le plomb, le cuivre, le bismuth, le cobalt ; et on exploite quelquefois ces mines par rapport à la quantité d'argent qu'elles contiennent.

La manière d'exploiter une mine d'argent varie selon sa nature : mais on peut réduire aux procédés suivans tous ceux qui sont usités dans les divers pays.

1°. Dans le Pérou et le Mexique on bocarde le minérai, on le grille, on le lave et puis on le triture avec du mercure dans des chaudières de cuivre, remplies d'eau entretenue à la chaleur de l'ébullition, on agite le tout par le moyen de moulinets à ailerons ; on exprime ensuite l'amalgame dans une peau ; on chauffe cette amalgame pour en retirer le mercure, et l'argent reste seul.

Cette méthode est vicieuse. 1°. Le feu volatilise une portion du muriate d'argent abondant dans ces mines ; 2°. les lavages entraînent une portion de l'oxide d'argent ; 3°. et le mercure ne s'amalgame ni avec les muriates d'argent ni avec les sulfates de ce métal.

2°. Lorsqu'on doit exploiter des mines d'argent minéralisées par le soufre ou l'arsenic, on les grille, on les bocarde, on les lave et on les fond avec du plomb ; ce métal s'empare de tout l'argent, et on le sépare par la coupellation.

3°. Lorsque la mine d'argent est pauvre, on fond la mine avec de la pyrite cuivreuse, et on traite ce mélange par la liquation. V. *l'article du plomb.*

Pour déterminer le degré de pureté de l'argent, on suppose un poids donné d'argent composé de douze parties, qui sont représentées par le mot *deniers :* chaque denier est divisé en 24 grains : l'argent, exempt de tout mélange, est dit *à* 12 *deniers.*

Pour essayer de l'argent donné et en reconnoître le *titre*, le Réglement de la Cour des Monnoies prescrit de prendre 36 grains d'argent; on l'enveloppe dans un cornet de plomb exempt de fin, et on procède à la coupellation : on juge, par la perte qu'a éprouvé le bouton d'argent qui reste sur la coupelle, de la quantité d'alliage : si la perte est d'un douzième, on dit que l'argent est à 11 deniers. On peut voir, dans l'*art d'essayer l'or et l'argent* par M. *Sage*, les détails qui concernent cette opération.

On donne de la dureté à l'argent en le mêlant avec du cuivre ; et c'est pour cette raison qu'on l'allie avec ce métal pour l'orfévrerie et les monnoies : la loi permet un douzième d'alliage pour les monnoies, et c'est cette portion de cuivre qui rend bleue la dissolution des monnoies par l'acide nitrique.

L'argent ne s'altère point par le contact de

l'air : il se fond à une chaleur assez forte, mais on peut le volatiliser par un feu violent sans l'altérer ; c'est ce qui a été prouvé par les belles expériences de MM. les Académiciens de Paris, faites au foyer de la Lentille de M. *Trudaine* : ce métal répand une fumée épaisse qui blanchit les lames d'or qu'on expose immédiatement dessus.

Juncker avoit converti l'argent en verre, en le traitant par la réverbération d'une chaleur très-forte, à la manière d'*Isaac* le Hollandois.

Macquer, en exposant vingt fois de suite de l'argent au feu qui cuit la porcelaine de Sève, a obtenu un verre verd d'olive. On a aussi observé que ce métal, exposé au foyer du miroir ardent, présentoit une matière blanche, pulvérulente à la surface, et un enduit vitreux verdâtre sur le support sur lequel il étoit placé.

Quoique ces expériences prouvent clairement que l'argent peut se combiner avec l'oxigène, la difficulté qu'on éprouve à opérer cette combinaison, et la facilité avec laquelle cet air là se dégage de ces oxides annoncent peu d'affinité entre ces deux substances.

Si on présente de l'argent très-divisé à de l'acide sulfurique concentré et bouillant, il se dégage du gaz sulfureux ; l'argent est réduit en une matière blanche qui est un véritable oxide d'argent, et contient un peu de sulfate qu'on peut obtenir en petites aiguilles , ou en plaques formées par la réunion de ces aiguilles sur leur longueur , comme l'a observé M. *de Fourcroy* : ce sel se fond au feu , il est très-fixe ; si on en précipite l'argent par les métaux ou les alkalis, ces précipités se réduisent sans addition.

L'acide nitrique dissout l'argent avec rapidité ; il se dégage beaucoup de gaz nitreux, la dissolution est d'abord bleue ; mais cette couleur disparoît lorsque l'argent est pur , et dégénère en une couleur verte s'il est allié de cuivre. L'acide nitrique peut dissoudre plus de moitié de son poids d'argent ; alors la dissolution laisse précipiter des crystaux en lames hexagones triangulaires ou quarrées , qu'on appelle *nitrate d'argent* , *crystaux de lune* , *nitre lunaire* , etc.

La dissolution de ces crystaux, connue généralement sous le nom de *dissolution d'argent*, est très-caustique ; elle colore la peau en noir, brûle l'épiderme , et la désorganise si complétement que la tache ne disparoît que par le renouvellement de la peau.

Le nitrate d'argent fuse sur les charbons ardens; mais si on l'expose à la chaleur dans des vases de terre ou de métal , il se liquefie à une douce chaleur , et on peut le couler alors dans une lingotière. Ce nitrate d'argent fondu forme la *pierre infernale*. Il faut avoir la précaution de le couler dès qu'il est liquide ; sans cela l'acide se dégage, l'argent se revivifie et la pierre infernale perd de sa vertu.

La pierre infernale faite avec de l'argent pur, et préparée avec les conditions ci-dessus, est blanchâtre, tandis qu'elle est noirâtre lorsqu'on la laisse en fonte quelque temps.

La pierre infernale est très-souvent mêlée de nitrate de cuivre ; cette fraude est repréhensible, en ce que cet alliage rend les plaies de mauvais caractère.

On emploie la pierre infernale comme escarotique, et on s'en sert pour ronger les chairs mortes.

L'argent peut être précipité de sa dissolution par l'eau de chaux, les alkalis et quelques métaux : ces derniers nous présentent des phénomènes très-importans.

1°. Une lame de cuivre mise dans une dissolution d'argent étendue d'eau, précipite ce métal; il adhère, dans le moment qu'il se précipite, à la surface du cuivre, où il forme une espèce de mousse ; à mesure que l'argent se précipite, l'eau prend une teinte bleue qui annonce que le cuivre se dissout dans l'acide nitrique pour remplacer l'argent ; lorsque tout l'argent est dégagé, on décante l'eau, on fait sécher l'argent et on le fond dans des creusets pour le couler en lingots. Cet argent retient presque toujours un peu de cuivre dont on le débarrasse par la coupellation avec le plomb , et alors l'argent est pur. Ce procédé est usité dans les monnoies , où l'on fait le départ de l'or avec l'argent : on commence par s'emparer de l'argent à l'aide de l'acide nitrique , et on précipite ensuite l'argent par le moyen du cuivre.

2°. L'argent est aussi précipité par le mercure : dans cette opération , il s'amalgame avec un peu de mercure et forme des crystaux tétraèdres , terminés par une pyramide tétraèdre , articulés les uns sur les autres ; cet arrangement leur donne la forme d'une végétation , et a fait nommer ce précipité *arbre de diane*. Lemery, *Homberg* et autres Chimistes , ont successivement publié des procédés pour produire ce phénomène : mais celui qui m'a le mieux réussi est décrit par M. *Baumé* : on prend six gros de dissolution d'argent et quatre gros de celle de mercure , bien saturées l'une et l'autre ; on les étend de cinq onces d'eau distillée ; on les met dans un vase conique et on y verse une amalgame faite avec sept parties de mercure et une d'argent ; dans le moment on voit se dégager de la surface de l'amalgame une multitude de petits crystaux sur lesquels viennent s'en articuler de nouveaux ; et il en résulte une végétation qui s'élève à vue d'œil. Pour rendre ce phénomène plus saillant , je décante l'eau épuisée d'argent et en substitue de la nouvelle ; par ce moyen je remplis un vase quelconque de ces végétations.

On peut séparer par le feu le mercure amalgamé avec l'argent dans cette opération.

L'acide muriatique ne dissout point l'argent,
mais il dissout promptement ses oxides. L'acide
muriatique oxigéné dissout l'argent.

Pour opérer une combinaison sûre et prompte
de l'acide muriatique avec l'argent, on verse cet
acide dans une dissolution de nitrate d'argent ;
il se fait sur le champ un précipité qui est connu
sous le nom de *lune cornée*. Ce muriate d'argent est très-fusible : si on l'expose à une chaleur douce, il se fond en une substance grise
et transparente, assez semblable à la *corne* ;
si on y fait éprouver un degré de feu plus fort,
il se décompose, une partie se volatilse et l'autre
se réduit en argent.

Le muriate d'argent, exposé à la lumière
du soleil, brunit en peu de temps ; il s'en dégage du gaz oxigène qu'on peut recueillir en le
mettant sous l'eau, d'après le procédé de M.
Berthollet. Presque toutes les dissolutions des
métaux ont la même propriété ; le nitrate lunaire
se colore aussi et abandonne son oxigène et le
gaz nitreux.

Une livre d'eau bouillante ne dissout que
trois ou quatre grains de muriate d'argent,
d'après l'observation de M. *Monnet.* Les alkalis
peuvent décomposer le muriate d'argent et en

séparer ce métal. On peut dégager l'argent de ce muriate en le fondant avec trois parties de flux noir.

M. *Berthollet* nous a fait connoître le procédé suivant pour former la poudre fulminante, la plus terrible et la plus étonnante que nous connoissions encore : prenez de l'argent de coupelle, dissolvez-le dans l'acide nitrique ; précipitez l'argent de cette dissolution par l'eau de chaux ; décantez et exposez l'oxide pendant trois jours à l'air. M. *Berthollet* imagine que la présence de la lumière peut influer sur le succès de l'expérience.

Étendez cet oxide desséché dans l'ammoniaque, il prendra la forme d'une poudre noire ; décantez et laissez sécher à l'air cette poudre, c'est celle qui forme l'*argent fulminant.*

La poudre à canon, l'or fulminant même, ne peuvent pas être comparés à ce produit nouveau. Il faut le contact du feu pour faire détonner la poudre ; il faut faire prendre à l'or fulminant un degré déterminé de chaleur pour qu'il fulmine, tandis que le contact d'un corps froid suffit pour faire détonner l'argent fulminant ; enfin, ce produit, une fois obtenu, on ne peut plus le toucher ; on ne doit pas prétendre l'enfermer dans un flacon, il faut qu'il reste dans la capsule où s'est faite l'évaporation.

Il est inutile d'observer qu'on ne doit tenter la fulmination que sur de petites quantités, le poids d'un grain par exemple ; car un plus grand volume donneroit lieu à une détonnation dangereuse.

On conçoit la nécessité de ne faire cette préparation que le visage couvert d'un masque, garni d'yeux de verre. Il est prudent de faire dessécher l'argent fulminant dans de petites capsules de métal.

Voici une dernière expérience qui complétera l'idée que l'on doit se former de la propriété fulminante de cette préparation.

Prenez l'ammoniaque qui a été employée à la conversion de l'oxide d'argent en ce précipité noir qui fait l'argent fulminant ; mettez cette ammoniaque dans un petit matras de verre mince, et faites lui prendre le degré de l'ébullition nécessaire pour compléter la combinaison ; retirez le matras du feu ; il se formera sur sa paroi intérieure un enduit hérissé de petits cristaux que recouvrira la liqueur.

Si, sous cette liqueur refroidie, on touche un de ces cristaux, il se fait une explosion qui brise le matras.

Le procédé pour obtenir l'argent fulminant étant décrit, ses effets connus, et les précautions nécessaires pour tenter l'expérience bien énoncées ; nous dirons un mot de la théorie du phénomène ; c'est celle de l'or fulminant établie par M. *Berthollet*. Voyez *Mémoire de l'Académie royale des Sciences*, année 1785.

Dans cette opération, l'oxigène qui tient très-peu à l'argent, se combine avec l'hydrogène de l'ammoniaque : de la combinaison de l'oxigène et de l'hydrogène, il résulte de l'eau dans l'état de vapeur ; cette eau, vaporisée instantanément, jouissant de toute l'élasticité, de toute la force expansive dont elle est douée dans cet état de vapeurs, est la cause principale du phénomène, dans lequel le nitrogène qui se dégage de l'ammoniaque avec toute son expansibilité joue aussi un grand rôle.

Après la fulmination, l'argent se trouve réduit, révivifié, c'est-à-dire, qu'il reprend son état métallique ; il redevient ce qu'il étoit en sortant de la coupelle, blanc et brillant.

Le principal usage de l'argent est d'être frappé au coin du prince, pour servir de signe représentatif de toute marchandise.

Son brillant métallique l'a fait adopter comme ornement. Sa dureté et son inaltérabilité à l'air le rendent très-précieux.

On l'allie au cuivre pour former la soudure, de la vient que les pièces d'argenterie soudées sont sujettes à la rouille et au verdet.

CHAPITRE XIV.

De l'Or.

L'or est le métal le plus parfait, le plus ductile, le plus ténace et le plus inaltérable de tous les métaux connus : un pied-cube de ce métal pur fondu et non forgé, pèse 1348 liv. et sa pésanteur spécifique est de 192581. Voyez *Briſſon*.

L'or n'a ni odeur ni saveur : la couleur en est jaune ; mais elle varie selon le degré de pureté du métal.

1°. Comme l'or est très-peu altérable, il est presque toujours à l'état natif : et sous cette forme il présente les variétés suivantes. 1°. Il se trouve en octaèdres dans les mines d'or de Boitza en Transilvanie ; quelquefois ces octaèdres sont tronqués de manière à n'offrir que des lames hexagones. Cet or natif est allié avec un peu d'argent qui, suivant *M. Sage*, lui donne une couleur d'un jaune pâle ; on l'a aussi trouvé cristallisé en prismes tétraèdres terminés par des pyramides à quatre pans ; l'amalgame faite avec quelques précautions peut également faire affecter à l'or une forme à-peu-près semblable, d'après M. *Sage* ; et l'or réduit par le phosphore présente quelquefois des cristaux octaèdres. L'or cristallise aussi par la fusion : MM. *Tillet* et *Mongez* l'ont obtenu en pyramides quadrangulaires courtes. 2°. L'or natif offre quelquefois des fibres ou filamens de diverse longueur ; on le trouve aussi en lames disséminées dans une gangue ; la mine d'or de la Gardette, à quelques lieues d'Allemont en Dauphiné, est de ce genre. 3°. L'or est aussi quelquefois en paillettes dispersées dans le sable ou dans des terres ; c'est sous cette forme qu'il se présente dans les rivières aurifères, telles que l'Ariége, Cèze, le Gardon, le Rhône, etc. Ces paillettes ont quelquefois le diamètre d'une ligne, mais pour l'ordinaire elles sont si petites qu'elles échappent à la vue. 4°. L'or est quelquefois en masses irrégulières, et on le connoît alors sous le nom de *pépites d'or* ; on en trouve de très-grosses dans le Mexique et le Pérou.

2°. L'or est quelquefois minéralisé par le soufre à l'aide du fer : les pyrites aurifères sont fréquentes au Pérou, en Sibérie, en Suède, en Hongrie, etc. Pour reconnoître si une pyrite contient de l'or ou n'en contient pas, il faut la piler, verser dessus de l'acide nitrique jusqu'à ce qu'il n'y ait plus rien de soluble, étendre cette dissolution de beaucoup d'eau, enlever par les lavages les parties les plus légères qui sont insolubles, et on voit dans le résidu s'il y a de l'or ou non.

Lorsque la pyrite martiale se décompose, l'or en est toujours mis à nud, il est vraisemblable que les pailletes d'or des rivières aurifères proviennent d'une semblable décomposition.

L'or est quelquefois minéralisé par le soufre à l'aide du zinc, comme dans la mine d'or de Nagyag ; cette mine contient encore du plomb, de l'antimoine, du cuivre, de l'argent et de l'or.

3°. M. *Sage* a donné la description et l'analyse d'une mine d'or arsénicale.

4°. L'or existe encore en nature dans les végétaux : *Becher* en avoit retiré ; *Henkel* a soutenu qu'ils en contenoient ; M. *Sage* a repris le travail et en a trouvé, il a dressé le tableau suivant des quantités qu'il a retirées de diverses terres au quintal.

1°. Terreau. . . . 1 gros 56 grains d'or.
    Terre de bruyère. 2   36
    Terre de jardin. . 5
    Terre de potager
fumée tous les ans depuis 60 ans. 2 onces 3   40

Ces résultats ont été d'abord contestés ; mais aujourd'hui il paroit généralement convenu que l'or y est contenu, mais en moindre quantité : M. *Bertholet* a retiré 40 grains huit vingt-cinquièmes d'or par quintal de cendres ; MM.

Rouelle , *Darcet* et *Deyeux* en ont aussi retiré.

C'est donc un fait physique que l'existence de l'or dans les végétaux.

La manière d'exploiter les mines d'or est , à peu de chose près , celle usitée pour les mines d'argent : lorsque l'or est natif , il ne s'agit que de diviser par le bocard , de laver et d'amalgamer ; si la mine est minéralisée , on torréfie , on bocarde , on lave et on fond avec du plomb , puis on coupelle ; on emploie aussi la liquation pour les mines pauvres.

Les personnes qui exploitent l'or en feuilles disseminé dans le sable de quelques rivières sont connues sous le nom *d'orpailleurs* ou de *pailloteurs* : les pailloteurs de la rivière de Cèze , après avoir reconnu que la terre est assez riche pour permettre l'exploitation , placent sur le bord de la rivière une table de quelques pieds de long sur environ un pied et demi de large ; elle est entourée de rebords sur trois de ses côtés ; on cloue sur cette planche des morceaux d'étoffe à longs poils ; et on met dessus le sable que l'on lave afin d'en enlever tout ce qu'il y a de plus léger. Lorsque l'étoffe est assez chargée de paillettes d'or , on l'a secoue dans une terrine , on l'agite circulairement avec de l'eau pour enlever le sable le plus léger , et ensuite on y met du mercure pour faire l'amalgame (1).

M. L***. nous a fait connoître en détail le procédé usité dans l'Amérique méridionale Espagnole, pour exploiter les mines d'or : on se procure assez d'eau pour pouvoir le laver ; on établit une rigole qui entraîne la terre et tout ce qui est léger ; des Esclaves-Nègres dispersés sur le bord y font tomber de la nouvelle terre, tandis que d'autres qui sont dans le ruisseau la gâchent et la délayent avec les pieds et les mains. On a soin de mettre en travers du courant de l'eau des morceaux de bois pour retenir les parties les plus légères du métal ; on continue ce travail un mois et même des années. Lorsqu'on veut cesser on détourne l'eau ; alors, en présence du maître, les travailleurs relavent le sable avec des plats de bois en forme d'entonnoirs évasés, d'un pied de diamètre, au fond desquels est un enfoncement de la grosseur du pouce. On remplit le plat avec le sable, et par

_____

(1) Pour prendre des renseignemens très-détaillés sur l'exploitation des sables aurifères ; on peut consulter 1°. le mémoire de M. *Réaumur* sur les rivières aurifères du royaume, consigné parmi ceux de l'Académie, année 1718. 2°. Le mémoire de M. *Guetard* sur l'ariège, inséré dans le volume de 1761. 3°. Le mémoire sur l'or qu'on retire de l'Ariège dans le Comté de Foix par M. le Baron de *Dietrich* ; les divers procédés sont discutés dans ce dernier ; & ce cél. Minéralogiste en propose de plus économiques & de plus avantageux.

un mouvement circulaire on fait échaper par les bords ce qu'il y a de plus léger, les matières les plus pesantes restent au fond ; on sépare ensuite le platine grains par grains avec la lame d'un couteau sur une planche bien lisse. On amalgame le reste, à l'aide des mains et ensuite d'un pilon de bois, dans des auges de bois de gayac, on sépare ensuite l'or du mercure par le feu.

M. le Baron de *Born*, a réduit à un seul et unique procédé la manière d'exploiter toutes les mines d'or et d'argent. Tout ce qui est détaillé dans l'ouvrage publié à ce sujet, se réduit aux opérations suivantes :

1°. Bocarder, diviser, tamiser le minérai.

2°. Torréfier convenablement.

3°. Mêler avec du muriate de soude, de l'eau et du mercure, agiter afin de faciliter l'amalgame.

4°. Exprimer le mercure ou l'amalgame.

5°. Distiller le mercure exprimé.

6°. Affiner l'argent par la coupelle.

Ces opérations ont été d'abord exécutées à Schemnitz en Hongrie, et depuis à Joachimstal en Bohème, en présence des plus grands Minéralogistes d'Europe, rassemblés auprès de M. de *Born* par les divers Souverains.

Le muriate de soude est employé pour décomposer les sulfates produits par les calcinations.

Pour déterminer avec précision le titre de l'or, on suppose que le plus pur est à 24 karats, et on divise les karats en 32e. de karat. Le karat est toujours représenté par un grain poids de marc.

La loi prescrit d'opérer sur 24 grains d'or, elle tolère à 12 et défend à 6, par rapport à la difficulté d'apprécier les divisions qui résultent de ces petites quantités.

Pour faire le *départ*, il faut employer de l'argent bien pur ; on le mêle à l'or, dans la proportion de quatre sur un, ce qui a fait donner le nom d'*inquart* ou *quartation* à cette opération. M. *Sage* a reconnu que deux parties et demi d'argent, contre une d'or, étoient le mélange le plus propre pour composer le cornet d'essai ; on met les deux métaux dans une lame de plomb faite avec quatre parties de ce métal, et on porte ce mélange dans la coupelle lorsqu'elle est très-chaude ; on a un bouton de fin qui contient l'or et l'argent ; on l'applatit, on le lamine, on le roule en cornet, on le met dans un petit matras et on verse dessus six gros d'acide nitrique pur à 32 degrés de concentration ; dès-que le matras est échauffé, le cornet brunit, l'argent se dissout et il se dégage beaucoup de vapeurs rutilantes ; au bout de quinze minutes on fait la *reprise*, c'est-à-dire, qu'on décante la dissolution et qu'on ajoute

C c

une once d'acide très-pur et un peu plus concentré pour enlever les portions d'argent ; on
décante cette dissolution après une digestion de
quinze à vingt minutes , et on y met de l'eau
tiède , on lave ainsi le cornet jusqu'à ce que
l'eau sorte insipide ; on dessèche le cornet dans
un creuset , on le pèse et on juge de son titre
par la diminution de son poids.

Schindlers et *Schutler* ont soutenu que l'or
retenoit toujours un peu d'argent , qu'ils ont
appellé *interhalt* ou *surcharge* : M. *Sage* en a
trouvé un soixante - quatrieme de grain dans
l'essai le mieux fait.

Pour séparer l'argent qui est en dissolution
dans l'acide nitrique , on étend cette dissolution d'une quantité considérable d'eau , et on
y plonge des lames de cuivre qui précipitent
l'argent , comme nous l'avons observé en par-
lant de la dissolution d'argent.

L'or exposé au feu rougit avant de se fondre.
Lorsqu'il est fondu il n'éprouve aucune altération : *Kunckel* et *Boyle* l'ont tenu à un feu
de verrerie pendant plusieurs mois sans l'altérer.
Homberg a néanmoins observé que ce métal
exposé au foyer de la lentille de *Schirnaus* fu-
moit , se volatilisoit et se vitrifioit même en
partie ; M. *Macquer* a vérifié cette observation
au miroir de M. de *Trudaine* , il a vu l'or fu-
mer , se volatiliser , se couvrir d'une pellicule

matte , et se former vers le milieu un oxide violet.

L'or n'est point attaqué par l'acide sulfurique.

Le nitrique paroît avoir une action réelle sur lui : *Brandt* est le premier qui ait annoncé la dissolution de l'or par cet acide ; les expériences ont été faites en présence du Roi de Suède et vérifiées par son Académie. MM. *Scheffer*, *Bergmann* ont confirmé l'assertion de *Brandt* ; et M. *Sage* a ensuite publié une suite d'expériences sur cette matière. Je me suis convaincu moi-même par plusieurs expériences que l'acide nitrique le plus pur attaquoit l'or à froid et en dissolvoit un soixante-quatrième de grain. Lorsqu'on a fait bouillir de l'acide nitrique bien pur sur de l'or également pur, on peut s'assurer de la dissolution de trois manières. 1°. Par la diminution du poids du métal ; 2°. par l'évaporation de l'acide, il reste alors une tache pourpre au fond du vaisseau évaporatoire : 3°. par le départ au moyen d'une lame d'argent qu'on met dans la liqueur, alors on voit en peu de temps se dégager des flocons noirs qui sont l'or lui-même. Ces phénomènes paroissent annoncer une véritable dissolution et non une simple division et suspension, comme on l'a avancé.

La quantité d'or dissoute m'a paru varier se-

lon la force de l'acide , la durée de l'ébullition
et l'épaisseur du cornet.

L'acide nitro-muriatique et l'acide muriatique
oxigéné sont les vrais dissolvans de l'or : ces
acides l'attaquent avec d'autant plus d'énergie
qu'ils sont plus concentrés et que l'or présente
plus de surface ; on peut même accélérer la
dissolution par la chaleur.

Cette dissolution a une couleur jaune , elle
est caustique , tache la peau en pourpre ; si on
la rapproche convenablement , elle fournit des
cristaux jaunes comme des topazes , et qui affectent la forme d'octaèdres tronqués ; ces cristaux sont un vrai muriate d'or. D'après MM.
Bergmann , Sage , etc. si on distille la dissolution d'or , on obtient une liqueur rouge qui
n'est que l'acide muriatique coloré par un peu
d'or qu'il a entraîné , c'est ce que les adeptes
connoissent sous le nom de *lion rouge.*

On peut précipiter l'or de sa dissolution sous
plusieurs couleurs , selon la nature des substances
employées à faire la précipitation.

L'or est précipité par la chaux et la magnésie
en une poudre jaune où l'or est presque à l'état
métallique ; il suffit d'un feu léger pour l'y faire
passer.

Les alkalis précipitent également l'or en une
poudre jaunâtre ; et le précipité est soluble dans

les acides sulfurique , nitrique et muriatique.
Ces dissolutions rapprochées laissent précipiter
l'or et on n'a pas pu obtenir des cristaux.

Si on verse l'ammoniaque sur une dissolution
d'or jaunâtre , la couleur disparoît ; mais au
bout de quelque temps , on voit se dégager de
petits flocons qui se colorent en jaune de plus
en plus et tombent peu-à-peu au fond du vase ;
le précipité desséché à l'ombre est connu sous
le nom d'or *fulminant*. Cette dénomination lui
a été donnée par rapport à la propriété qu'a
ce produit de détonner lorsqu'on le chauffe doucement.

L'Ammoniaque est absolument nécessaire
pour produire cet effet.

Les expériences de quelques chimistes nous
ont prouvé : 1°. qu'en chauffant doucement l'or
fulminant dans des tuyaux de cuivre , dont l'extrémité plongeoit dans l'appareil pneumatochi-
mique à l'aide d'un siphon , on obtenoit du gaz
alkalin et le précipité ne pouvoit plus fulminer ; cette belle expérience est de M. Berthollet.
2°. *Bergmann* a observé qu'en exposant l'or
fulminant à une douce chaleur incapable de le
faire fulminer , on lui ôtoit sa propriété fulminante. 3°. Lorsqu'on fait fulminer l'or dans des
tubes dont l'extrémité aboutit sous une cloche
remplie de mercure , on obtient du gaz nitrogène et quelques gouttes d'eau : 4°. en triturant

l'or fulminant avec des corps huileux , on lui enlève la propriété de fulminer.

Ces faits posés on voit que l'or fulminant est un mêlange d'ammoniaque et d'oxide d'or. lorsqu'on chauffe ce mêlange l'oxigène se dégage en même temps que l'hydrogène de l'alkali ; ces deux gaz s'enflamment par là simple chaleur, détonnent et produisent de l'eau , le gaz nitrogène reste alors seul. De ces principes il doit s'ensuivre que les corps huileux qui se combinent avec l'oxigène , les acides qui s'emparent de l'alkali , une chaleur douce et longue qui volatilise ces deux principes sans les enflammer, doivent enlever la propriété de fulminer à cette préparation.

Le *soufre nitreux* , que M. *Baumé* a supposé se former pour donner la raison de ce phénomène , n'existe point, car la dissolution de l'oxide d'or par l'acide sulfurique , précipitée par l'ammoniaque, donne un précipité fulminant.

L'or est précipité de sa dissolution par plusieurs métaux , tels que le plomb , le fer , l'argent , le cuivre , le bismuth , le mercure , le zinc et l'étain ; ce dernier le précipite dans l'instant sous le nom de *pourpre de cassius*. Ce précipité est très-employé dans les fabriques de porcelaine. On peut voir dans le Dictionnaire de *Macquer* de très-bonnes observations sur cette préparation.

L'or peut également être précipité de sa dissolution par l'éther : cette liqueur s'empare de l'or en un moment, et le revivifie quelqufois sur le champ : j'ai vu l'or former une couche à la surface de la liqueur, et les deux liquides ne plus en contenir un atome.

Les sulfures d'alkali dissolvent l'or complétement : pour cet effet, il ne s'agit que de fondre promptement un mélange de parties égales de soufre et de potasse, avec un huitième du poids total d'or en feuilles : on coule cette matière, on la pulvérise, on la dissout dans l'eau chaude ; la dissolution est d'un verd jaunâtre. *Stahl* prétend que *Moyse* fit dissoudre le veau d'or par un procédé semblable, et que, quoique la boisson en fût désagréable, il a dû préférer cette méthode, afin que les Israëlites conservassent plus long-temps le dégoût pour leurs idoles.

L'or s'allie à presque tous les métaux.

L'arsenic le rend cassant de même que le bismuth, le nickel et l'antimoine ; tous ces demi - métaux le blanchissent et le rendent aigre.

L'or s'allie fort bien à l'étain et au plomb : ces deux métaux lui ôtent toute sa ductilité.

Le fer forme avec lui un alliage très-dur ; on peut l'employer avec bien plus d'avantage que l'acier pur.

Le cuivre le rend plus fusible et lui donne un peu de couleur rouge ; cet alliage forme les monnoies , la vaisselle et les bijoux.

L'argent le rend très-pâle ; cet alliage forme l'or verd des Bijoutiers.

L'or est employé à bien des usages : il mérite, par le premier rang qu'il tient parmi les métaux, d'en avoir l'emploi le plus noble.

Comme sa couleur flatte les yeux , et qu'elle n'est pas sujette à se ternir , on le fait servir aux parures , aux ornemens , et pour cela on lui fait prendre mille formes.

Tantôt on le tire en fils très-minces , et on s'en sert pour la broderie ; tantôt on l'étend en lames si minces que le plus léger souffle les emporte , et sous cette forme on l'applique sur des meubles de bois à l'aide d'une colle.

Tantôt on le réduit en une poudre très-fine , et alors on l'appelle *or en chaux* , *or en coquilles*, *or en drapeaux* , etc. On prépare l'or *en chaux* en broyant des rognures de feuilles d'or avec du miel , en les lavant dans l'eau et faisant sécher les molécules d'or qui se précipitent.

L'or en coquille est l'or en chaux délayé avec une eau mucilagineuse.

Pour faire l'or en drapeaux on trempe des linges dans une dissolution d'or , on les fait sécher et on les brûle ; lorsqu'on veut s'en servir on trempe un bouchon mouillé dans les cendres, on en frotte l'argent qu'on veut dorer et on polit.

Tantôt on l'amalgame avec le mercure ; on applique cette amalgame sur le cuivre bien décapé ; on l'étend bien exactement et on fait exhaler le mercure par le feu, c'est ce qui fait l'*or moulu.* On passe sur cet or ainsi appliqué la cire à dorer faite avec le bol rouge, le verd-de-gris, l'alun et le sulfate de fer incorporés et fondus avec de la cire jaune ; on chauffe une seconde fois la pièce pour brûler la cire.

L'or a été employé autrefois dans la médecine : dans le quinzième siècle ce remède étoit très à la mode ; la bonté étoit toujours proportionnée à la cherté de la drogue. *Bernard de Palissy* s'est fort déchaîné contre les Apothicaires de son temps, qui demandoient de l'or de ducat aux malades pour le mettre dans la boisson, *prétendant que plus l'or étoit pur, plutôt le malade étoit restauré.*

Comme ce métal est très-précieux, la fureur de le former a fait une secte connue sous le nom d'*Alchimistes*, qu'on peut diviser en deux classes : les uns trés-ignorans, souvent frippons, et réunissant le plus souvent ces deux qualités, s'en laissent imposer par quelques phénomènes, tels que l'accrétion en pesanteur des métaux, par la calcination, la précipitation d'un métal par un autre, et la couleur jaune qu'affectent quelques corps et certaines de leurs préparations ; ils partent de quelques principes vagues sur la formation des corps, sur leur origine commune, leur semence, etc.

C'est cette secte qui a fait définir l'alchimie *ars sine arte cujus principium est mentiri, medium laborare, tertium mendicare.* Ces Alchimistes, après avoir été dupes assez long-temps, cherchent toujours à en faire, et on connoît mille fripponneries de leur façon ; ceux-ci ne méritent que mépris et pitié. Il est une autre classe d'Alchimistes qui ne mérite point d'être vouée au mépris et à la dérision publique ; c'est celle qui est formée par des hommes célèbres, qui partent des principes reçus, et dirigent leurs recherches vers cet objet ; ceux-ci sont recommandables par leur talent, leur probité et leur conduite ; ils se sont faits une langue, ont établi des rapports, ne communiquent presque qu'entr'eux, et se sont distingués dans tous les temps par leurs mœurs austères et leur soumission à la Providence. Le célèbre *Becher* suffiroit seul pour rendre cette secte recommandable. Le passage suivant, extrait de *Becher*, nous donne une idée de leur langue et de leur marche dans cette étude.

Fac ergò ex lunâ et sole mercurios, quos cum primo ente sulfuris præcipita, præcipitatum

Philosophorum igne attenua, exalta, et cum sale boracis Philosophorum liquefac et fige donec sine fumo fluat. Quæ *licet breviter dicta sint longo tamen labore acquiruntur et itinere, ex arenoso namque terrestri arabico mari, in mare rubrum aqueum, et ex hoc in bituminosum ardens mare mortuum itinerandum est non sine scopulorum et voraginum periculo, nos, Deo sint laudes, jam appulimus ad portum.* Becher, phys. subt. l. I. s. V. cap. III. pag. 461. in-8°. Et ailleurs, *concludo enim pro thesi firmissima asinus est qui contra Alchymiam loquitur, sed stultus et nebulo qui illam practice venalem exponit.*

Les Alchimistes éclairés ont enrichi la chimie de presque tous les produits qui étoient connus avant la révolution actuelle ; leurs connoissances et leur ardeur infatigable les ont mis dans le cas de profiter de tous les faits intéressans qui se sont présentés à eux.

A Dieu ne plaise que j'engage personne dans cette carrière : je ferai mes efforts pour en détourner, elle est pleine d'écueils et il est dangereux de s'y livrer ; mais je crois qu'on a traité les Alchimistes avec trop de légéreté, et qu'on n'a pas pour cette secte, recommandable à bien des égards, l'estime et la reconnoissance qu'elle mérite.

D'ailleurs, les phénomènes chimiques devien-

ment si merveilleux , l'analyse a porté si loin
son flambeau , nous décomposons et reprodui-
sons de toutes pièces tant de substances qu'on
étoit , il y a dix ans , tout aussi autorisés à
regarder comme indécomposables que l'or, qu'on
ne peut point prononcer qu'on ne parviendra
pas à imiter la nature dans la formation des
métaux.

C H A P I T R E X V.

Du Platine.

Ce n'est que depuis 1748 que nous connoissons le platine. Nous devons nos premières
notions à Don *Antonio Ulloa*, qui accompagna
les Académiciens françois dans leur fameux
voyage au Pérou , pour déterminer la figure de
la terre.

Charles Wood, qui en avoit porté lui-même
de la Jamaïque , a fait sur ce métal un travail
consigné dans les transactions philosophiques
pour l'année 1749 et 1750.

Dès ce moment tous les Chimistes de l'Europe se sont emparés de ce métal : MM. *Scheffer*
en Suède , *Lewis* en Angleterre, *Margraaf*
en Prusse, *Macquer* , *Baumé* , *de Buffon* , *de
Milly* , *de Lile* , *de Morveau* , etc. ont successivement travaillé sur cette substance , et nous

devons une grande partie de nos connoissances actuelles sur ce métal à M. le Baron de *Sickengen*.

Le platine n'a été trouvé jusqu'à ce jour qu'à l'état de métal ; il est sous la forme de petits grains ou de paillettes d'un blanc livide, dont la couleur est entre celle de l'argent et celle du fer; c'est cette couleur qui lui a fait donner le nom de platine ou *petit argent*. Si on examine avec soin les paillettes de platine, les unes sont arrondies, les autres anguleuses.

On l'a trouvé confondu avec les sables auriferes dans l'Amérique méridionale, près des montagnes des districts de Novita et de Cytara : ces deux métaux sont presque toujours accompagnés d'un sable ferrugineux, attirable à l'aimant. Le platine du commerce contient presque toujours un peu de mercure, qui provient de l'amalgame qu'on a faite de la mine pour en retirer l'or. Lorsqu'on veut avoir du platine bien pur, il faut l'exposer au feu pour sublimer le mercure, et trier le fer avec le barreau aimanté. Le platine est lui-même un peu attirable à l'aimant. M. *L.* prétend, dans un Mémoire lu à l'Académie des Sciences de Paris en 1785, que ce sont les parties les plus légères de platine qui sont attirables à l'aimant, et qu'elles cessent de l'être lorsqu'elles ont acquis une certaine grosseur. Le plus gros morceau de platine qu'on ait vu est de la grosseur d'un œuf de pigeon ; la Société Royale de Biscaye doit le posséder.

M. *L.* assure que le platine est malléable dans son état naturel, et il l'a passé au laminoir en présence de MM. *Tillet* et *Darcet*.

Le platine n'éprouve aucune altération de la part de l'air ; le feu seul ne paroît même pas le dénaturer : MM. *Macquer* et *Baumé* en ont tenu plusieurs jours à un feu de verrerie, sans que ses grains aient souffert d'autre altération que de se lier légèrement les uns aux autres ; on a néanmoins reconnu qu'une chaleur soutenue long-temps en ternissoit la surface et en augmentoit le poids : *Margraaf* avoit déjà fait cette observation.

Le platine, exposé au foyer du miroir ardent de M. *de Trudaine*, fume et se fond ; ce métal peut être malléé comme l'or et l'argent : on peut le fondre également sur un charbon à l'aide du gaz oxigène. Cette substance résiste à l'action des acides, tels que le sulfurique, le nitrique, le muriatique ; elle n'est soluble que dans l'acide muriatique oxigéné et le nitro-muriatique : une livre de ce dernier, qu'on met à digérer sur une once de platine, prend d'abord une couleur jaune, puis orangée, puis d'un rouge brun très-obscur ; cette dissolution teint les matières animales en brun ; elle laisse déposer d'elle-même

de petits crystaux informes d'une couleur fauve ;
mais si on la rapproche on en obtient de plus
gros , quelquefois octaèdres , comme *Bergmann*
les a observés ; le muriate de platine est peu
caustique , mais âpre , se fond au feu , laisse
échapper son acide et laisse un oxide d'un gris
obscur.

L'acide sulfurique versé sur cette dissolution ,
forme un précipité de couleur foncée ; celui
qu'occasionne l'acide muriatique est jaunâtre.

Les alkalis précipitent le platine de sa dissolution ; mais si l'on précipite peu-à-peu par la
potasse , le précipité est dissout par l'alkali à
mesure qu'il se forme.

Une dissolution de muriate d'ammoniaque ,
versée sur une dissolution de platine , y forme
un précipité orangé qui est une véritable substance saline , entièrement soluble dans l'eau. Ce
précipité a été fondu par M. *Delile* à un feu
ordinaire ; le résultat de la fusion est du platine ,
encore altéré par quelque matière saline , puisqu'il n'acquiert la ductilité qu'en l'exposant à une
chaleur beaucoup plus forte.

La propriété qu'a le muriate d'ammoniaque
de précipiter le platine , fournit un moyen bien
simple pour reconnoître l'alliage de ce métal avec
l'or ; ainsi les craintes de cet alliage qui avoient al-
larmé le ministère espagnol au point d'en défendre
l'exploitation , n'existent plus dès ce moment ,

puisque nous avons un moyen simple de reconnoître la fraude ; et l'on doit souhaiter que ce métal si précieux soit rendu aux arts , auxquels il ne peut qu'être très-utile par son brillant , sa dureté et son inaltérabilité.

Le procédé de M. *Delile* , pour fondre le platine , fut publié en 1774. M. *Achard* en fit connoître un plus simple à-peu-près dans le même temps ; il consiste à prendre deux gros de platine , deux gros d'oxide blanc d'arsenic , deux gros de tartrite acidule de potasse , le creuset bien lutté, on l'expose pendant une heure à un feu violent , le platine se fond , mais il est aigre , cassant et plus blanc que le platine ordinaire. On l'expose à une chaleur assez forte sous la mouffle , et on dissipe par ce moyen tout l'arsenic qui est combiné avec le platine , alors il est pur. On peut former des vases de platine en remplissant des moules d'argile avec l'alliage du platine et d'arsenic , et exposant le moule à la mouffle pour dissiper le demi-métal.

M. *de Morveau* a substitué avec avantage l'arseniate de potasse à l'arsenic ; et il avoit déjà fondu le platine avec son flux vitreux fait avec le verre pilé , le borax et le charbon.

M. *Pelletier* a fondu le platine en le mêlant avec le verre phosphorique et le charbon : le phosphore s'unit alors au platine , on expose le phosphure de platine à une chaleur suffisante pour volatiliser le phosphore. M.

M. *Baumé* a conseillé de fondre le platine avec une légère addition de plomb, de bismuth, d'antimoine ou d'arsenic, et de tenir l'alliage au feu pendant long-temps pour dissiper les métaux qui ont facilité la fusion.

On peut encore fondre le platine à parties égales avec un métal soluble dans un acide ; on broie le mélange, on dissout le métal allié et on fond la poudre de platine avec le flux de M. *de Morveau*.

Au lieu d'employer un métal soluble, on peut employer un métal calcinable et traiter comme ci-dessus.

Le pied cube de platine brut pèse 1092 liv. 1 once 7 gros 17 grains ; le platine purifié fondu 1365 ; le platine purifié forgé 1423, 8, 7, 64.

La plupart des sels neutres n'ont pas d'action sensible sur le platine ; on peut voir les résultats de plusieurs expériences curieuses dans les mémoires de *Margraaf*.

Le nitrate de potasse altère le platine, d'après les expériences de *Lewis* et de *Margraaf*. M. *Lewis*, en chauffant pendant trois fois vingt-quatre heures un mélange d'une partie de platine et de deux parties de ce nitrate, observa que le métal prenoit une couleur de rouille ; en dissolvant ce mélange dans l'eau on dissout l'alkali, et le platine séparé de tout ce que l'eau peut extraire , diminue d'un tiers ; la poudre enlevée par l'alkali est de l'oxide de fer, mêlé d'oxide de platine.

Ces expériences , de même que la propriété qu'a le platine d'être attirable , y ont démontré le fer : et M. *de Buffon* en a conclu que ce métal étoit un alliage naturel d'or et de fer. Mais on a objecté que l'alliage artificiel de ces deux métaux , fait dans toutes les proportions possibles , n'imitoit jamais le platine ; que ce métal s'éloignoit d'autant plus des propriétés de l'or , qu'on l'avoit débarrassé de plus de fer ; de sorte qu'on regarde cette substance comme un vrai métal particulier.

Ce métal peut s'allier avec presque tous les métaux connus.

Scheffer a avancé le premier que l'arsenic le rendoit fusible. MM. *Achard* et *de Morveau* ont profité de cette propriété pour le fondre et en composer des vases.

Le platine s'allie aisément au bismuth : le résultat est aigre , cassant , on peut le coupeller avec peine , et il en résulte une masse peu ductile.

L'antimoine facilite aussi la fonte du platine : l'alliage est cassant ; on peut dégager une partie de l'antimoine par le feu , mais il en reste assez pour ôter au platine sa pesanteur et sa ductilité.

Le zinc rend ce métal plus fusible : l'alliage est très-dur ; le feu peut aussi volatiliser le zinc en grande partie , mais le platine en retient toujours un peu.

Ce métal s'allie facilement avec l'étain : cet alliage est très-fusible , il coule bien , il est aigre et très-cassant ; mais lorsque l'étain y est allié en grande quantité cet alliage est ductile ; il a le grain rude et jaunit à l'air.

Le plomb s'allie bien avec le platine : il faut un feu plus fort pour fondre cet alliage que pour le précédent ; cet alliage n'est point ductile , il n'est plus susceptible d'être absorbé par la coupelle ; et il n'y a d'absorption que lorsque le plomb est en excès , mais le platine reste toujours uni à une portion considérable de métal; cependant MM. *Macquer* et *Baumé* ont coupellé une once de platine et vingt onces de plomb , en exposant cet alliage pendant cinquante heures à l'endroit le plus chaud du four de porcelaine de Sèves. M. *de Morveau* a eu le même résultat au fourneau à vent de M. *Macquer* ; l'opération a duré onze à douze heures.

M. *Baumé* a reconnu au platine obtenu par ce procédé la propriété de pouvoir être forgé et fondu complétement sans le secours d'aucun autre métal , ce qui le rend précieux pour les arts.

M. *Lewis* n'a pas pu allier le fer forgé avec

le platine ; mais ayant fondu du fer de fonte avec ce métal , il en résulta un alliage si dur que la lime ne peut plus l'entamer ; il avoit de la ductilité à froid , mais à chaud il cassoit net.

Le cuivre et le platine alliés ensemble forment un métal très-dur , ductile lorsque le cuivre domine dans la proportion de trois à quatre sur un ; il prend un beau poli et ne s'est point terni dans l'espace de dix ans.

Le platine allié à l'argent lui fait perdre sa ductilité , augmente sa dureté et ternit sa couleur , on peut séparer ces deux métaux par la fusion et le repos. *Lewis* a observé que l'argent que l'on fond avec le platine est lancé sur les parois du creuset avec une espèce d'explosion ; ce phénomène paroît dû à l'argent , puisque M. *Darcet* a vu rompre des boules de porcelaine dans lesquelles il étoit enfermé , et être lancé au-dehors par l'action du feu.

L'or n'est susceptible de s'allier avec le platine que par un feu des plus violens : la couleur de l'or en est prodigieusement altérée , l'alliage est assez ductile.

Nous connoissons assez de propriétés à ce métal , pour présumer qu'il seroit de la plus grande utilité dans les arts : son infusibilité presque absolue , son inaltérabilité le rendent précieux pour former des vases de chimie , des creusets , etc. La propriété qu'il a de se souder sans mélange le rend préférable à l'or et à l'argent.

Sa densité , son opacité le rendent encore très-précieux pour en faire des instrumens d'optique ; et M. l'abbé *Rochon* en a construit un miroir dont l'effet surpasse de beaucoup ceux qu'on avoit fait jusqu'alors avec l'acier et autres métaux. Ce métal réunit deux qualités qu'on n'avoit pu trouver jusqu'ici dans aucune substance , il ne réfléchit qu'une seule image comme les miroirs de métal et il est aussi inaltérable que ceux de verre.

ARTICLE XVI.

Du Tungsten et du Wolfram.

Nous connoissons deux espèces de minérai qui méritent le titre générique de *Tungsten* : l'une blanche connue sous le nom de *tungsten , tungstène , pierre pésante des Suédois* , l'autre désignée sous le nom de *wolfram* par les Minéralogistes. Nous examinerons l'une après l'autre.

ARTICLE PREMIER.

Du Tungsten.

Le *tungsten* est d'un blanc mat , très-pesant et d'une dureté médiocre : ses cristaux sont des octaèdres ; sa pésanteur spécifique est de 60665 suivant *Brisson* , de 4 , 99 à 5 , 8 suivant *Kirwan* : le pied-cube pèse 424 livres 10 onces, 3 gros , 60 grains.

Exposé seul au feu du chalumeau , il décrépite et ne se fond pas ; il se divise dans la soude avec un peu d'effervescence , se dissout en partie dans le phosphate natif ou sel microscomique : et donne au globule de verre une belle couleur bleu-céleste , sans la moindre apparence de rouge dans la réfraction , comme il arrive avec le cobalt, il se dissout dans le borax sans effervescence.

Bergmann prétend qu'en versant sur le tungsten pulvérisé de l'acide muriatique , cette poudre ne tarde pas à prendre une belle couleur d'un jaune clair : *Schèéle* ajoute à ce caractère celui de devenir bleuâtre lorsqu'on le fait bouillir dans l'acide sulfurique.

Cette substance a une apparence spathique , et on l'a confondue pendant long-temps avec la mine d'étain blanche , on la trouve à Bipsberg, à Riddharhitta , à Marienberg , à Altemberg en Saxe , à Sauberg près d'Ehrenfriedersdorff.

M. *Raspe* a annoncé dans les annales de M. *Crell* , juin 1785 , deux mines de tungsten dans la province de Cornouailles , d'où on peut tirer plusieurs milliers de tonneaux: ce savant en a retiré le métal dans la proportion d'environ 36 liv. par quintal ; il ajoute que ce métal tient peu de fer , qu'il est très-fixe et refractaire au feu , qu'il entame le verre comme l'acier le mieux trempé.

Cronstedt range le tungsten parmi les mines de fer et le définit *ferrum calciforme terra quadam incognita intimè mixtum.*

Schèele a prétendu que c'étoit un sel résultant de la combinaison de la terre calcaire avec un acide particulier ; lequel acide combiné avec l'eau de chaux régénère le tungsten.

Bergmann regarde la terre acide du tungsten comme un acide métallique.

Pour extraire l'acide du tungsten on connoît aujourd'hui plusieurs procédés.

1°. On pulvérise la quantité que l'on veut de ce minérai ; on mêle cette poudre avec quatre parties de carbonate de potasse ; on fait fondre ce mélange dans un creuset , et on le coule sur une plaque de métal. On fait ensuite dissoudre la masse dans douze parties d'eau bouillante. Il se sépare pendant la dissolution une poudre blanche qui se dépose au fond du vaisseau ; ce précipité est un vrai carbonate de chaux mêlé d'un peu de quartz et d'une portion de tungsten non décomposé ; on peut s'emparer du carbonate de chaux précipité à l'aide de l'acide nitrique , mêler le tungsten dans les mêmes proportions avec le carbonate de potasse, le fondre, le dissoudre et par ces opérations réitérées décomposer complétement le tungsten. L'eau dans laquelle on a versé les masses sortant des creusets tient en dissolution un sel formé par l'acide tungstique et l'alkali employé : si on sature cette dissolution d'acide nitrique, il s'empare de l'alkali, la dissolution s'épaissit et il se précipite une poudre blanche qui est l'acide *tungstique*.

2°. *Schèele* auteur de ce premier procédé en propose un second, qui consiste à faire digérer trois parties d'acide nitrique foible sur une de tungsten pulvérisé ; cette poudre devient jaune, on décante la liqueur, et on verse sur la poudre jaune deux parties d'ammoniaque ; la poudre devient blanche, et on répète l'action successive de l'acide et de l'alkali jusqu'à ce que le tungsten soit dissout. De quatre scrupules traités par *Schèele* de cette manière, il y a trois grains d'un résidu inattaquable qui étoit un vrai quartz. en précipitant l'acide nitrique employé par le prussiate de potasse, il a obtenu deux grains de bleu de prusse ; la potasse en a précipité 53 de craie, et l'ammoniaque unie à l'acide nitrique a précipité une poudre acide qui est le véritable *acide tungstique*.

Dans cette expérience l'acide nitrique enlève la chaux et met l'acide tungstique à nud dont l'alkali s'empare. L'acide muriatique peut remplacer l'acide nitrique avec avantage ; il lui donne même une couleur plus jaune.

Schèele et *Bergmann* ont regardé cette poudre acide comme le véritable acide tungstique dans son état de pureté : MM. *Deluyar* ont prétendu que cet acide étoit mêlé avec l'acide employé pour l'obtenir et l'alkali ; ils prétendent que la poudre jaune qui est mise à nud par la digestion de l'acide nitrique est le vrai oxide acide du tungsten sans mélange.

La poudre blanche que l'on obtient en décomposant par un acide la dissolution alkaline de tungsten est acide au goût , rougit la teinture de tournesol , précipite le sulfure d'alkali en vert et se dissout dans 20 parties d'eau bouillante.

Propriétés de la poudre blanche obtenue en décomposant par un acide la dissolution de mine de Tungsten.	*Propriétés de la matière jaune obtenue par le feu ou les acides.*
1°. Saveur acide , rougissant la teinture de tournesol :	1°. Insipide , rougissant la teinture de tournesol.
2°. Exposée au feu du chalumeau elle passe au brun et au noir,	2°. Traitée au chalumeau , elle conserve la couleur jaune à la

sans donner ni fumée ni signe de fusion :

flamme extérieure, elle se boursouffle et devient noire sans se fondre dans la flamme bleue ou intérieure.

3°. Elle est insoluble dans 20 parties d'eau bouillante.

3°. Elle est soluble, mais susceptible de se diviser au point qu'elle passe par les filtres sans s'arrêter.

4°. Elle devient jaune en bouillant dans les acides nitrique et muriatique, et bleuâtre dans l'acide sulfurique.

4°. Les trois acides minéraux n'ont aucune action sur elle.

Il paroît d'après cette comparaison que l'acide est plus pur dans la poudre jaune que dans la blanche : et les combinaisons salines de ces deux substances ont confirmé MM. *Delhuyar* dans leur opinion.

L'acide jaune combiné avec la potasse par la voie sèche on la voie humide forme un sel avec excès d'alkali ; si sur ce sel on verse quelques gouttes d'acide nitrique, il se fait à l'instant un précipité blanc qui se redissout en remuant la liqueur ; lorsque tout l'alkali est saturé alors la dissolution est amère ; si on continue à verser de l'acide, le précipité qui se forme n'est plus soluble. Ce précipité bien édulcoré est exactement de même nature que la matière blanche dont nous avons parlé. Les expériences de MM. *Delhuyar* et de M. de *Morveau* prouvent très-clairement que cette poudre blanche contient l'acide du tungsten, une portion de la potasse avec laquelle on l'avoit d'abord combiné et un peu de l'acide précipitant.

Il est donc bien démontré que la matière jaune est l'oxide pur et le véritable acide tungstique ; il est aussi très-certain que cet acide existe tout formé dans le métal et que son oxigène n'est dû ni à la décomposition d'un autre acide, ni à la fixation du gaz oxigène de l'atmosphère ; il paroît exister dans le minérai et y constituer une espèce de sel à plusieurs principes.

L'acide tungstique pur dissout l'ammoniaque, mais le résultat est toujours avec excès d'alkali ; cette dissolution évaporée fournit de petits cristaux d'un goût piquant et amer, ils se dissolvent dans l'eau et rougissent alors le papier bleu, l'alkali s'en sépare facilement et ces cristaux calcinés repassent à l'état de poudre jaune entiérement semblable à celle qui entroit dans leur composition. Si la calcination se fait dans des vaisseaux clos, le résidu est d'un bleu foncé, le jaune ne paroît que lorsque la calcination se fait à l'air libre.

Les expériences de M. de *Morveau* , lui ont permis de classer les affinités de cet acide dans l'ordre suivant , qui est le même que celui de l'acide arsenique , la chaux , la barite , la mag-nésie , la potasse , la soude , l'ammoniaque , l'alumine , les substances métalliques.

ARTICLE II.

Du Wolfram.

Le Wolfram est d'un brun noirâtre , il af-fecte quelquefois la forme d'un prisme hexaèdre comprimé , terminé par un sommet dihèdre : ses surfaces sont souvent striées longitudinalement , et sa cassure est lamelleuse , feuilletée , et les feuillets sont plats quoiqu'un peu confus ; il ressemble au schorl par son extérieur , mais il n'est point fusible et est infiniment plus pesant.

Quelques Minéralogistes l'avoient pris pour une mine d'étain arsenicale , d'autres pour le manganèse mêlé d'étain et de fer : MM. *De-lhuyar* qui en ont fait une analyse rigoureuse y ont trouvé.

Manganèse. . . . . 22 livres.

Oxide de fer. . . . . 13 $\frac{1}{2}$

Poudre quartzeuse. 2

Poudre jaune ou acide tungstique. 65.

Celui qui a été fourni à l'analyse par ces Chimistes venoit des mines d'étain de Zinnwalde dans les frontières de la Saxe et de la Bohème. Sa pesanteur spécifique étoit de 6,835.

Au feu du chalumeau le wolfram ne se fond pas seul ; à peine peut-on parvenir à en arrondir les angles. Avec le phosphate natif ou sel microscomique , le wolfram se fond avec effervescence et forme un verre d'un rouge d'hyacinthe.

Avec le borax , il fait effervescence et forme un verre d'un jaune verdâtre à la flamme bleue , ce verre tourne au rouge à la flamme blanche.

Le wolfram pulvérisé sur lequel on fait bouillir de l'acide muriatique , prend une couleur jaune comme le tungsten.

MM. *Delhuyar* mirent dans un creuset deux gros de wolfram réduit en poudre et quatre gros de potasse : le mêlange fondu on le coula sur une plaque de cuivre ; il resta dans le creuset une matière noire qui bien édulcorée pesoit 37 grains , et qui n'étoit qu'un mêlange de fer et de manganèse.

La masse coulée dissoute dans l'eau a été filtrée , on a saturé avec de l'acide nitrique , il s'est fait un précipité blanc , absolument semblable à celui que fournit le tungsten par un semblable procédé.

Le procédé de *Shcèelɇ* par la voie humide réussit tout aussi bien et même il a paru plus avantageux à MM *Delhuyar*; ils préferent de dégager par le feu l'ammoniaque qui tient l'acide tungstique en dissolution ; 100 grains de wolfram traités avec l'acide muriatique et l'ammoniaque leur ont donné 65 grains d'une pou-dre jaune qui est l'acide dans sa pureté.

Cette poudre jaune acide s'allie à la plupart des métaux. MM. *Delhuyar* rapportent les faits qui suivent.

1°. 100 grains de limaille d'or et 50 grains de la matière jaune, poussés à un feu violent pendant trois quarts-d'heure dans un creuset brasqué, donnèrent un culot jaune qu'on pouvoit réduire en morceaux entre les doigts, dont l'intérieur présentoit des grains d'or séparés et d'autres qui avoient une couleur grise. Ce culot pesoit 139 grains, il passa difficilement à la coupelle.

2°. Semblables proportions de platine et de la matière jaune traitées de même, ont donné un bouton friable dans lequel on distinguoit les grains de platine plus blancs qu'à l'ordinaire ; il pesoit 140.

3°. Avec l'argent elle forma un culot blanc grisâtre un peu spongieux, qui s'étendoit assez bien sous le marteau ; mais en continuant à le frapper, il se fendoit et se divisoit en morceaux; ce culot pesoit 142 grains et l'alliage étoit parfait.

4°. Avec le cuivre elle donna un culot d'un rouge de cuivre tirant sur le gris , spongieux et assez ductile ; il pesoit 133 grains.

5°. Avec le fer elle forma un culot parfait dont la cassure étoit compacte et d'un blanc grisâtre ; il étoit dur , aigre et pesoit 137 grains.

6°. Avec le plomb , on obtient un culot d'un gris obscur avec très-peu d'éclat , spongieux , ductile et qui se divisoit en lames en le frappant avec le marteau ; il pesoit 127 grains.

7°. Le culot formé avec l'étain , étoit d'un gris plus clair que le précédent très-spongieux et un peu ductile; il pesoit 138 grains.

8°. Celui de l'antimoine étoit d'un gris éclatant , un peu spongieux , aigre , il cassoit facilement et pesoit 108 grains.

9°. Celui du bismuth présentoit une cassure qui regardée dans une certaine direction étoit grise et d'un éclat métallique ; en changeant de direction , elle sembloit terreuse et sans aucun éclat , mais on y distinguoit dans les deux cas une infinité de pores épars dans toute la masse ; il pesoit 68 grains.

10°. Celui du zinc étoit d'un noir grisâtre

et d'un aspect terreux, très-spongieux et fragile ; il pesoit 42 grains.

11°. Avec le manganèse ordinaire elle donna un bouton d'un gris bleuâtre et d'un aspect terreux ; son intérieur examiné avec une loupe ressembloit à une scorie de fer impure ; il pesoit 107 grains.

Ces expériences confirment le soupçon du cél. *Bergmann* qui, de la pesanteur spécifique de cette matière et de la propriété qu'elle a de colorer le phosphate natif et le borate de soude, en conclut qu'elle doit être de nature métallique.

Le changement de la couleur à mesure qu'on la réduit, son augmentation en poids par la calcination, son aspect métallique, son alliage avec les métaux sont des preuves incontestables de sa nature métallique. La matière jaune doit donc être regardée comme un oxide métallique ; et le bouton qu'on obtient en exposant cet oxide à un feu fort avec la poussière de charbon, est un véritable métal.

Ayant mis 100 grains de la matière jaune dans un creuset brasqué et bien bouché à un feu fort, dans lequel il resta pendant une heure et demie, MM. *Delhuyar* trouvèrent, en cassant le creuset après l'avoir laissé refroidir, un bouton qui se réduisoit en poudre entre les doigts:

sa

sa couleur étoit grise ; en l'examinant à la loupe on y voyoit un assemblage de globules métalliques , parmi lesquels il y en avoit quelques-uns de la grosseur d'une tête d'épingle , dont la cassure étoit métallique et de couleur d'acier. Il pesoit 60 grains et avoit diminué de 40 , sa pesanteur spécifique étoit de 17, 6. En ayant mis une partie à calciner , il devint jaune avec vingt-quatre centièmes d'augmentation de son poids. L'acide nitrique et l'acide nitro-muriatique le changent en une poudre jaune. L'acide sulfurique et le muriatique en diminuent le poids, et leur dissolution laisse précipiter du bleu de prusse ; les grains métalliques existent toujours après l'action de ces acides.

Ce métal présente des variétés qui le distinguent de ceux qui sont connus : 1°. sa pesanteur spécifique qui est de 17 , 6 ; 2°. les verres qu'il forme avec les fondans ; 3°. son infusibilité presque absolue et plus grande que celle du manganèse ; 4°. la couleur jaune de son oxide ; 5°. ses alliages avec les métaux connus ; 6°. son indissolubilité dans les acides sulfurique , muriatique , nitrique et nitro-muriatique , et sa conversion en oxide par ces deux derniers ; 7°. la combinaison de l'oxide avec les alkalis ; 8°. l'indissolubilité de ce même oxide dans les acides sulfurique , nitrique , muriatique et acéteux , et la couleur bleue qu'il prend avec ce der-

E e

nier. Toutes ces différences ont paru assez re-
marquables à MM. *Delhuyar* pour regarder cette
matière comme un métal.

Le wolfram doit donc être regardé comme
une mine dans laquelle ce métal est combiné avec
le fer et le manganèse , comme l'ont prouvé
MM. *Delhuyar.*

CHAPITRE XVII.

Du Molybdène.

On a confondu pendant long-temps , sous les
noms de mine de *plomb noir* , *plomb minéral* ,
plombagine ou *molybdène* , des substances que
l'analyse la plus exacte du célèbre *Schéele* a
prouvé être de nature très-différente.

Le molybdène ne peut plus être confondu
avec la mine dont on fait des crayons pour le
dessein , et qu'on appelle *plombagine* : les différences qui les caractérisent sont assez saillantes
pour qu'il ne reste plus aucun doute.

Le molybdène est composé de particules
écailleuses plus ou moins grandes , peu serrées
les unes contre les autres : il est doux et gras
au toucher , tache les doigts et laisse des traces
d'un gris de cendre ; il a un aspect bleuâtre
qui approche beaucoup de celui du plomb ; les
traits qu'il laisse sur le papier ont un brillant

argentin , tandis que ceux du plombagine sont d'une couleur plus sombre , plus matte , la poussière en est bleuâtre ; il donne à la calcination une odeur de soufre , le résidu est une terre blanchâtre. L'acide nitrique et l'acide arsenique sont les seuls qui l'attaquent efficacement ; il se dissout avec effervescence dans la soude au feu du chalumeau ; il fait détonner le nitrate de potasse , et le résidu est rougeâtre ; exposé à la flamme du chalumeau dans une cuiller , il laisse échapper une fumée blanche.

Le plombagine est moins gras , plus grenu , composé de petites molécules brillantes. Il perd au feu les $\frac{28}{100}$ de son poids , le résidu est un oxide de fer.

On a trouvé le molybdène en Islande , en Suède , en Saxe , en Espagne , en France , etc. Celui d'Islande se trouve par lames dans du feldspath rouge mêlé de quartz.

M. *Hassenfratz* donna à M. *Pelletier* des échantillons de molybdène semblables à ceux d'Islande , qu'il avoit ramassés dans les halles de la mine nommée *grande montagne de château Lambert* , près le Tillot , où l'on exploitoit autrefois une mine de cuivre.

Guillaume Bowles paroît avoir trouvé du molybdène près du hameau le *Réal de Monasterio ;* il est dans des bancs de grès , mêlé quelquefois de granit.

Le molybdène de Nordberg en Suède est accompagné de fer attirable à l'aimant.

Le molybdène d'Altemberg en Saxe est à-peu-près comme celui de Nordberg.

M. *Pelletier* a analysé toutes ces espèces, et on peut consulter son travail dans les Journaux de Physique, 1785. Mais les expériences dont nous rendrons compte ont été faites avec celui d'Altemberg.

Le molybdène exposé au feu sur un têt à rôtir se recouvre, après une heure de feu, d'un oxide blanc qui, recueilli par un procédé semblable à celui qui est usité pour ramasser l'oxide sublimé d'antimoine, a toutes les apparences de cet oxide d'antimoine : on peut par ce moyen convertir tout le molybdène en oxide. Nous devons cette belle expérience à M. *Pelletier*; elle avoit échappé à *Schéele.*

Le molybdène est indestructible dans les vaisseaux clos et prodigieusement réfractaire, d'après l'expérience de M. *Pelletier*, faite avec des boules de porcelaine exposées au plus grand feu.

Le molybdène traité avec le flux noir, n'a point été réduit, et n'a même pas perdu son soufre.

Le molybdène fondu avec le fer donne un culot qui imite le cobalt ; il fond aussi parfaitement avec le cuivre ; mais mêlé au plomb et à l'étain il les rend réfractaires au point qu'il en résulte un alliage pulvérulent et infusible.

L'oxide de molybdène, obtenu par la calcination ou l'action de l'acide nitrique, est irréductible quand on le traite avec le flux noir, l'alkali, le charbon ou les autres fondans salins : cependant si on y ajoute de l'oxide de plomb ou de cuivre, les métaux qui en résultent sont alliés d'une portion de molybdène qu'on peut en séparer.

L'oxide de molybdène empâté d'huile et desséché au feu, mis dans le creux d'une brasque et poussé à un feu violent pendant deux heures, le creuset refroidi, M. *Pelletier* trouva la substance légèrement agglutinée, cependant on la brisoit avec les doigts ; elle étoit noire et on y distinguoit le brillant métallique : vue à la loupe, on y appercevoit de petits grains arrondis et d'une couleur métallique grisâtre ; c'est là le vrai métal de molybdène. Il est prodigieusement réfractaire, puisque le feu qu'a donné M. *Pelletier* est plus fort que celui que M. *Darcet* a fait à la même forge pour fondre le platine et le manganèse.

1°. Le molybdène se calcine et passe à l'état d'oxide plus ou moins blanc ; 2°. il détonne avec le nitre, et le résidu est un oxide de molybdène mêlé à l'alkali ; 3°. L'acide nitrique le convertit en un oxide blanc acide ; 4°. les alkalis dégagent du gaz hydrogène par la voie sèche : le résidu est l'oxide de molybdène et l'alkali ; 5°. il s'allie avec les métaux de diverses manières ; son alliage avec le fer, le cuivre et l'argent est très-friable ; 6°. traité avec le soufre il régénère le minérai de molybdène.

D'après M. *Kirwan* le minérai de molybdène contient 55 livres de soufre et 45 de métal ; le fer n'y est qu'accidentellement.

Pour détruire le minérai de molybdène en poudre, *Schéele* conseille de jeter dans le mortier un peu de sulfate de potasse ; on lave ensuite la poudre avec de l'eau chaude pour emporter le sel, et le molybdène reste pur.

Cette mine est une vraie pyrite qui, traitée au chalumeau, donne une fumée blanche acide. Mais comme ce procédé n'en fourniroit qu'une petite quantité, on a recours à un autre moyen pour l'obtenir : on distille trente parties d'acide nitrique sur une de poudre de molydène, on a soin de placer ce minérai dans une grande cornue, sur laquelle on verse l'acide à diverses reprises et affoibli d'un quart d'eau ; on lutte le récipient et on distille au bain de sable ; quand la liqueur commence à bouillir, il se produit un dégagement considérable de gaz nitreux ; on continue la distillation jusqu'à siccité, il reste une poudre sur laquelle on verse une nouvelle dose d'acide nitrique, et on continue cette manœuvre jusqu'à ce que tout l'acide soit employé ; il reste à la fin un résidu blanc comme la craie, sur lequel on passe de l'eau pour enlever un peu d'acide sulfurique qui s'est formé par la décomposition de l'acide nitrique sur le soufre, il reste après cette édulcoration 6 gros 36 grains d'une poudre acide ; lorsqu'on a opéré sur 30 onces d'acide nitrique et une once de molydène, c'est l'*acide molybdique*.

L'acide arsenique distillé sur la mine de molybdène, fournit aussi cet acide.

On voit évidemment que sa formation n'est due, comme celle de l'arsenic, qu'à la décomposition des acides employés et à la fixation de leur oxigène sur le métal employé.

Cet acide est blanc ; il laisse sur la langue une saveur sensiblement acide et métallique.

Sa pesanteur spécifique est, suivant *Bergmann*, à celle de l'eau pure : : 3. 460 : 1. 000.

Il n'éprouve aucune altération à l'air.

Il ne se sublime que par le concours de l'air.

Il colore d'un beau verd le phosphate natif.

Si on le traite à la distillation avec trois parties de soufre, on régénère le minérai de molybdène ; cet acide le dissout dans 570 parties d'eau à une température moyenne ; cette dissolution est très-acide, décompose les dissolutions de savon, précipite les sulfures d'alkali, elle devient bleue et prend de la consistance par le froid.

L'acide sulfurique concentré en dissout une grande quantité ; la dissolution prend une belle couleur bleue et devient épaisse en refroidissant ; cette couleur disparoît par la chaleur et revient quand la liqueur se refroidit.

L'acide muriatique en dissout une quantité considérable à l'aide de l'ébullition : si on distille la dissolution on a un résidu d'un bleu obscur ; en augmentant la chaleur, il s'élève un sublimé blanc mêlé d'un peu de bleu ; ce qui passe dans le récipient est de l'acide muriatique fumant : ce sublimé attire l'humidité, ce n'est autre chose que l'acide molybdique, volatilisé par l'acide muriatique.

Cette dissolution d'acide molybdique précipite l'argent, le mercure et le plomb dissous dans l'acide nitrique ; elle précipite aussi le plomb de sa dissolution de muriate de plomb, mais non les autres métaux.

Cet acide enlève la barite aux acides nitrique et muriatique.

Par la voie sèche il décompose le nitrate de potasse, et le muriate de soude, et les acides passent à l'état fumant.

Il dégage l'acide carbonique de ses combinaisons et s'unit aux alkalis.

Il décompose, même en partie, le sulfate de potasse à une forte chaleur.

Il dissout plusieurs métaux et prend une couleur bleue à mesure que cet acide leur cède son oxigène.

Les combinaisons de cet acide avec les alkalis sont peu connues ; cependant *Scheele* a observé que l'alkali fixe rendoit cette terre acide plus soluble dans l'eau, que l'alkali empêchoit cet acide de se volatiliser, que le molybdate de potasse se précipitoit par le refroidissement en petits crystaux grenus.

L'oxigène adhère peu à la base molybdique ; car cet acide, traité par l'ébullition avec les demi-métaux, ne tarde pas à prendre une couleur bleue.

Le gaz hydrogène qu'on passe à travers, suffit pour le faire passer au bleu.

Le molybdène, comme l'observe M. *Pelletier*, a un grand rapport, quant aux résultats chimiques, avec l'antimoine, puisque comme lui il est susceptible de donner, par la calcination, un oxide argentin susceptible de vitrification.

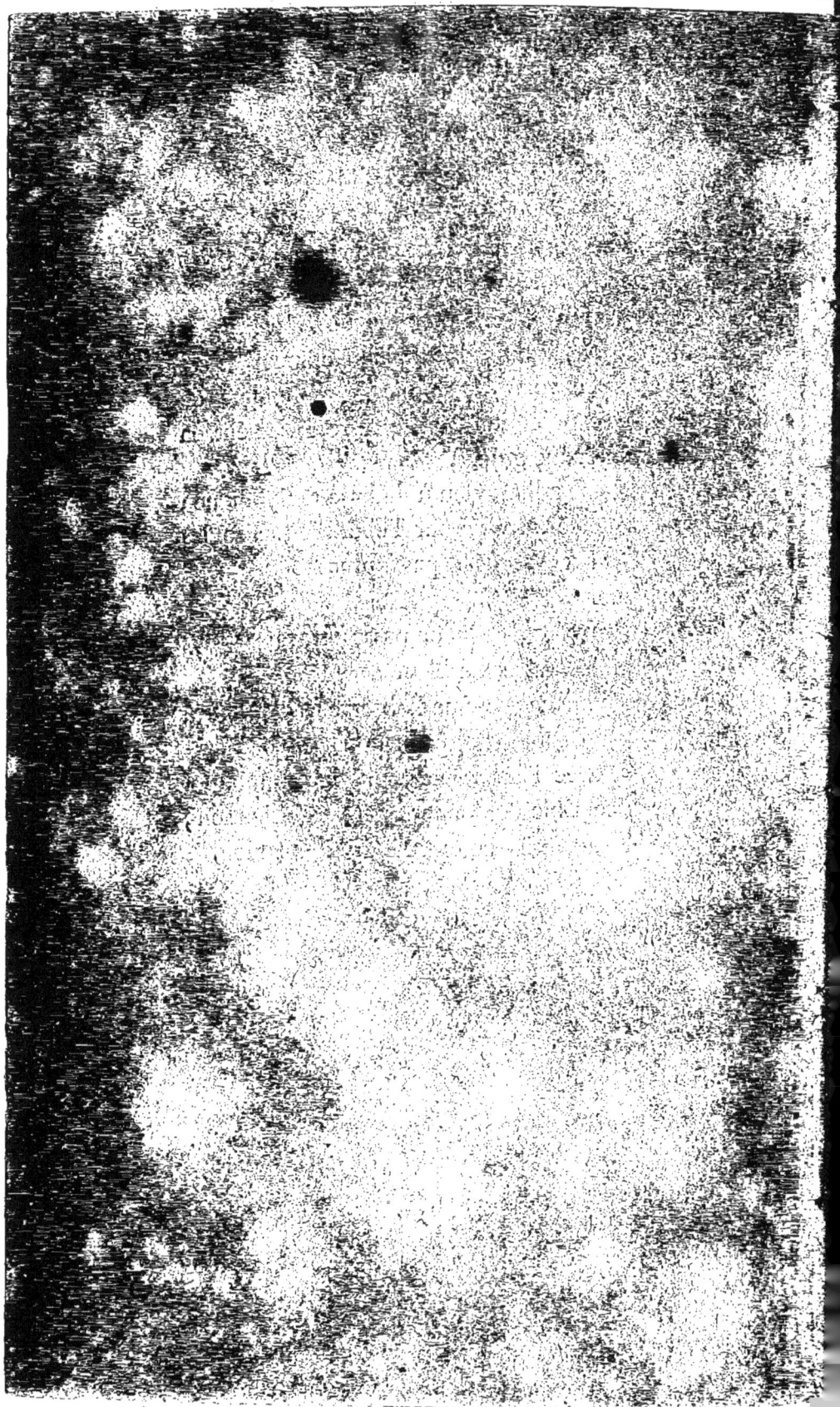

Chaptal
Lessons
&
Chimie